普通高等院校计算机基础教育“十五五”规划教材

新一代信息技术与人工智能

钟 琦 曾春梅 严深海◎主 编
尹 华 周香英 范林秀◎副主编

中国铁道出版社有限公司
CHINA RAILWAY PUBLISHING HOUSE CO., LTD.

内 容 简 介

在全面推进智能化、人工智能深度赋能教育变革的时代背景下，本书深度融合新工科、新文科理念，致力于打造人工智能通识教育核心教材，旨在帮助学生构建坚实的信息技术知识体系，深刻理解从计算机基础到人工智能前沿的演进逻辑，着重培养面向智能时代的计算思维、信息素养以及运用新一代信息技术解决复杂实际问题的核心能力。

全书共七章，内容循序渐进，从计算机系统基础、信息数字化表示，到软件系统、网络与安全，进而深入算法与程序设计，最终聚焦人工智能（发展、机器学习、深度学习、大模型、自然语言处理）及新一代信息技术（虚拟现实、增强现实、物联网、云计算、大数据、区块链）。每章辅以拓展阅读和思考练习，强化理论与实践的结合。

本书结构严谨、通俗易懂、实用性强，适合作为高等院校大学计算机通识教育系列课程的教材，也可作为计算机技术培训用书和自学用书，助力读者在智能化时代提升竞争力。

图书在版编目（CIP）数据

新一代信息技术与人工智能 / 钟琦，曾春梅，严深海主编. -- 北京：中国铁道出版社有限公司，2025. 6.
（普通高等院校计算机基础教育“十五五”规划教材）.
ISBN 978-7-113-32454-4

Ⅰ. TP3

中国国家版本馆 CIP 数据核字第 2025XU3494 号

书　　名：新一代信息技术与人工智能
作　　者：钟　琦　曾春梅　严深海

策　　划：曾莉群　　**编辑部电话：**（010）51873090
责任编辑：曾莉群
封面设计：刘　颖
责任校对：苗　丹
责任印制：赵星辰

出版发行：中国铁道出版社有限公司（100054，北京市西城区右安门西街 8 号）
网　　址：https://www.tdpress.com/51eds
印　　刷：东港股份有限公司
版　　次：2025 年 6 月第 1 版　2025 年 6 月第 1 次印刷
开　　本：787 mm×1 092 mm 1/16　**印张：**13　**字数：**307 千
书　　号：ISBN 978-7-113-32454-4
定　　价：49.80 元

前言

党的二十大报告指出，“教育、科技、人才是全面建设社会主义现代化国家的基础性、战略性支撑”。这对教育发展提出了更高的标准和要求。以云计算、物联网、大数据、人工智能、区块链和生成式人工智能为代表的新一代信息技术，正以前所未有的深度和广度重塑全球经济格局。在这场席卷全球的数字化浪潮中，掌握信息技术的核心知识与实践能力，已成为个人、企业乃至国家在激烈竞争中立足的关键，是新时代对高校毕业生的基本要求，更是每一位现代公民适应未来社会的必备素养。

为此，我们精心编写了这本《新一代信息技术与人工智能》教材，旨在响应国家战略需求，紧跟技术发展前沿，为培养适应数字时代的合格人才提供系统性的知识支撑。本书的编写思路清晰明确：以夯实基础为起点，以理解原理为核心，以应用创新为导向。我们力求通过深入浅出的讲解、贴近生活的案例和循序渐进的编排，帮助读者不仅掌握新一代信息技术与人工智能的核心概念、基本原理和关键技术，并建立起对这些技术如何深刻改变世界的系统性认知框架。最终目标是引导读者将知识内化为能力，具备运用信息技术解决实际问题的思维，激发探索创新的热情，并深刻理解技术应用背后的伦理责任，为未来在数字中国建设中贡献智慧打下坚实基础。

本书共分为七章，以“认知技术—理解原理—应用创新”为逻辑主线，层层递进。各章主要内容如下：

第 1 章 介绍计算机的起源、发展史、核心结构（如冯·诺依曼体系）及硬件与软件的组成，引导读者全面认识计算机系统，并就如何根据需求选购计算机给出指导。

第 2 章 解析信息的数字化表示，包括二进制、数值与文字编码、图像与音频处理，以及动态图像的实现原理，帮助读者理解计算机如何存储与处理多样化的信息。

第 3 章 从操作系统到数据库管理系统，系统讲解软件的分类、功能与应用，结合智能手机操作系统和国产操作系统的案例，揭示软件在计算机运行中的核心作用。

第 4 章 深入剖析计算机网络的发展、协议、拓扑结构及网络安全技术，涵盖互联网接入、信息浏览与搜索、文件传输等实用技能，并探讨网络支付安全等热点问题。

第 5 章 以 Python 语言为工具，从算法基础到数据结构（线性表、树、图），引导读者掌握编程思维与解决实际问题的能力，并通过日常案例展现算法的广泛应用。

第 6 章 系统介绍人工智能的定义、发展历程、机器学习、深度学习及自然语言处理，探讨 AI 伦理与未来趋势，帮助读者理解技术背后的逻辑与社会影响。

第 7 章 聚焦虚拟现实、增强现实、物联网、云计算、大数据和区块链等新兴技术，通过跨界融合案例展现技术创新的无限可能。

本书的主要特色如下：一是夯实基础，帮助读者建立计算机硬件、软件、网络与算法的系统性认知，为理解高阶技术奠定根基；二是拓宽视野，解析新一代信息技术的核心原理与应用场景，揭示其如何赋能产业升级；三是面向实践，通过案例分析，培养读者利用技术解决实际问题的能力；四是激发创新，引导读者思考技术的伦理边界与社会影响，成为负责任的数字公民。

通过学习本书，读者不仅能深入理解计算机的工作原理、信息编码的底层逻辑、网络安全的防护策略，还能初步掌握 Python 编程与算法设计，并洞察人工智能、物联网等新兴技术的应用趋势。

在本书编写过程中，编者参考了部分网络资源，在此对这些网络资源的提供者表示感谢。本书的最终出版，离不开编写团队成员的辛苦付出及同事和朋友给予的帮助与支持，在此表示感谢。

由于计算机技术发展迅速，加之编者水平有限，书中难免存在不妥之处，恳请广大读者和有关专业人士批评指正。

编　者

2025 年 4 月

目 录

第1章 踏入计算机的神奇大门

【本章导读】

目前，计算机已广泛应用于各行各业，成为人们日常生活、学习和工作中的常用工具。对计算机的发展与分类、特点及应用和前沿技术有所了解，便于人们从当前主流的计算机中购买到性价比最优的计算机；对计算机基本工作原理有所掌握，便于对计算机软硬件做日常性维护。

【学习目标】

1. 了解计算工具从古代到现代的演变过程。
2. 掌握计算机发展的四个阶段及其特点。
3. 理解图灵机的基本概念及其对现代计算机的理论贡献。
4. 掌握冯·诺依曼结构的核心思想，理解计算机的工作原理。
5. 掌握计算机硬件系统的组成及其功能，理解计算机软件的分类。

1.1 初识计算机

1.1.1 计算工具演变

计算机与计算（computation）是密切相关的。计算是数学的基础，也是计算机的基础。最初人们期望计算机实现数学意义上的“自动计算”，但是随着计算机科学和技术的迅速发展，人们对计算机的巨大潜能开始有了新的认识：客观世界的许多形态都能够被“数字化”，也就是说，我们生存的这个世界上的各种物质的形态都能够被计算机所存储、处理、交换以及分析运用。

自古以来，人类就在不断发明和改进计算工具。最初以手指记数并采用十进制进行计算，虽然很方便，但计算范围有限，计算结果也无法存储；于是开始用绳子、石子等作为工具来延长手指的计算能力。

最原始的人造计算工具是算筹。算筹及数字的算筹表示法如图 1-1 所示。我国古代劳动人民最先创造和使用了这种简单的计算工具。算筹最早出现在何时，现在已经无法考证，但在春秋战国时期，算筹使用已经非常普遍了。根据史书的记载，算筹是一根根同样长短和粗细的小棍子，一般长为 13~14 cm，径粗 0.2~0.3 cm，多用竹子制成，也有用木头、兽骨、象牙、金属等材料制成的。计算工具发展史上的第一次重大改革是算盘，也是我国古代劳动人民首先创造和使用的。

（a）算筹　　（b）数字的算筹表示法

图 1-1　算筹及数字的算筹表示法

算盘（见图 1-2）由算筹演变而来，并且和算筹并存竞争了一个时期，终于在元代后期取代了算筹。算盘轻巧灵活、携带方便，应用极为广泛，先后流传到日本、朝鲜和东南亚等国家，后来又传入西方。算盘采用十进制计数法，并有一整套计算口诀，例如“三下五除二”“七上八下”等，这是最早的体系化算法，如同现在的“软件”，从而提高了计算效率。算盘能够进行基本的算术运算，是公认的最早使用的计算工具，在计算机已被普遍使用的今天，古老的算盘不仅没有被废弃，反而因它的灵便、准确等优点被广泛使用。除此之外，古代其他民族也有各种形式的计算工具，虽然形式各异，其原理都是一致的，即利用具体的物来表示数，通过对物的机械操作来进行计算。

1617 年，英国数学家约翰·纳皮尔（John Napier）发明了 Napier 乘除器，也称 Napier 算筹，如图 1-3 所示。Napier 算筹由十根长条状的木棍组成，每根木棍的表面雕刻着一位数字的乘法表，右边第一根木棍是固定的，其余木棍可以根据计算的需要进行拼合和调换位置。Napier 算筹可以用加法和一位数乘法代替多位数乘法，也可以用除数为一位数的除法和减法代替多位数除法，从而大大简化了数值计算过程。

图 1-2　算盘

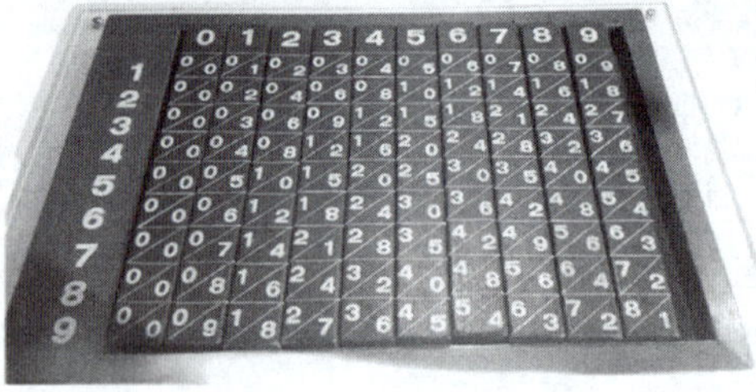

图 1-3　Napier 算筹

1621 年，英国数学家威廉·奥特雷德（William Oughtred）根据对数原理发明了圆形计算尺，也称对数计算尺，如图 1-4 所示。对数计算尺在两个圆盘的边缘标注对数刻度，然后让它们相对转动，就可以基于对数原理用加减运算来实现乘除运算。17 世纪中期，对数计算尺改进为尺座和在尺座内部移动的滑尺。18 世纪末，发明蒸汽机的瓦特独具匠心，在尺座上添置了一个滑标，用来存储计算的中间结果。对数计算尺不仅能进行加、减、乘、除、乘方、开方运算，甚至可以计算三角函数、指数函数和对数函数，它一直使用到袖珍电子计算器面世。即使在 20 世纪 60 年代，对数计算尺的应用仍然是理工科大学生必须掌握的基本功，是工程师身份的一种象征。

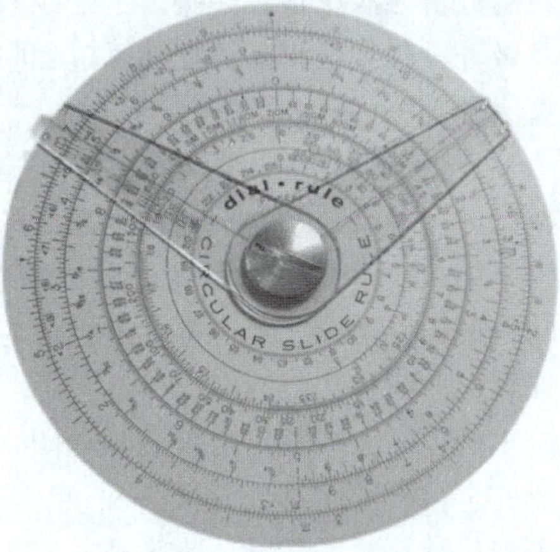

图 1-4　对数计算尺

现代计算机问世之前，计算机的发展经历了机械式计算机、机电式计算机和萌芽期的电子计算机几个阶段。

从 17 世纪到 19 世纪中期长达 200 多年的时间里，一批杰出的科学家相继进行了机械计算机的研制，其中的代表人物有帕斯卡（Blaise Pascal）、莱布尼茨（Gottfried Leibniz）和巴贝奇（Charles Babbage）。这一时期的计算机虽然构造和性能还非常简单，但是其中体现的许多原理和思想已经开始接近现代计算机。

1642 年，年仅 19 岁的法国数学家帕斯卡采用与钟表类似的齿轮传动装置，制成了最早的十进制加法器，如图 1-5 所示。1678 年，德国数学家莱布尼茨制成的四则运算器，如图 1-6 所示，进一步解决了十进制数的乘、除运算。英国数学家巴贝奇在 1822 年制作差分机模型时提出一个设想，将每次完成一次算术运算发展为自动完成某个特定的完整运算过程。

图 1-5　帕斯卡加法器

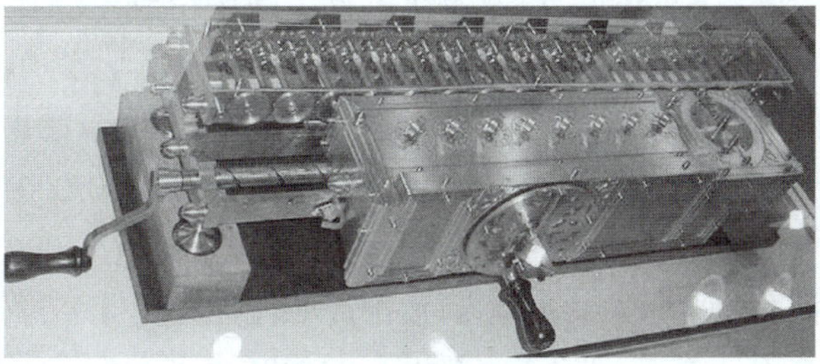
图 1-6　四则运算器

1884 年，巴贝奇设计了一种程序控制的通用分析机，如图 1-7 所示。这台分析机虽然已经描绘出有关程序控制方式计算机的雏形，但限于当时的技术条件而未能实现。

图 1-7　巴贝奇通用分析机

巴贝奇的设想提出以后的一百多年期间，电磁学、电工学、电子学不断取得重大进展，在元件、器件方面接连发明了真空二极管和真空三极管；在系统技术方面，相继发明了无线电报、电视和雷达等。所有这些成就为现代计算机的发展准备了技术和物质条件。与此同时，数学、物理也相应地蓬勃发展。到了 20 世纪 30 年代，物理学的各个领域经历着定量化的阶段，描述各种物理过程的数学方程，其中有的用经典的分析方法已很难解决。于是，数值分析受到了重视，研究出各种数值积分，数值微分及微分方程数值解法，把计算过程归结为巨量的基本运算，从而奠定了现代计算机的数值算法基础。

社会上对先进计算工具多方面迫切的需要，是促使现代计算机诞生的根本动力。20 世纪以后，各个科学领域和技术部门的计算困难堆积如山，已经阻碍了学科的继续发展。特别是第二次世界大战爆发前后，军事科学技术对高速计算工具的需要尤为迫切。在此期间，德国、美国、英国都在进行计算机的开拓工作，几乎同时开始了机电式计算机和电子计算机的研究。

德国的康拉德·楚泽（Konrad Zuse）最先采用电气元件制造计算机。他在 1941 年制成的全自动继电器计算机 Z-3，已具备浮点计数、二进制运算、数字存储地址的指令形式等现代计算机的特征。在美国，1940—1947 年期间也相继制成了继电器计算机 MARK-1、MARK-2、Model-1、Model-5 等。不过，继电器的开关速度大约为百分之一秒，使计算机的运算速度受到很大限制。

1.1.2 计算机发展史

电子计算机的开拓过程，经历了从制作部件到整机，从专用机到通用机，从“外加式程序”到“存储程序”的演变。1938 年，美籍保加利亚学者阿塔纳索夫首先制成了电子计算机的运算部件。1943 年，英国外交部通信处制成了“巨人”电子计算机。这是一种专用的密码分析机，在第二次世界大战中得到了应用。

1946 年 2 月，美国宾夕法尼亚大学莫尔学院制成的大型电子数字积分计算机（electronic numerical integrator and computer，ENIAC，见图 1-8），它采用电子管作为计算机的基本元件。它使用了 18 000 只电子管，10 000 只电容器，70 000 只电阻器，占地 170 m^2，重达 30 t，功率约 150 kW，每秒能够完成 5 000 次加减运算，是一个名副其实的“庞然大物”。ENIAC 最初也专门用于火炮弹道计算，后经多次改进而成为能进行各种科学计算的通用计算机，能够重新编程，解决各种计算问题。这台完全采用电子线路执行算术运算、逻辑运算和信息存储的计算机，运算速度比继电器计算机快 1 000 倍。这就是人们常常提到的世界上第一台电子计算机，ENIAC 的诞生标志着科学技术的发展进入了电子计算机时代。

ENIAC 机本身存在两大缺点：一是没有存储器；二是用布线接板进行控制，计算速度也就被这一工作抵消了，ENIAC 的发明仅仅表明电子计算机的问世。

新的重大突破是由宾夕法尼亚大学的美籍匈牙利数学家冯·诺依曼（John von Neumann，见图 1-9）领导的设计小组完成的。1945 年 6 月，他们发表了一个全新的存储程序式通用电子计算机方案——电子离散变量自动计算机（electronic discrete variable automatic computer，EDVAC）。随后于 1946 年 6 月，冯·诺依曼等人提出了更为完善的设计报告《电子计算机装置逻辑结构初探》。同年 7~8 月间，他们又在莫尔学院为美国和英国二十多个机构的专家讲授了专门课程《电子计算机设计的理论和技术》，推动了存储程序式计算机的设计与制造。

图 1-8　ENIAC

图 1-9　冯·诺依曼

1949 年，英国剑桥大学数学实验室率先制成电子离散时序自动计算机（electronic delay storage automatic calculator，EDSAC）；美国则于 1950 年制成了东部标准自动计算机（eastern standard automatic computer，ESAC）等。至此，电子计算机发展的萌芽时期遂告结束，开始了现代计算机的发展时期。

20 世纪中期以来，计算机一直处于高速度发展时期，计算机由仅包含硬件发展到包含硬件、软件和固件三类子系统的计算机系统。计算机系统的性能-价格比，平均每 10 年提高两个数量级。计算机种类也一再分化，发展成微型计算机、小型计算机、通用计算机（包括巨型、大型和中型计算机），以及各种专用机（如各种控制计算机、模拟-数字混合计算机）等。

从第一台电子计算机诞生到现在，电子计算机的发展大致可分为四代，并正在向第五代或称为新一代发展。下面根据计算机使用元件概述各代计算机的主要特征。

1. 第一代（1946—1956 年）：电子管计算机时代

受当时电子技术的限制，计算机采用真空电子管（vacuum tube，又称电子管，如图 1-10 所示。工作中的电子管就像白炽灯泡，如图 1-11 所示）和继电器作为基本物理器件，内存储器采用水银延迟线，外存储器采用纸带、卡片、磁鼓和磁芯。数据表示主要是定点数；确立了程序设计的概念，程序设计使用机器语言或汇编语言；出现了初级的输入/输出即 I/O 控制系统，主要用于军事和科学计算工作。运算速度每秒仅为几千次，内存容量仅几千字节（KB），具有体积庞大、造价和能耗很高、速度慢、存储容量小、价格昂贵、寿命短、可靠性差等特点。其代表机型有 ENIAC、EDVAC、IBM 650（小型机）、IBM 709（大型机）。

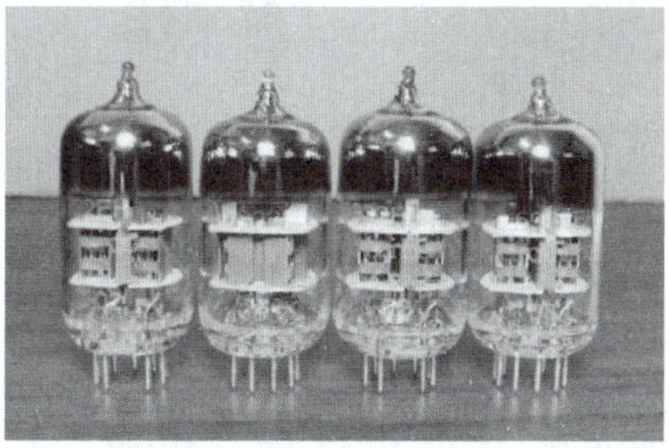

图 1-10　电子管

图 1-11　工作中的电子管

2. 第二代（1957—1964年）：晶体管计算机时代

图 1-12　晶体管

随着电子技术的发展，计算机的逻辑元件也逐步由电子管改为晶体管（transistor）作为基本物理器件，如图 1-12 所示。内存储器采用磁芯存储器，外存储增加了磁盘、磁带，外设种类也有所增加。运算速度达每秒几十万次，内存容量扩大到几十千字节（KB）。与此同时，计算机软件也有了较大的发展，出现了一系列独立于机器的 FORTRAN、COBOL、ALGOL 等高级语言，和用以提高机器工作效率的操作系统。与第一代计算机相比，晶体管电子计算机体积减小，成本降低，功能增强，可靠性大大提高，运算速度提高到每秒几十万次，存储容量扩大。除了科学计算外，计算机的应用拓展到各种数据处理、事务处理和工业控制方面。不仅科学计算用计算机继续发展，而且中、小型计算机，特别是廉价的小型数据处理用计算机开始大量生产。其代表机型有 IBM 7094、CDC 6600 等。

3. 第三代（1965—1970年）：集成电路计算机时代

随着固体物理技术的发展，集成电路工艺已可以在几平方毫米的单晶硅片上集成由十几个甚至上百个电子元件组成的逻辑电路。计算机的主要逻辑元件采用小规模集成电路（small scale integration，SSI）和中规模集成电路（medium scale integration，MSI），中小规模集成电路（integrated circuit，简称 IC 芯片，如图 1-13 所示，IC、晶体管、电子管分别如图 1-14 左、中、右所示），内存储器开始采用半导体存储器，取代了原来的磁芯存储器，磁盘成了不可缺少的辅助存储器，并且开始普遍采用虚拟存储技术，出现了大量的外围设备。计算机系统结构有了很大改进，体积和功耗有显著减小，可靠性大大提高，重量减轻，功能增强，成本进一步降低，寿命延长，运算速度达到每秒几百万次，存储容量进一步扩大。计算机向着标准化、多样化、通用化、系列化发展。在 20 世纪 70 年代后期，出现了微型计算机，使计算机进入了大批量生产的阶段。软件则更趋于完善成熟，各类操作系统的出现，使计算机操作过程自动化，机器效率进一步提高。出现了数据库软件，各种程序设计方法进入了实用阶段，计算机应用已进入社会生活的各个领域。其代表机型有 IBM360、IBM370、PDP-11 等。

图 1-13　IC 芯片

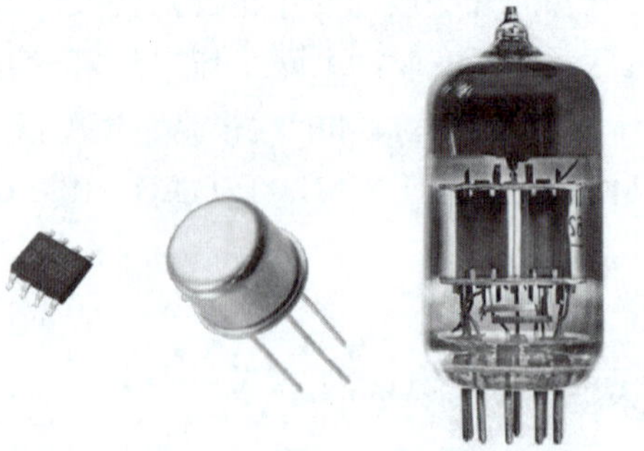

图 1-14　IC（左）、晶体管（中）、电子管（右）

4. 第四代（1971年至今）：大规模集成电路电子计算机

进入 20 世纪 70 年代以来，计算机逻辑器件采用大规模集成电路（large scale integration，LSI，见图 1-15）和超大规模集成电路（very large scale integration，VLSI）作为

基本物理器件；集成度很高的半导体存储器代替了服役达 20 年之久的磁芯存储器，磁盘容量越来越大，出现了光盘；各种使用方便的外围设备相继出现。计算机的计算速度最高可以达到 9.3 亿亿次/秒浮点运算。操作系统更加完善，出现了分布式操作系统和分布式数据库系统，程序设计语言由非结构化程序设计语言到结构化程序设计语言，再到面向对象程序设计语言；应用软件已成为现代工业的一部分；计算机制造和软件生产形成产业化；计算机技术与通信技术相结合，形成计算机网络化；微处理器和微型计算机应运而生，各类计算机的性能迅速提高。随着字长 4 位、8 位、16 位、32 位和 64 位的微型计算机相继问世和广泛应用，对小型计算机、通用计算机和专用计算机的需求量也相应增长了。微型计算机在社会上大量应用后，一座办公楼、一所学校、一个仓库常常拥有数十台以至数百台计算机。实现它们互连的局域网随即兴起，进一步推动了计算机应用系统从集中式系统向分布式系统的发展。计算机已经普及深入到各行各业之中，微型计算机落户到家庭。

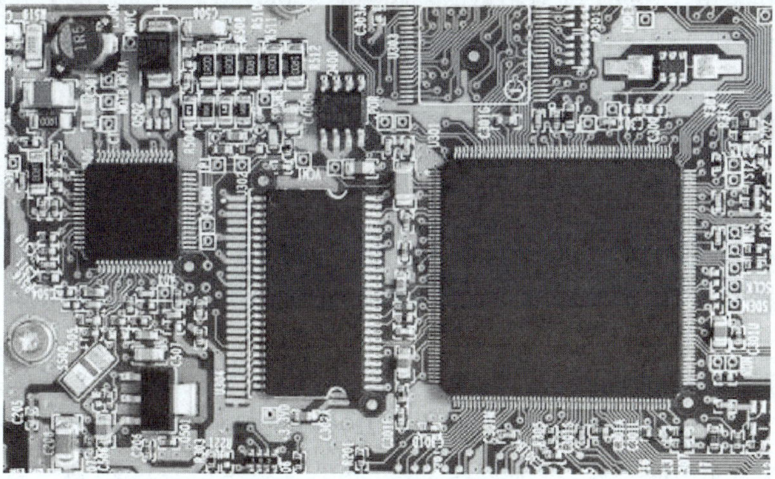

图 1-15　大规模集成电路

5. 第五代电子计算机

从 20 世纪 80 年代开始，日本、美国等国家先后提出了研制第五代计算机的计划，其主要目标是打破以往计算机固有的体系结构，使计算机能够具有像人一样的思维、推理和判断能力，向智能化发展，实现接近人的思维方式。由于多种因素的制约，并没有实现预期的研究目标，所以目前的计算机仍属于第四代计算机。但这一时期在智能计算机领域完成了大量的基础性研究工作，促进了人工智能理论和智能机器人技术的发展。

知识信息处理系统（knowledge information processing system，KIPS）就是人们通常所说的第五代计算机系统（fifth generation computer system，FGCS），又称智能计算机，它由如下几个主要部分组成：

①知识库、知识库机和知识库管理系统。

②问题求解和推理机。

③智能接口系统。

④应用系统。

第五代计算机系统预期达到的目标如下：

①用自然语言、图形、图像和文件进行输入输出。

②用自然语言进行信息处理，为非专业人员使用计算机提供方便。

③能处理和保存知识，以供使用；配备各种知识数据库，起顾问作用。

④能够自学习和推理，帮助人类扩展自己的智能。

由此可知，第五代计算机与传统计算机的主要区别如下：

①处理的信息是知识，而不是数据。

②信息的传送是知识的传送，而不是字符串的传送。

③信息的处理是对问题的求解和推理，而不是按既定程序进行计算。

④信息的管理是对知识的获取和利用，而不是数据的收集、积累和检索。

第五代计算机的研制目标是实现计算机的智能化，主要包括知识库、推理机和智能化的人机接口三个主要组成：知识库用于存放知识，推理机就是具有推理功能的程序，人机接口用于人操作使用计算机。要有丰富的多领域的知识、良好的推理能力和友好的人机接口，如可以通过语音输入要求、系统自动生成程序代码。现在看起来，这些目标都是非常超前的，虽然人工智能近几年有了很大发展，但到目前也没有实现当时的预期目标，即使实现了一些智能功能，也不是按当时设计的技术路径实现的，而是基于深度学习等学习算法实现的。

6. 量子计算机

量子计算机（quantum computer）是一种基于量子力学理论和量子器件进行数据存储和数据处理的计算机。量子器件是以量子效应为工作基础的器件。量子计算机被认为是最有应用前景的新一代计算机技术，在破解最复杂的密码系统、设计新材料、模拟气候变化以及实现人工智能等方面将会发挥重要作用。

2020 年 12 月，中国科学技术大学成功构建 76 个光子的量子计算原型机“九章”，当求解 5 000 万个样本的高斯玻色取样问题时，“九章”只需 200 s，而当时世界上最快的超级计算机要用 6 亿年。

2023 年 3 月 27 日，日本理化学研究所研制的第一台日本国产、量子比特数为 64 的量子计算机投入使用，大学等机构的研究人员可以线上使用这台量子计算机。

2024 年 1 月 6 日，由我国本源量子计算科技（合肥）股份有限公司自主研发的第三代超导量子计算机“本源悟空”上线，并向全球用户限时免费开放，接收全球量子计算任务。“本源悟空”搭载 72 位自主超导量子芯片“悟空芯”，是目前我国最先进的可编程、可交付超导量子计算机。

虽然量子计算机的研发近些年取得了令人瞩目的进展，并在某些特定计算任务上取得了远超电子计算机的性能，但实现可容错通用量子计算、利用量子计算机解决通用的实际问题还有很长的路要走，还有许多难题需要研究解决。

1.2　图灵机与冯·诺依曼结构

1.2.1　图灵与图灵机

艾伦·图灵（Alan Mathison Turing，1912—1954，见图 1-16），1912 年 6 月 23 日出生

于伦敦，上中学时数学特别优秀。1931 年中学毕业以后，图灵进入剑桥大学的国王学院（King's College）攻读数学，研究量子力学、概率论和逻辑学。1936 年图灵就概率论研究所发表的论文获得史密斯奖（Smith Prize）。1935 年，图灵开始对数理逻辑的研究发生兴趣。数理逻辑（mathematical logic）又称形式逻辑（formal logic）或符号逻辑（symbolic logic），是逻辑学的一个重要分支。其目的是建立一种精确的、普遍的符号语言，并寻求一种推理演算，以便用演算去解决人如何推理的问题。在莱布尼茨的思想中，数理逻辑、数学和计算机三者均出于一个目的，即人的思维过程的演算化、计算机化，以在计算机上实现。两个多世纪以来，许多数学家和逻辑学家沿着莱布尼茨的思路进行了大量实质性的工作，使数理逻辑逐步发展和完善起来，许多概念开始明朗起来。但是，“计算机”到底是怎样一种机器？应该由哪些部分组成？如何进行计算和工作？在图灵之前没有人清楚地说明过。正是图灵 1936 年发表的那篇论文第一次回答了这些问题，提出了一种理想的计算机器的抽象模型，后人称为“图灵机”，如图 1-17 所示。

图 1-16　图灵

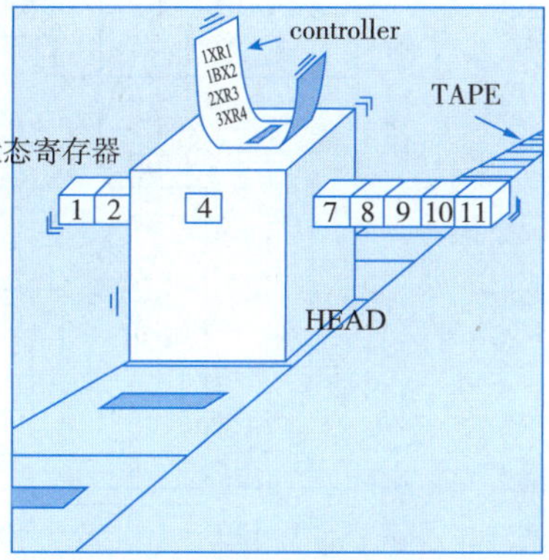

图 1-17　图灵机模型图

图灵机不是一种具体的机器，而是一种思想模型，是可以模拟任何计算机程序的通用计算机。图灵机主要由以下几个部分组成：

①一条无限长的纸带（tape），纸带被划分为一个个的小格子，每个格子上包含一个来自有限字母表的符号，字母表中有一个特殊的符号表示空白。

②一个读写头（head），该读写头可以在纸带上左右移动，它能读出当前所指的格子上的符号，并能改变当前格子上的符号。

③一套控制规则（table），它根据当前机器所处的状态以及当前读写头所指的格子上的符号来确定读写头下一步的动作，并改变状态寄存器的值，令机器进入一个新的状态。

④一个状态寄存器，它用来保存图灵机当前所处的状态。图灵机的所有可能状态的数目是有限的，并且有一个特殊的状态，称为停机状态。

图灵机的工作过程是通过一系列的状态转换来完成的。每一次转换都包括了读取当前符号、根据当前状态和读取的符号进行操作（写入新符号、移动读写头、改变状态）。这个过程不断重复，直到机器进入特定的停止状态，此时计算任务完成。

图灵机的核心贡献在于它提供了区分可计算与不可计算问题的明确标准。图灵证明了任何可以用算法解决的问题都可以由一台图灵机来实现，而那些无法解决的则被认为是不可计算的。这个发现对于理解计算机的理论极限具有重要意义。

虽然现代计算机在物理构造上与图灵机有很大不同，但它们的能力是等价的——这就是著名的图灵完备性概念。今天所使用的所有计算机程序，无论是运行在个人计算机还是云端服务器上，理论上都可以被图灵机模拟。这一点强调了图灵机理论在现代计算机设计和编程实践中的持久价值。

1.2.2 冯·诺依曼结构

冯·诺依曼结构（Von Neumann architecture），也称为普林斯顿结构，是一种计算机体系结构的概念模型，由数学家和早期计算机科学家冯·诺依曼提出，如图 1-18 所示。

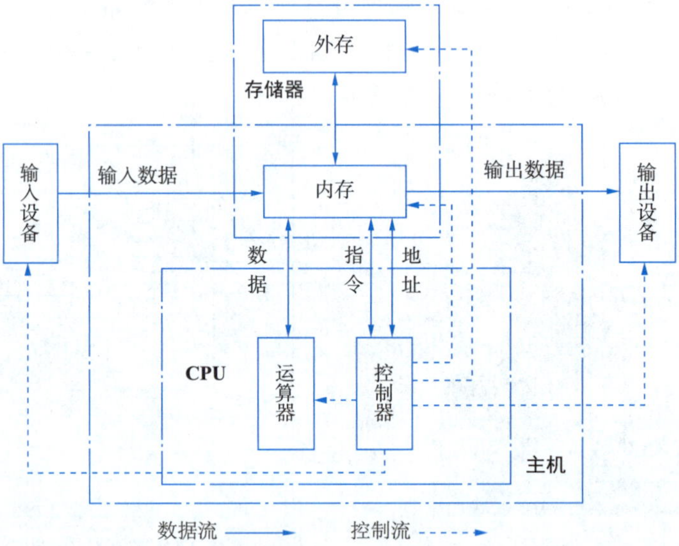

图 1-18 冯·诺依曼结构

世界上第一台通用电子计算机“埃尼阿克”（ENIAC）是计算机发展史上的重要里程碑，但“埃尼阿克”仍存在一些不足，比如，其程序输入是通过外接电路实现的，很不方便。数学家冯·诺依曼了解到这一情况后，就和“埃尼阿克”研制小组人员一起讨论改进方案，并在 1945 年 6 月完成了《EDVAC 报告初稿》（*First Draft of a Report on the EDVAC*），报告给出了电子计算机逻辑设计的如下要点：

①计算机硬件由控制器、运算器、存储器、输入设备和输出设备五个基本部件组成。

②计算机采用二进制来表示指令和数据。

③计算机采用“存储程序”方式，自动逐条取出指令并执行程序。

现在使用的计算机虽然在硬件结构、软件系统、功能性能上发生了很大变化，但其基本要素没有大的变化，所以仍属于冯·诺依曼计算机。

计算机各组成部分的功能说明如下：

1. 控制器

控制器（control unit，CU）是计算机的控制中心，相当于人们大脑中的神经中枢，主要作用是控制计算机硬件系统中各部件协调工作，使计算机能够自动地执行指令。它发出的各种控制信号，可以指挥整个计算机工作，并决定在什么时间、根据什么条件执行什么动作，使整个计算机能够有条不紊地自动执行程序。

控制器内部由程序计数器（program counter，PC）、指令寄存器（instruction register，IR）、指令译码器（instruction decoder，ID）、时序产生器和操作控制器组成。控制器从内存中按一定的顺序取出系列指令，每取出一条指令，就对这条指令进行分析，然后根据指令的功能向相应部件发出控制命令，控制该部件执行这条指令中规定的任务。该指令执行完毕，再自动取出下一条指令，重复上面的工作过程。

2. 运算器

运算器是执行算术运算和逻辑运算的部件，主要负责对信息进行加工处理，是计算机的核心部件。运算器由算术逻辑单元（arithmetic logic unit，ALU）、累加器、状态寄存器和通用寄存器组等组成。

运算器工作时，不断地从存储器中得到要处理的数据，对其进行加、减、乘、除以及各种逻辑运算，并将最后的结果传送回存储器中。整个过程在控制器的指挥下有条不紊地进行。

在现代计算机中，往往将运算器和控制器集中在一个集成电路芯片内，称为中央处理器（central processing unit，CPU）。

3. 存储器

存储器（memory）是计算机中存放程序和数据的器件，是计算机中各种信息存储和交流的部件。要实现存储程序，计算机中必须有存储信息的部件——存储器。

存储器的主要功能是存储信息，它可以从输入设备或另一个存储器中获取数据而不影响和破坏原数据信息，这种获取数据的操作称为存储器的“读”操作；同时，也可以把原来保存的数据覆盖，记录新的数据，这种保存数据的操作称为存储器的“写”操作。

根据存储器在计算机工作时的作用和分工不同，可将其分为两类：内存储器和外存储器。

（1）内存储器

在计算机内部设有一个存储器，称为内存储器，简称内存。计算机在运算之前，程序和数据通过输入设备送入内存，运算开始后，内存不仅要为其他部件提供必需的数据，也要保存运算的中间结果及最终结果。总之，它要和各个部件直接进行数据交换。因此，为了提高计算机的运算速度，要求内存能进行快速的存数和取数操作。

（2）外存储器

为了存储大量的信息，计算机还需要大容量的外存储器作为辅助存储器。常用的外存储器有磁盘存储器、光盘存储器、优盘存储器和磁带存储器等。

外存用来存放“暂时不用”的程序或数据。外存容量要比内存大得多，但存取数据的速度比内存慢。通常外存只和内存交换数据，不直接与 CPU 交换数据，数据存取时不是按单个数据进行，而是以成批数据进行交换。

外存与内存有许多不同之处：一是外存在断电的情况下存储的信息不会丢失；二是外

存的容量不像内存那样受多种限制，容量也比内存大得多；三是外存的存取速度比内存慢，价格也相对较便宜。

4. 输入设备

输入设备（input device）的主要功能是向计算机内部输入信息，并将它变为机器能识别的二进制数据，然后存放在内存中。

常见的输入设备大致有以下六种：

①穿孔输入设备：如光电输入机、电容式输入机、卡片机等，在制造业中用于生成可机读的穿孔标签，如电子元件的批次信息。

②键盘输入设备：如电传打字机、控制台打字机、键盘等。操作人员可以直接通过键盘输入程序或其他控制信息。

③模/数转换（A/D）装置：在自动检测与自动控制装置中，刚检测出来的原始电信号往往是模拟信号，需通过 A/D 装置转换成计算机所能识别与处理的数字信号，如智能家居用于对当前的居家环境的温度湿度、光照的数据采集。

④图形识别与输入装置：通过光学或电子方式捕捉图形并转化为数字信息，可使用扫描仪将纸质文档、照片转为电子图像。

⑤字符的识别与输入装置：识别特定符号（如文字、条码）并转换为可处理的信息，超市收银台使用扫码枪读取商品价格。

⑥语音的识别与输入装置：在智能手机中的语音助手（如华为手机的“小艺”）可将语音指令转为文字操作。

5. 输出设备

输出设备（output device）的功能主要是将计算机对数据处理的结果以能被人们或其他设备所能接受的数据形式输出。

输出设备主要有以下四种：

①打印设备：如小型的简易打印机、传统的宽行打印机、电传打字机，以及便于打印票据、图形和文字一类复杂字符的针式打印机、喷墨打印机和激光打印机等。

②绘图设备：如绘图仪。

③显示器：常见的类型主要有 CRT 显示器和液晶显示器。

④数/模转换装置（D/A）：如可通过手机 App 发送的数字调光指令经 D/A 转为模拟电流，调节 LED 灯的亮度。

1.2.3 计算机工作原理

根据冯·诺依曼提出的原理制造的计算机被称为冯·诺依曼结构计算机，现代计算机虽然结构更加复杂，计算能力更加强大，但仍然是基于这一原理设计的，也属于冯·诺依曼机。

总之，计算机的工作过程可以归结为以下五个步骤：

①控制器控制输入设备，将数据和程序从输入设备输入内存储器。

②在控制器指挥下，从存储器取出指令送入控制器。

③控制器分析指令，指挥运算器、存储器执行指令规定的操作。

④运算结果由控制器控制送存储器保存或送输出设备输出。

⑤返回到第②步，继续取下一条指令，如此反复，直到程序结束。

1.3　计算机系统的组成

一个完整的电子计算机系统（简称计算机）是由硬件（系统）和软件（系统）两大部分组成的，如图 1-19 所示。

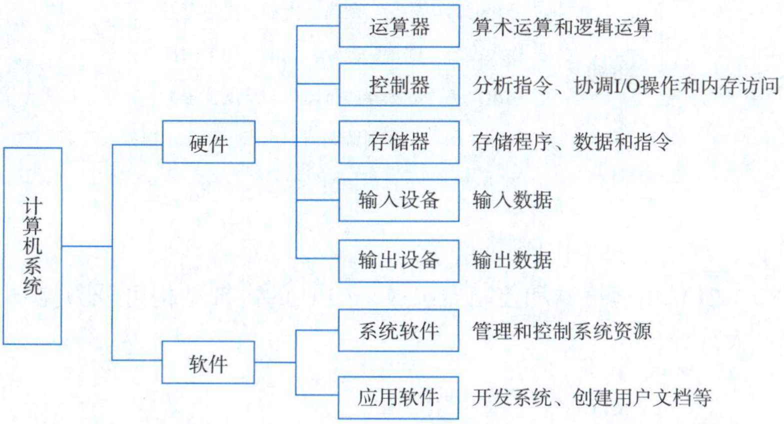

图 1-19　计算机系统的组成

计算机中的板、线、元件、芯片、设备统称为硬件，或者说硬件是计算机中看得见、摸得着的物理器件。计算机硬件由运算器、控制器、存储器、输入设备和输出设备五个基本部件组成。软件是指程序、程序运行所需要的数据以及程序所需要的文档资料的集合。硬件是躯体，而软件是灵魂。没有安装任何软件的计算机称为“裸机”，一般来说，“裸机”是不能正常工作的。用户所面对的计算机通常是将“裸机”经过若干层软件“包装”的计算机，计算机的性能及功能不仅仅取决于硬件系统，更大程度上是由所安装的软件所决定的。

1.3.1　计算机硬件

计算机硬件是指构成计算机系统的各种物理组件和设备，这些组件和设备协同工作，以执行各种计算任务、处理数据信息以及与用户进行交互操作。以下是计算机硬件系统的主要组成部分，它们各自承担着不同的功能和职责，共同确保计算机系统的正常运行和高效工作。根据计算机的特点将硬件分为主机和外围设备两部分，如图 1-20 所示。

1. 中央处理器

中央处理器（CPU）出现于大规模集成电路时代，处理器架构设计的迭代更新以及集成电路工艺的不断提升促使其不断发展完善。从最初专用于数学计算到广泛应用于通用计算，从 4 位到 8 位、16 位、32 位处理器，最后到 64 位处理器，从各厂商互不兼容到不同指令集架构规范的出现，CPU 自诞生以来一直在飞速发展。

- 硬件
  - 主机
    - 中央处理器（CPU）
      - 控制器
      - 运算器
      - 寄存器
    - 内存储器
      - 只读存储器（ROM）
      - 随机读写存储器（RAM）
      - 高速缓冲存储器（Cache）
  - 外围设备
    - 外存储器（软盘、硬盘、光盘、磁带等）
    - 输入设备（键盘、鼠标、光笔、图形扫描仪等）
    - 输出设备（显示器、打印机、绘图仪等）
    - 其他（网卡、调制解调器、声卡、显卡、视频卡等）

图 1-20　计算机硬件组成

（1）CPU 的内部结构与工作原理

CPU（见图 1-21）由运算器和控制器组成。CPU 的内部结构可分为控制单元、逻辑单元和存储单元三大部分。

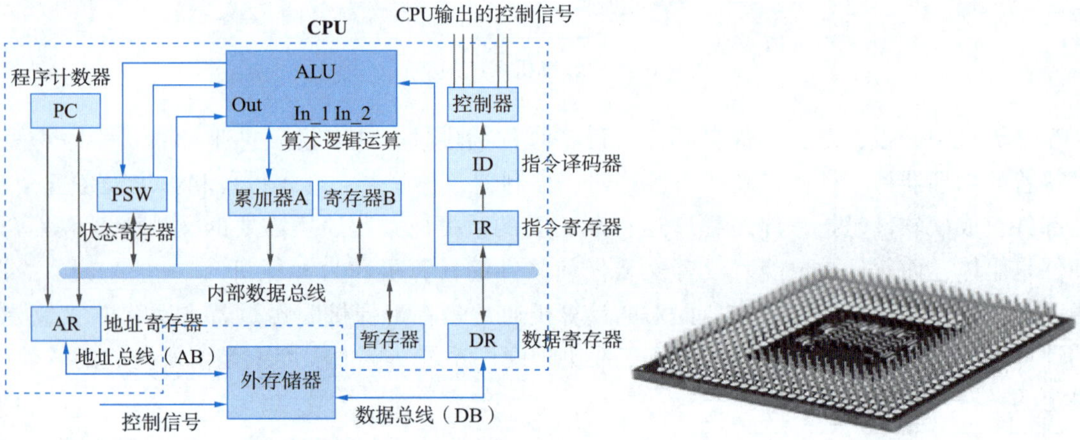

（a）CPU内部结构图　　（b）CPU外观

图 1-21　CPU

CPU 的工作原理就像一个工厂对产品的加工过程：进入工厂的原料（指令），经过物资分配部门（控制单元）的调度分配，被送往生产线（逻辑运算单元），生产出成品（处理后的数据）后，再存储在仓库（存储器）中，最后进入市场进行交易（交给应用程序使用）。

“龙芯”系列芯片是由中国科学院中科技术有限公司设计研制的，采用 MIPS 体系结构，具有自主知识产权，包括龙芯 1 号小 CPU、龙芯 2 号中 CPU 和龙芯 3 号大 CPU 三个系列，此外还包括龙芯 7A1000 桥片。

龙芯 1 号系列 32/64 位处理器专为嵌入式领域设计，主要应用于云终端、工业控制、数据采集、手持终端、网络安全、消费电子等领域，具有低功耗、高集成度及高性价比等特点。其中，龙芯 1A 32 位处理器和龙芯 1C 64 位处理器稳定工作在 266~300 MHz，龙芯

1B 处理器是一款轻量级 32 位芯片。龙芯 1D 处理器是超声波热量表、水表和气表的专用芯片。2015 年，北斗导航卫星搭载着我国自主研制的龙芯 1E 和 1F 芯片，这两颗芯片主要用于完成星间链路的数据处理任务。

龙芯 2 号系列是面向桌面和高端嵌入式应用的 64 位高性能低功耗处理器。龙芯 2 号产品包括龙芯 2E、2F、2H 和 2K1000 等芯片。龙芯 2E 首次实现对外生产和销售授权。龙芯 2F 平均性能比龙芯 2E 高 20% 以上，可用于个人计算机、行业终端、工业控制、数据采集、网络安全等领域。龙芯 2H 于 2012 年推出正式产品，适用计算机、云终端、网络设备、消费类电子等领域需求，同时可作为 HT 或者 PCI-e 接口的全功能套片使用。2018 年，龙芯推出龙芯 2K1000 处理器，它主要是面向网络安全领域及移动智能领域的双核处理芯片，主频可达 1 GHz，可满足工业物联网快速发展、自主可控工业安全体系的需求。

龙芯 3 号系列是面向高性能计算机、服务器和高端桌面应用的多核处理器，具有高带宽，高性能，低功耗的特征。龙芯 3A3000/3B3000 处理器采用自主微结构设计，主频可达到 1.5 GHz 以上；龙芯 3A4000 为龙芯第三代产品的首款四核芯片，该芯片基于 28 nm 工艺，采用新研发的 GS464V 64 位高性能处理器核架构，并实现 256 位向量指令，同时优化片内互联和访存通路，集成 64 位 DDR3/4 内存控制器，集成片内安全机制，主频和性能再次得到大幅提升。2025 年 2 月 7 日，龙芯中科技术股份有限公司宣布，采用龙芯 3A6000 处理器的个人计算机已实现本地部署 DEEPSEEK，这标志着国产芯片与 AI 大模型的协同适配取得实质性进展。

（2）CPU 的相关技术参数

对于 CPU 而言，影响其性能的指标主要有主频、CPU 的位数、CPU 的缓存指令集、CPU 核心数和 IPC（每周期指令数）。

所谓 CPU 的主频，指的就是时钟频率，它直接决定了 CPU 的性能，可以通过超频提高 CPU 主频来获得更高性能。而 CPU 的位数指的就是处理器能够一次性计算的浮点数的位数，通常情况下，CPU 的位数越高，CPU 进行运算时的速度就会变得越快。

21 世纪 20 年代后，个人计算机使用的 CPU 一般均为 64 位，这是因为 64 位处理器可以处理范围更大的数据并原生支持更高的内存寻址容量，提高了人们的工作效率。而 CPU 的缓存指令集是存储在 CPU 内部的，主要指的是能够对 CPU 的运算进行指导以及优化的硬程序。一般来讲，CPU 的缓存可以分为一级缓存、二级缓存和三级缓存，缓存性能直接影响 CPU 处理性能。部分特殊职能的 CPU 可能会配备四级缓存。

（3）GPU

GPU（graphics processing unit，图形处理器）和 CPU 的工作流程和物理结构大致是类似的，相比于 CPU 而言，GPU 的工作更为单一。在大多数的个人计算机中，GPU 仅仅是用来绘制图像的。如果 CPU 想画一个二维图形，只需要发送指令给 GPU，GPU 就可以迅速计算出该图形的所有像素，并且在显示器上指定位置画出相应的图形。由于 GPU 会产生大量的热量，所以通常显卡上都会有独立的散热装置。

CPU 有大量的缓存和复杂的逻辑控制单元，因此它非常擅长逻辑控制、串行运算。GPU 有大量的算术运算单元，因此可以同时执行大量的计算工作，它所擅长的是大规模的并发计算，计算量大但是没有技术含量，而且要重复很多次。用户通常使用 CPU 来做复杂的逻辑控制，用 GPU 来做简单但是量大的算术运算，就能够大大地提高程序的运行速度。

"苏堤"芯片是摩尔线程于 2022 年 3 月成功研发并上市的 GPU 芯片。"苏堤"芯片基于摩尔线程推出统一系统架构"MUSA"（MT unified system architecture）研发，该架构包括统一的编程模型、软件运行库、驱动程序框架、指令集架构和芯片架构。"苏堤"芯片采用 12 nm 制程工艺，包含 2 048 个 MUSA 核心，单精度浮点运算最高可达 6 TFLOPS，像素填充率为 192 GPixel/s，并搭载 8 GB 显存，支持 4K/8K 高清显示。"苏堤"芯片内置了现代图形渲染引擎、智能多媒体引擎、AI 计算加速引擎和物理仿真及科学计算四大引擎，能够支持视频云、直播、8K 游戏等智能多媒体应用。"苏堤"已经开始适配国产主流 CPU 和操作系统，并与数百个生态伙伴建立合作关系，共同推进国产 GPU 应用软件的联合开发、性能优化和应用创新。

2. 内存储器

在计算中，存储器是计算机的存储设备，是用于存储信息的部件。正是有了存储器，计算机才有了信息记忆功能，能把程序和数据存储在计算机中，使计算机能自动工作。从记忆信息的功能来看，计算机的存储器相当于人的大脑。

（1）内存储器的地址和存储容量

要了解存储器如何工作，我们必须掌握地址和存储容量两个概念。

①地址。

内存由许多存储单元组成，每一个存储单元可以存放若干位二进制数据，该数据可以是指令，也可以是数据。为区分不同的存储单元，所有存储单元均按一定的顺序编号，这个编号就称为地址码，简称为地址。当计算机要把数据存入某存储单元中或从某存储单元中取出数据时，首先要知道该存储单元的地址，然后由存储器"查找"与该地址对应的存储单元，找到后才能进行数据的存取。这个操作与我们在一栋大楼里找人，要按照他的住址（即房间号）寻找的过程相似。

②存储容量。

存储容量是描述计算机存储能力的性能指标。存储器存储数据的最小单位是二进制位（bit），每一个二进制位能存储一位二进制数（即 0 或 1）。但是，比特并不是 CPU 每次对存储器进行读写的最小单位，CPU 每次对存储器进行读写的最小单位是字节（Byte）。因此，字节又称为存储器存储数据的基本单位，存放一个字节的存储器位置就称为一个存储单元。字节和二进制位的关系：1 Byte（字节）= 8 bit（二进制位）。

存储容量是一台微机中物理存储单元的总和，是存储容量大小的量度，它与构成存储器的硬件配置有关。存储器容量的大小以字节数多少来衡量，其单位有 Byte（字节）、KByte（千字节）、MByte（兆字节）、GByte（吉字节）和 Tbyte（太字节）等，它们之间的换算关系如下：

$1\ \text{TB} = 2^{10}\ \text{GB} = 1\ 024\ \text{GB}$

$1\ \text{GB} = 2^{10}\ \text{MB} = 1\ 024\ \text{MB}$

$1\ \text{MB} = 2^{10}\ \text{KB} = 1\ 024\ \text{KB}$

$1\ \text{KB} = 2^{10}\ \text{B} = 1\ 024\ \text{B}$

（2）内存储器的分类

内存储器是微型计算机的重要部件之一。它是存放程序与数据的部件，一般由记忆元件和电子线路构成。在计算机里，内存储器按其功能特征主要可分为随机存取存储器、只读存储器和高速缓冲存储器三类。

①随机存取存储器。

通常，随机存取存储器（random access memory，RAM）指计算机的主存，CPU 对它们既可读出数据又可写入数据，RAM 由电路的状态表示信息，因此，一旦关机断电，RAM 中的信息将全部消失。

目前在微机上广泛采用动态随机存储器（dynamic random access memory，DRAM）作为主存。DRAM 的特点是数据信息以电荷形式保存在小电容器内，由于电容器存在放电回路，超过一定时间后，存放在电容器内的电荷就会消失，所以必须对小电容器周期性刷新来保持数据。DRAM 的功耗低，集成度高，成本低。同步动态随机存储器（synchronous dynamic random-access memory，SDRAM）曾是奔腾计算机系统普遍使用的内存形式，它的刷新周期与系统时钟保持同步，使 RAM 和 CPU 以相同的速度同步工作，取消等待周期，减少了数据存取时间。

微机上使用的动态随机存储器被制作成内存条（见图 1-22）。内存条需要插在系统主板的内存插槽上。DDR（DOUBLE DATA RATE，双倍速率）是一种用于随机存取存储器（RAM）的技术，它能够在时钟信号的上升沿和下降沿都进行数据传输，相较于传统的只在时钟信号上升沿传输数据的内存，数据传输速度翻倍，从而提高了内存与计算机其他组件之间的数据交换效率。目前常用的单根内存条容量主要为 DDR 4 代 8 GB、16 GB、32 GB 等。

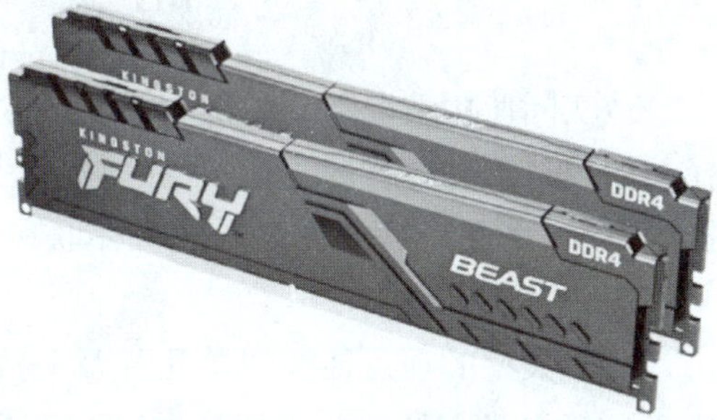

图 1-22　内存条

②只读存储器。

CPU 对存储在只读存储器（read only memory，ROM）中的信息只取不存，ROM 里面存放的信息一般由计算机制造厂写入并经固化处理，用户是无法修改的。由于 ROM 由内部电路的结构表示信息，即使断电，ROM 中的信息也不会丢失。因此，ROM 中一般存放计算机系统管理程序。

近年来，在微机上常采用称为可擦除可编程只读存储器（erasable programmable read-only memory，EPROM）的存储元件，在微机正常工作状态或关机状态下，其功能与普通的 ROM 相同。运行专门的程序，可以通过微机内专设的电子线路，使其进入像 RAM 一样的工作状态，改写其中的内容，退出这种状态后，新的内容可被长期保存。电可擦写 ROM（缩写：EEPROM）的采用，可以使计算机在不更换硬件的条件下，升级基本输入输出系统，但同时也成为 CIH 之类的计算机病毒的一个新的破坏对象。

基本输入输出系统（basic input output system，BIOS）保存着计算机系统中最重要的基本输入/输出程序、系统信息设置、自检和系统自举程序，并反馈诸如设备类型、系统环境等信息。现在的主板还在 BIOS 芯片加入了电源管理、CPU 参数调整、系统监控、PnP（即插即用）、病毒防护等功能，BIOS 的功能变得越来越强大，而且对于许多类型的主板来说，厂家还会不定期地对 BIOS 进行升级。

③高速缓冲存储器。

高速缓冲存储器（Cache）位于 CPU 与内存之间，是一个读写速度比内存更快的存储器。随着硬件技术的发展，CPU 的速度越来越快，它访问数据的周期甚至达到了几纳秒（ns），而 RAM 访问数据的周期最快也需 50 ns。计算机在工作时 CPU 频繁地和内存储器交换信息，当 CPU 从 RAM 中读取数据时，就不得不进入等待状态，放慢它的运行速度，因此极大地影响了计算机的整体性能。为有效地解决这一矛盾，目前在微机上也采用了高速缓冲存储器技术。Cache 是介于 CPU 和内存之间的一种可高速存取信息的芯片，是 CPU 和 RAM 之间的桥梁，用于解决它们之间的速度冲突问题。Cache 的访问速度是 DRAM 的 10 倍左右。CPU、Cache 和 RAM 之间的关系如图 1-23 所示。CPU 要访问内存中的数据，先在 Cache 中查找，当 Cache 中有 CPU 所需的数据时，CPU 直接从 Cache 中读取，如果没有，就从内存中读取数据，并把与该数据相关的一部分内容复制到 Cache，为下一次访问做好准备，从而提高了工作效率。

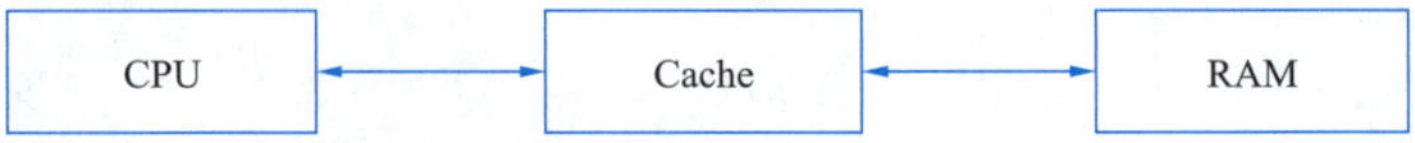

图 1-23　CPU、Cache 和 RAM 之间的关系

从实际使用情况看，尽量增大 Cache 的容量和采用回写方式更新数据是一种不错的选择，但当 Cache 的容量达到一定的数量后，速度的提高并不明显，故不必将 Cache 的容量提得过高。Cache 一般由静态随机存取存储器 SRAM 构成。

3. 外部存储器

一些大型的项目往往涉及几百万个数据，甚至更多。这就需要配置第二类存储器，如磁盘（磁盘类存储器分为软盘和硬盘两种）、磁带、光盘、U 盘等，称为外部存储器，简称外存。外存中的数据一般不能直接送到运算器，只能成批地将数据转运到内存，再进行处理。外存储器有以下几种：

（1）机械硬盘

机械硬盘（hard disk drive，HDD）是一种传统的计算机存储设备，其外观如图 1-24（a）所示，其内部结构如图 1-24（b）所示。硬盘盘片是由涂有磁性材料的铝合金构成。机械硬盘以其大容量和相对较低的成本，成为常用的存储设备。

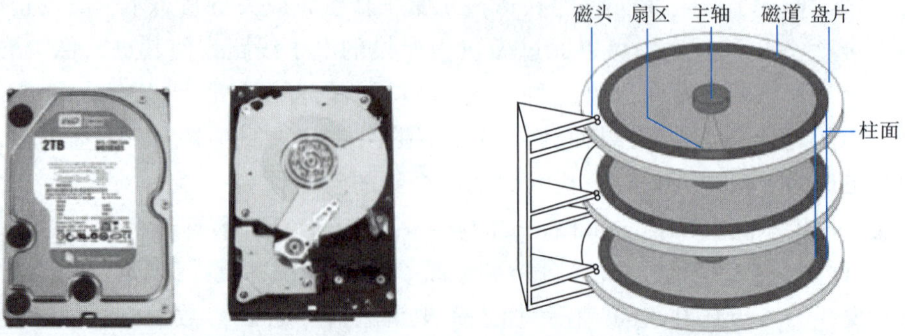

（a）硬盘外观　（b）硬盘内部结构

图 1-24　机械硬盘

(2) 固态硬盘

图 1-25　固态硬盘

固态硬盘（solid state disk，SSD）简称固盘，是用固态电子存储芯片阵列制成的硬盘，外观如图 1-25 所示。

固态硬盘的存储介质分为两种，一种是采用闪存（flash memory）作为存储介质，另外一种是采用 DRAM（动态随机存取存储器）作为存储介质。固态硬盘的内部主体是一块印制电路板（printed circuit board，PCB）。PCB 上最主要的部件是控制芯片、缓存芯片（部分低端固态硬盘没有缓存芯片）和闪存芯片阵列。控制芯片的主要作用是合理调配数据在各个闪存芯片上的存储及对外接口，闪存芯片阵列用于存储数据，缓存芯片辅助控制芯片进行数据预存取，与高速缓存的处理机制相似，可以进一步提升固态硬盘的存取速度。目前，面向个人计算机使用的固态硬盘中存储芯片以三层单元（Triple-Level Cell，TLC）或四层单元（Quad-Level Cell，QLC）技术的芯片为主，具有更高的性价比。

相对于机械硬盘，固态硬盘具有读写速度快、防震抗摔性好、无噪声等优点。但机械硬盘的数据恢复性较好。

(3) 光盘

光盘也曾是微机上使用较多的存储设备。图 1-26 所示为光盘和 CD-ROM 驱动器的外观。

图 1-26　光盘及 CD-ROM 驱动器

(4) U 盘

U 盘，全称 USB 闪存驱动器，英文名“USB flash drive”。它是一种使用 USB 接口的无须物理驱动器的微型高容量移动存储产品，通过 USB 接口与计算机连接实现即插即用。

相较于其他可携式存储设备，闪存 U 盘有许多优点：占空间小，通常操作速度较快（USB 1.1、2.0、3.0 标准），目前市场主流 U 盘为 USB 3.0 接口，能存储较多数据，并且性能较可靠（由于没有机械设备），在读写时断开而不会损坏硬件，只会丢失数据。

U 盘通常使用 ABS 塑料或金属外壳，内部含有一张小的印刷电路板，如图 1-27（a）所示。大多数 U 盘使用标准的 Type-A USB 接头，这使得它可以直接插入个人计算机上的 USB 端口中。

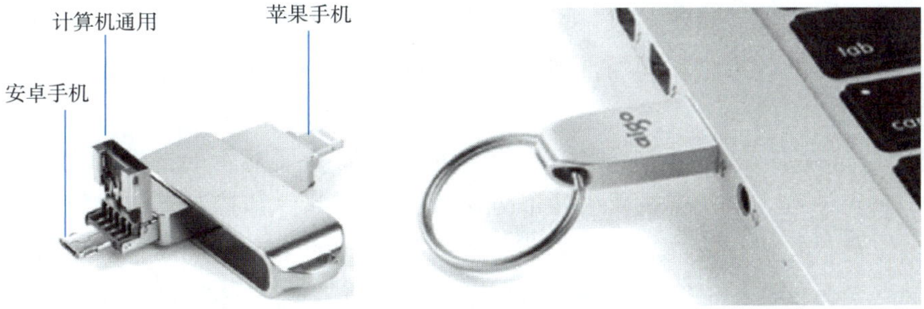

（a）U盘外观　　（b）U盘插入电脑USB端口

图 1-27　U 盘

要访问 U 盘的数据，就必须把 U 盘连接到计算机，如图 1-27（b）所示。目前较常用容量规格有 64 GB、128 GB、256 GB、512 GB、1 TB 等。

4. 输入设备

输入设备将数据、程序等转换成计算机能接受的二进制码，并将它们送入内存。常用输入设备有键盘、鼠标、扫描仪，如图 1-28 所示。除此之外还有光笔、触摸屏、数字化仪等。

（a）键盘 （b）鼠标 （c）扫描仪 （d）触摸屏

图 1-28 常用输入设备

（1）键盘

键盘是最常用也是最基本的输入设备，通过键盘，可以将英文字母、汉字、数字、标点符号等输入到计算机中。新建或修改 Word 文档、PPT 演示文稿、Excel 电子表格、程序文件等都需要使用键盘输入相关内容，输入命令控制计算机的运行也要使用键盘。熟悉键盘上各按键的功能、熟练掌握键盘操作是操作使用计算机的基本功。

（2）鼠标

鼠标也是常用的输入设备，它普遍装备有两个按键，左侧按键用于确认操作，右侧按键则用于调用上下文菜单等附加功能。滚轮鼠标是在传统双键鼠标设计上加入了滚轮，通过手指的简单滑动即可实现页面的垂直滚动，极大地方便了频繁翻页的需求。有线鼠标主要通过串行端口、PS/2 端口或 USB 端口与计算机主机连接，而无线鼠标则通过 2.4 GHz 无线技术或蓝牙技术与主机进行数据交换。

（3）扫描仪

扫描仪（scanner）是一种将图像信息输入计算机的输入设备，它将图像分割成条或块，逐条或逐块依次扫描，利用光电转换元件把模拟信号转换成数字信号并输入到计算机中。利用扫描仪可以输入图像和图片，也可以输入文字。例如，要输入一本书的内容，可以一页一页地扫描，形成图像信息，再通过合适的软件把每一个字切分、识别出来进行存储，和用键盘输入的效果是相同的，但速度要快很多，准确率也很高。

（4）触摸屏

触摸屏（touch screen）是一种用手指或笔触及屏幕上所显示的选项来完成指定操作的人机交互式输入设备。触摸屏主要由两部分组成：检测部件和控制器。检测部件负责检测用户的触摸位置，并将相关信息传送到控制器；控制器的主要作用是接收触摸信息，并将其转换成触点坐标传送给 CPU，控制器还能接收 CPU 的命令并执行。触摸屏是平板计算机的主要输入设备，触摸屏还广泛应用于智能手机、笔记本计算机、智慧教室显示屏、自动售票、交通信息查询、旅游景点介绍等设备上，极大地方便了用户操作。

5. 输出设备

输出设备将计算机处理的结果转换成人们能够识别的数字、字符、图像、声音等形式显示、打印或播放出来。常用的输出设备有显示器、打印机、绘图仪、头戴显示器等，如图 1-29 所示。

（a）显示器

（b）打印机

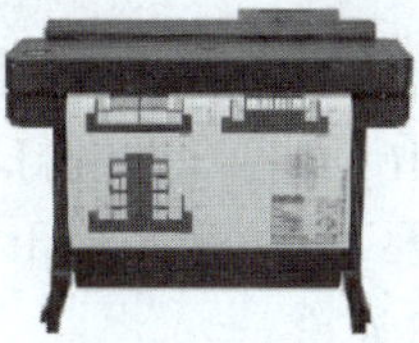
（c）绘图仪

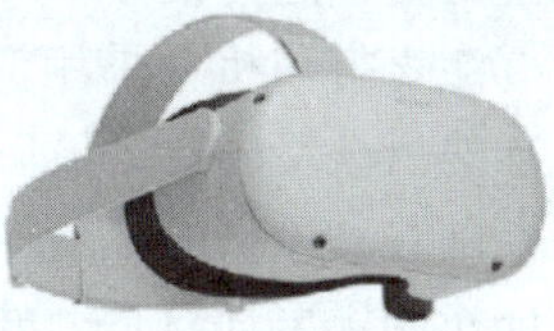
（d）头戴式显示器

图 1-29　常用输出设备

（1）显示器

显示器是计算机必要的输出设备。常用显示器分为阴极射线管显示器和液晶显示器两种。

①阴极射线管（cathode ray tube，CRT）显示器：通过电子枪将电子发射到荧光屏上，使屏幕上的磷光体发出某种颜色的光，产生所需要的图像。磷光体颗粒的精细度确定了图像像素的清晰度。通常用像素间距来描述磷光体颗粒的精细度，目前常用的显示器像素间距有 0. 28 mm、0. 26 mm、0. 25 mm、0. 21 mm 等，间距越小图像越清晰。此外还用显示器的分辨率来描述显示器在水平方向和垂直方向能显示的像素个数。例如，显示器的分辨率为 1 024×768，就表明该显示器在水平方向能显示 1 024 个像素，在垂直方向能显示 768 个像素。

②液晶显示器（liquid crystal display，LCD），为平面超薄的显示设备，是目前最常用的显示器。由于其具有机身薄、省电、低辐射和画面柔和等优点，目前已取代 CRT 显示器。液晶显示器由一定数量的彩色或黑白像素组成，放置于光源或者反射面前方，其主要原理是以电流刺激液晶分子产生点、线、面，配合背部灯管构成画面。

显示器通过显卡与主机连接。显卡是直接决定计算机视觉效果的部件之一，按其功能可分为 2D 应用和 3D 应用，显卡性能的好坏将直接影响到计算机的性能。

（2）打印机

打印机用于将程序的运行结果打印在纸质材料上。利用打印机不仅可以打印文字，也可以打印图形、图像。常用的打印机有针式打印机、喷墨打印机、激光打印机等，目前又出现 3D 打印机。

①针式打印机：也称点阵式打印机，打印头上有若干根精密的打印针，打印时相应的打印针撞击色带（在打印纸上留下细小的色点痕迹）来完成打印工作，常用的是 24 针打印机。针式打印机的优点是价格低、打印成本低，缺点是打印速度慢、打印质量差、噪声大。曾经在办公领域流行过很长一段时间，随着激光打印机价格的不断降低，针式打印机逐渐被淘汰。现在在银行、超市、邮政、物流等需要多联票据打印的地方还在使用针式打印机。针式打印机的耗材主要为色带，价格便宜，更换方便。

②喷墨打印机：用喷嘴状的打印头将墨滴喷射到纸上来产生字符和图形。彩色喷墨打印机的打印头由一系列喷嘴组成，喷嘴连接着墨盒。当打印头快速扫过打印纸时，它上面的喷嘴就会喷出无数小墨滴，从而组成图像中的像素，不同颜色的墨滴落于同一点上，形

成不同的合成色。多数彩色喷墨打印机使用 CMYK 模式色彩。CMYK 模式色彩只使用青色、洋红色、黄色和黑色墨即可组合打印出千万种颜色。有些打印机选择使用六种颜色的油墨来打印，这样便可以产生中间色调的阴暗部分，使图像更加逼真。

③激光打印机：采用激光和电子放电技术，通过静电潜像，再用碳粉使潜像变成粉像，加热后碳粉固定，最后印出内容。激光打印机的优点是打印精度高、噪声低、打印速度快。随着其价格的不断降低，黑白激光打印机已成为办公与家庭使用的主流打印机。激光打印机的主要耗材是硒鼓和碳粉。

④3D 打印机利用 3D 打印技术，完成 3D 打印工作的设备称为 3D 打印机（3D printer）。最早的 3D 打印机出现在 20 世纪 80 年代，后来得到广泛关注和快速发展。从长远来看，3D 打印将会冲击基于车床、钻头、冲压机、制模机等工具的传统制造业，但从目前看，由于受到打印材料、打印性能、打印成本和打印速度等因素的制约，主要还是用于产品模型、设计样品、个性化用品、玩具、装饰品等的打印，还难以规模化打印实用产品。3D 打印机可以和 3D 扫描仪配合使用，对于一个实物，先用 3D 扫描仪扫描生成三维数字模型，然后用 3D 打印机打印出来。

（3）绘图仪

绘图仪（plotter）是一种能在纸张、薄膜和胶片等记录介质上绘出计算机生成的各种图形或图像的设备。绘图仪的种类很多，按结构和工作原理可以分为滚筒式和平台式两大类。绘图仪除了必要的硬件设备之外，还必须配备丰富的绘图软件。只有软件与硬件结合起来，才能实现自动绘图。现代的绘图仪已具备智能化的功能，它自身带有 CPU，可以使用绘图命令，并具有直线和字符演算处理及自检测等功能。

（4）头戴式显示器

头戴式显示器（head mounted display，HMD）即头显，通过一组精密光学透镜将超微显示屏上的图像放大，再投射到视网膜上，形成大屏幕图像效果，就像用放大镜看物体，使观看者感觉图像被放大且呈现在眼前一定距离处。同时借助追踪设备，如陀螺仪、加速度计、磁力计等传感器，实时捕捉用户头部的位置和姿态变化，将数据传输给系统，系统根据这些数据实时调整显示画面，使用户转动头部时，能看到相应方向的虚拟场景内容，实现沉浸式体验。常用的头显有虚拟现实头显，增强现实头显和混合现实头显。

虚拟现实（virtual reality，VR）头显能创建完全虚拟的环境，用户佩戴后会完全沉浸在虚拟世界中，看不到真实世界。如 OCULUS RIFT、HTC VIVE、META QUEST 系列等，主要用于虚拟现实游戏、虚拟培训、虚拟社交等领域。

增强现实（augmented reality，AR）头显将虚拟信息与真实世界融合，用户既能看到真实世界，又能看到叠加在真实场景上的虚拟物体或信息。如 MICROSOFT HOLOLENS、MAGIC LEAP 等，可应用于教育、医疗、工业设计、建筑施工等领域，帮助用户获取额外信息或进行辅助操作。

混合现实（mixed reality，MR）头显兼具 VR 和 AR 的特点，能在虚拟环境和真实环境之间灵活切换，或实现更自然的虚实融合效果。APPLE VISION PRO 属于此类，可用于创意设计、3D 建模、虚拟会议等场景，为用户提供更加丰富和灵活的交互体验。

6. 主板

计算机主板（motherboard），作为现代计算机系统的核心物理平台与逻辑中枢，承载着集成关键硬件组件、协调系统资源分配及提供多样化扩展接口的核心职责，如图 1-30 所示。其设计架构与功能特性直接决定了整个计算机系统的性能潜力、功能范围与兼容性。

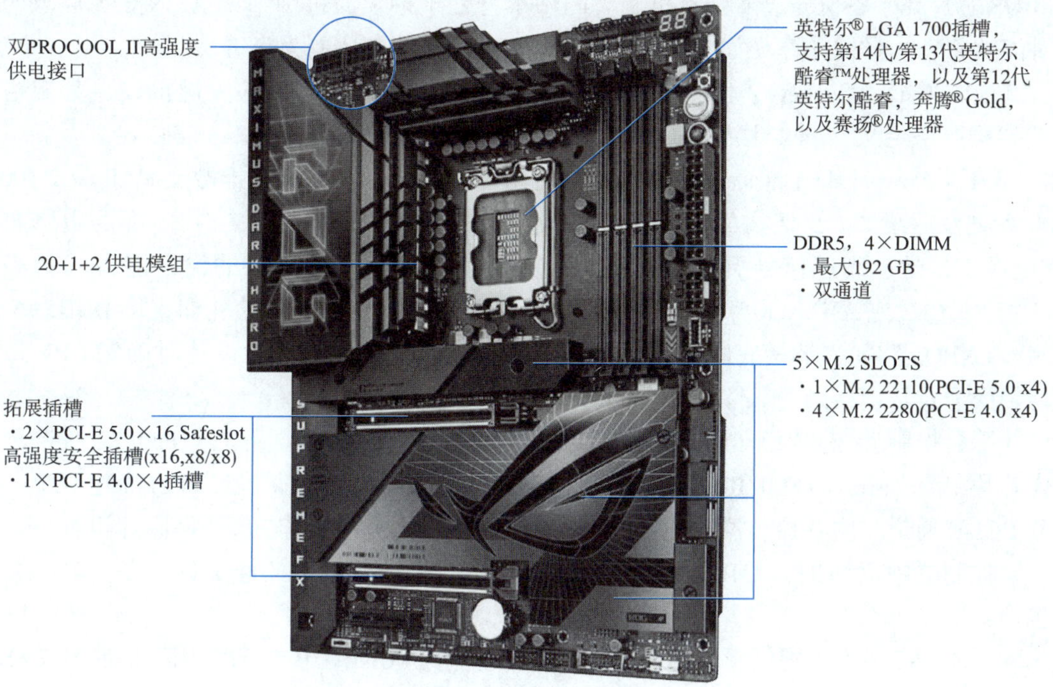

图 1-30　系统主板

以下依据当前主流硬件技术发展现状，对主板的核心构成进行系统性阐述。

(1) 主板的构成

现代主板本质上是一个高度复杂的多层印刷电路板（PCB），通常采用 6 层至 8 层甚至更多层的精密堆叠设计。各层间通过微米级的过孔（Via）实现垂直互连，承载着高速差分信号（如 PCI-E、内存总线）、大电流供电线路（如 CPU/GPU VRM）以及低速控制信号的传输。基板材料普遍采用高玻璃化转变温度（Tg）的 FR-4 或更先进的低损耗材料（如松下 MEGTRON 系列），以应对高频信号传输的严格阻抗控制要求和高温环境下的稳定性需求。表面处理工艺（如沉金、沉锡）则确保插槽和焊点的可靠性与长期抗氧化能力。主板布局需严格遵循信号完整性（SI）与电源完整性（PI）原则，包括精确的走线长度匹配、差分对布线、大面积电源/地平面分割及去耦电容的优化布置，以最小化信号反射、串扰和电源噪声，保障高频组件（如 DDR5 内存、PCI-E 5.0/6.0 设备）的稳定运行。

(2) 核心芯片与组件

主板的功能实现依赖于若干核心芯片组件的协同工作，它们构成了系统初始化、数据处理与资源调度的硬件基础。

①UEFI 固件芯片：通常采用容量为 16 MB～32 MB 的 SPI NOR Flash 存储器（如华邦 25Q 系列），固化统一可扩展固件接口（UEFI）固件。UEFI 已完全取代传统 BIOS，其核心优势在于：支持图形化用户界面（GUI）、鼠标操作、多语言显示；采用模块化、驱动化的设计，支持在操作系统加载前初始化复杂硬件（如 NVMe SSD、USB 3. x）；实现安全启

动（Secure Boot）以防御固件级恶意软件；支持大于 2.2 TB 的 GPT 分区磁盘引导；提供丰富的超频调节选项（如 CPU 倍频、电压、内存时序）及硬件监控功能。高端主板还支持双 BIOS 芯片冗余备份与故障恢复机制。固件本身处于持续演进中，如 ACPI 6.5 规范的纳入对能效管理、异构计算（如 CPU+GPU+AI 加速器）的支持更为完善。

②CPU 插槽（Socket）：作为处理器与主板间物理与电气连接的关键接口，其规格由 CPU 架构严格定义。Intel 主流桌面平台采用 LGA 1700（Alder Lake/Raptor Lake）及新一代 LGA 1851（Arrow Lake），而 AMD 则持续使用 AM5（LGA 1718）插槽支持 Ryzen 7000/8000 系列及后续 Zen 5 架构处理器。插槽设计不仅关乎物理兼容性，其内部的引脚布局（如电源、接地、高速信号引脚的比例与分布）直接决定了处理器的供电能力（如满足 Intel 253W PL2 或 AMD 230W PPT 的瞬时功耗需求）和信号传输质量（如支持 DDR5-6400 +XMP/EXPO 超频）。插槽底座材质（如铍铜合金弹片）和扣具压力设计对确保 CPU 散热器均匀受力及长期接触可靠性至关重要。

③平台控制器/芯片组（Chipset/PCH）：作为处理器与外围设备之间的"交通枢纽"，现代芯片组（如 Intel Z890/B860，AMD X870/B850）架构已高度优化。部分高速资源（如部分 PCI-E 通道、内存控制器）直接集成于 CPU 内（称为"直连"），而芯片组（Intel 称为平台控制器中枢 PCH，AMD 称为 FCH）则专注于管理大量中低速 I/O 设备。其主要功能包括：

- 高速通道扩展：提供额外的 PCI-E 通道（主流为 PCI-E 4.0/5.0），用于扩展 M.2 SSD、USB4 控制器、网卡等。高端芯片组（如 Z890/X870）通常提供多达 20 条以上 PCI-E 4.0 通道。
- I/O 接口管理：原生集成多端口 USB 控制器（支持 USB 3.2 Gen 2×2 20 Gbit/s 甚至 USB 4 40 Gbit/s），多个 SATA Ⅲ 6 Gbit/s 控制器，以及高保真音频编解码器（如 Realtek ALC4080/ALC1220）。
- 网络与连接：集成 2.5 GbE 或 10 GbE MAC 层控制器（需外置 PHY 芯片），支持 Wi-Fi 7/蓝牙 5.4 的 CNVi 模块接口。
- 系统服务：管理中断请求（IRQ）、直接内存访问（DMA）、系统时钟、温度传感器及风扇控制策略。
- 超频支持：高端芯片组（Z/X 系列）提供对 CPU 倍频、外频、内存时序/电压的精细调节能力。芯片组通过高速互联总线（如 Intel DMI 4.0x8≈15.7 GB/s，AMD USB4-based Link≈20 GB/s）与 CPU 通信，其自身功耗与散热设计（常配备小型散热片或风扇）也不容忽视。

（3）扩展与存储插槽

主板通过多样化的插槽提供系统性能扩展与海量存储能力：

①内存插槽（DIMM/SO-DIMM）：主流桌面平台采用 288 针 DDR5 DIMM 插槽，如图 1-31 所示。笔记本/小型设备则使用 262 针 DDR5 SO-DIMM。

图 1-31　DDR5 插槽

DDR5 技术相较于 DDR4 实现了质的飞跃：工作电压降至 1.1 V；采用双 32 位子通道设计（提升并发效率）；集成板载电源管理芯片（PMIC），支持更精细的电压调节与超频潜力；初始速率从 DDR5-4800 起跳，主流超频支持至 DDR5-6000～8000+，提供高达大于 100 GB/s 的理论带宽。插槽通常成对出现（2 或 4 条），支持双通道（Desktop）或四通道（HEDT/Server）模式以倍增有效内存带宽。电气设计需满足严格的阻抗与容抗要求，并采用 SMT 贴片工艺和强化金属装甲以提升物理强度与抗信号干扰能力。

②PCI Express（PCI-E）插槽：作为高速扩展的黄金标准，PCI-E 已演进至 5.0 和 6.0 版本。插槽根据物理长度区分带宽潜力：x16（最长）、x8、x4、x1。显卡插槽（通常为物理 x16 尺寸）是系统的图形与计算核心接口：

• 版本与带宽：主流高端主板支持 PCI-E 5.0 x16，提供单向 63 GB/s（双向 128 GB/s）的惊人带宽，满足 RTX 4090/Radeon RX 7900 XTX 等旗舰显卡及高性能计算卡（如 NVIDIA Tesla/AMD Instinct）的需求。前沿平台已开始部署 PCI-E 6.0（带宽再翻倍，采用 PAM4 信号与 FLIT 编码）。

• 通道分配策略：实际电气连接可能是 x16（全速）、x8（常见于多卡并联或通道拆分）或 x4（带宽受限）。通道资源由 CPU 直连通道和芯片组扩展通道共同提供。多显卡配置（如 NVLink/SLI）或连接多个高速 PCI-E 5.0 x4 M.2 SSD 时，通道资源的智能分配（通过 PCI-E Switch 或 CPU/芯片组原生拆分）是关键设计考量。

• 物理强化：显卡插槽普遍配备金属加固装甲（如华硕 SafeSlot），以抵御重型显卡的剪切力，防止长期使用导致的焊点开裂或插槽物理损坏。

③M.2 插槽：已成为高性能存储的核心接口，支持基于 PCI-E 通道的 NVMe 协议（远胜于 SATA 协议）。

• 规格参数：物理尺寸标准化（常见 2280，即 22 mm 宽×80 mm 长），支持不同长度（如 22110）。关键指标是其 PCI-E 通道数（x4 为主流，提供最高带宽）和协议版本（PCI-E 4.0 x4 理论 8 GB/s，PCI-E 5.0 x4 理论 16 GB/s）。

• 技术演进：PCI-E 5.0 NVMe SSD（如三星 990 Pro PCI-E 5.0）已实现顺序读写大于 12 GB/s，伴随而来的高功耗（大于 10 W）催生了主板 M.2 散热片的普遍应用（如金属散热片、导热垫、甚至热管直触设计）。部分高端主板提供多个 PCI-E 5.0x4 M.2 插槽。

• 协议兼容性：同时向下兼容 SATA 协议 M.2 SSD（性能受限）和傲腾（Optane）等新型存储介质。

④风扇/水泵接口：散热系统控制的神经末梢。

• 接口标准：普遍采用 4 针 PWM（脉宽调制）接口（兼容 3 针 DC 调速）。关键接口包括：CPU_ FAN（主 CPU 散热风扇）、CPU_ OPT（辅助 CPU 风扇/水冷冷排风扇）、AIO_PUMP（一体式水冷水泵专用，通常提供更高电流 1.5A–3A）、SYS_ FAN（系统风扇，多个分布主板各处）。

• 智能控制：UEFI 固件或操作系统软件（如 AISuite，Dragon Center）依据板载多区域温度传感器（CPU、PCH、VRM、M.2）数据，通过 PWM 信号动态调节风扇转速曲线（Fan Curve），实现静音与散热的平衡。高端主板还支持风扇停转（0 RPM 模式）和水流速率监控。

(4) 接口部分

主板通过丰富的接口群实现与存储、外设、显示、网络和音频设备的广泛连接:

①存储接口:

SATA 接口是主板不可或缺的标准存储连接方案，当前主流版本为 SATA III (SATA 6 Gbit/s)，其理论最大传输带宽为 600 MB/s。尽管其速度远逊于基于 PCI-E 通道的 NVMe 协议（如 PCI-E 4.0 x4 可达 8 GB/s，PCI-E 5.0 x4 可达 16 GB/s），SATA 接口凭借其成熟性、广泛兼容性及经济性，但其仍是连接大容量机械硬盘（HDD）、经济型固态硬盘（SATA SSD）、光盘驱动器（ODD）和存储扩展柜/磁盘阵列主流且经济的选择。

主板通常提供 4~8 个原生 SATA III 接口，其物理设计采用 L 形防误插插头，确保线缆连接的可靠性。部分主板可能通过附加控制器芯片（如 ASMedia ASM1061）提供额外的 SATA 端口以满足特殊扩展需求。虽然 SATA Express 等过渡方案已基本退出市场，但 SATA III 凭借其稳定性和庞大的设备生态，在可预见的未来仍将是主板存储接口矩阵中的重要一员，尤其在大容量、低成本存储应用场景中占据稳固地位。

②高速数据接口:

- USB 接口体系：其物理形态与协议版本高度复杂：

➢ 物理形态：Type-A（矩形口）、Type-C（正反插、多功能）。

➢ 协议版本与速率:

USB 2.0 (480 Mbit/s)：用于键鼠、低速外设；USB 3.2 Gen 1 (5 Gbit/s，原 USB 3.0/3.1 Gen1)：常见于前置接口和部分后置接口；USB 3.2 Gen 2 (10 Gbit/s，原 USB 3.1 Gen2)：主流高速接口，Type-A/C 均有；USB 3.2 Gen 2x2 (20 Gbit/s)：需 Type-C 接口，用于高端外置 SSD；USB 4 (20 Gbit/s 或 40 Gbit/s)：基于 Thunderbolt 3 协议，强制要求 Type-C 接口，支持数据、视频（DP Alt Mode）、高速充电（USB PD 3.1，最高 240 W）和菊花链（Daisy Chain）。USB4 2.0 规范已发布（80 Gbit/s）。

Thunderbolt 4：Intel 主导，强制要求 40Gbps、USB4 兼容、支持双 4K 显示、PCIE 隧道化。雷电控制器通常需额外芯片（如 Intel JHL8540）。

- 接口布局：后置 I/O 面板提供密集的 USB 端口组合。主板内部还设有多个 USB 针脚接针（如 USB 3.2 Gen1 19-pin header，USB Type-C 20-pin E-Key header），用于连接机箱前面板接口。USB PD 快充功能在前置 Type-C 接口中日益普及。

③显示输出接口（当 CPU 集成显卡时）:

- HDMI：主流支持 HDMI 2.1，最高支持 48 Gbit/s 带宽，可实现 4K@120Hz，8K@60 Hz，动态 HDR（如 HDR10+）、可变刷新率（VRR）、自动低延迟模式（ALLM）。部分主板支持 HDMI 2.1a（基于源的色调映射）。

- DisplayPort (DP)：主流支持 DP 1.4a（DSC 压缩技术下支持 8K@60Hz HDR），高端主板开始配备 DP 2.1（UHBR20，80 Gbit/s 带宽，支持原生 16K@60Hz），提供更高刷新率（如 4K@240Hz）和更先进的 DSC 技术。

④网络接口:

- 有线以太网（RJ-45）：速率覆盖：1 GbE（Gigabit，基础）、2.5 GbE（主流普及）、5 GbE、10 GbE（高端/工作站）。控制器芯片常见 Realtek RTL8125 (2.5 G)，Intel I225-V/

I226-V（2.5 G），Aquantia/Marvell AQC113C（10 G）。配备信号隔离变压器与 LED 状态指示灯。

- 无线网络（Wi-Fi/蓝牙）：通过 M.2 Key E 或 M.2 Key A 接口安装无线网卡模块（如 Intel AX411/AX211 Wi-Fi 6E，MediaTek MT7927 Wi-Fi 7）。支持 Wi-Fi 6E（6 GHz 频段）和 Wi-Fi 7（802.11be，支持 320 MHz 信道、4K QAM、MLO 多链路操作），理论峰值速率大于 5 Gbit/s。蓝牙版本达 5.4。通过后置 SMA 接口连接可拆卸式高增益天线（常为鲨鱼鳍造型）。

⑤音频接口：

- 后置音频插孔：提供 3.5 mm 接口组（通常 6 孔，支持 7.1 声道输出+独立麦克风输入），由高性能高清音频编解码器（如 Realtek ALC1220，ALC4080，ESS Sabre DAC）驱动，配合高品质音频电容（如尼吉康音频电容）和物理分割的 PCB 区域（音频隔离线）以减少电磁干扰（EMI），提升信噪比（SNR>120 dB）。
- 前面板音频接口针脚：标准 9 针脚接针（标记如 AAFP），遵循 Intel HD Audio 规范，连接机箱前置耳机/麦克风插孔，支持插孔自动检测。

⑥其他关键接口：

- 前面板控制接口针脚（FPANEL /F_Panel）：一组密集的针脚（通常 9~14 针），用于连接机箱前面板控制线缆。
- 调试接口：高端主板配备数码 LED Debug 灯（显示 POST 代码）或 Q-LED 状态灯（指示 CPU/内存/VGA/启动故障），以及物理的 COM 口排针（用于串行调试）。
- RGB 生态系统接口：广泛支持可编程 RGB 光效，提供标准化的 4 针 12 V RGB 接针（控制整灯条颜色）和 3 针 5 V ARGB 接针（可单独寻址控制每颗 LED）。支持主流软件同步（如 Aura Sync，Mystic Light，Polychrome）。

现代计算机主板已发展成为一个融合尖端材料、精密制造、高速信号传输、智能电源管理和复杂固件逻辑的高度集成技术综合体。其核心价值在于：通过精密互连的 PCB 基板构建物理平台；依赖 UEFI 固件、CPU 插槽与芯片组实现系统控制与数据处理；利用高速内存插槽、PCI-E x16 显卡插槽、M.2 存储接口提供卓越性能扩展；并通过丰富多元的外部与内部接口（USB4/Thunderbolt 4，2.5G/10G 网络，Wi-Fi 7，DP 2.1，高清音频）实现与广阔外设生态的无缝连接。主板技术的持续突破（如 PCI-E 6.0、DDR5 高频低延迟、USB4 80 Gbit/s、Wi-Fi 7 的普及、更高集成度的供电设计）将持续驱动整个计算平台向更高性能、更强扩展、更优能效和更智能互联的方向演进。

部分微型计算机的接口展示如图 1-32 所示。

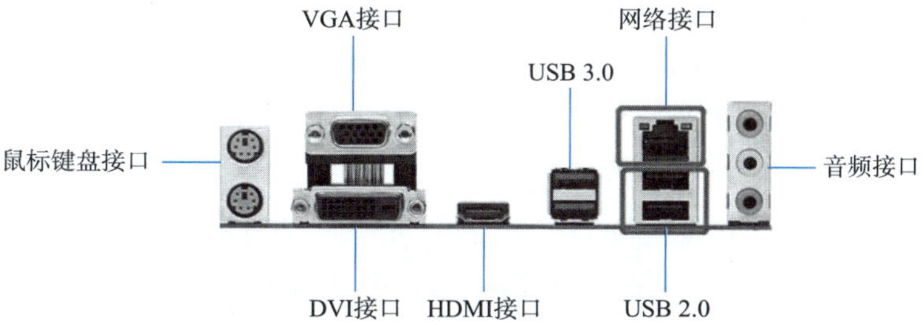

图 1-32　微型计算机的接口

7. 总线

现代计算机系统是一个高度集成的复杂体系，其性能与效率极大依赖于内部各子系统间高效、可靠的数据传输机制。总线系统作为连接处理器、内存、存储、外设及扩展组件的核心通信基础设施，其架构设计与技术演进直接决定了系统整体效能。接下来依据当前主流计算机架构，对关键总线技术进行系统性阐述。

（1）CPU 内部互联总线

处理器内部核心与关键组件间的高速互联是系统性能的基石。

①核心互联架构：多核处理器普遍采用高性能片上网络替代传统总线。Intel 平台广泛应用环形总线（Ring Bus）结构，提供核心、缓存（LLC）和集成图形单元间的低延迟、高带宽环形连接。AMD 平台则采用其专有的 Infinity Fabric（IF）架构，具备高度可扩展的拓扑结构（如 Mesh），不仅服务于 CPU 核心间通信，也延伸至 CPU 与芯片组及多路 CPU 互连。这两种架构均显著提升了多核协同效率与数据吞吐量。

②集成内存控制器（IMC）与 DDR5 通道：现代 CPU 将内存控制器直接集成于片内，极大缩短了内存访问路径。当前主流平台已广泛支持 DDR5 SDRAM。DDR5 通过提高工作频率（如 4 800 MT/s 起）、引入双 32/40 位通道设计（替代 DDR4 的单 64 位通道），以及更高的 Bank Group 数量，实现了带宽（如单通道理论带宽达 38. 4 GB/s）和能效的显著提升，满足日益增长的数据密集型应用需求。

（2）CPU 与芯片组互联总线

CPU 与主板芯片组（PCH/Chipset）间的连接承担着 I/O 扩展枢纽的作用。

①DMI（Intel 平台）：Intel 平台使用直接媒体接口（DMI）。最新的 DMI 4. 0 基于 PCI-E 4. 0协议，提供 x8 通道配置，实现高达约 64 GB/s（双向）的带宽，足以支撑高速 USB、SATA、PCI-E 扩展以及网络接口等庞杂的芯片组下游 I/O 需求。

②Infinity Fabric（AMD 平台）：AMD 平台延续其统一互联策略，CPU 与芯片组间同样通过优化的 Infinity Fabric（IF）链路连接。其性能随代际提升，当前主流实现同样可提供与 DMI 4. 0 相当的带宽水平（如基于 PCI-E 4. 0 x4），确保芯片组扩展能力无瓶颈。

（3）系统扩展总线

PCI Express（PCI-E）作为目前计算机系统中占据绝对主导地位的高速串行扩展总线标准，其持续演进定义了系统扩展能力的上限。物理层规范的最新发展体现在 PCI-E 5. 0 和 6. 0 版本。PCI-E 5. 0 规范已实现大规模商业部署，其单通道单向数据传输速率达到 32 GT/s（giga transfers per second），x16 链路配置下可提供高达 128 GB/s 的惊人双向带宽，广泛应用于高性能显卡、企业级 NVMe 固态硬盘及人工智能加速卡。PCI-E 6. 0 规范则进一步将单通道速率提升至 64 GT/s（x16 链路双向带宽 256 GB/s），并引入了革命性的四电平脉冲幅度调制（pulse amplitude modulation with 4 levels，PAM4）信号技术以克服高频信号衰减挑战，同时集成了强大的前向纠错（forward error correction，FEC）机制保障数据完整性，相关产品正逐步进入市场。在通道配置方面，PCI-E 提供了灵活的通道宽度聚合能力（x1，x4，x8，x16），以满足不同外设的带宽需求。典型的应用配置中，x16 链路主要服务于图形处理器（GPU）这类对带宽极度敏感的设备；x4 或 x8 链路则广泛应用于高性能 NVMe 固态硬盘和高速网络接口卡（如 100 GB/s 以太网卡或 InfiniBand 适配器）；x1 链路通常用于连接对带宽要求相对较低的功能扩展卡（如声卡、低速采集卡等）。PCI-E 总线已成为连接独立显卡、NVMe 存储设备、各类高速网络适配器、人工智能加速模块以及其他专业扩展卡的核心基础设施。

（4）存储设备总线

存储设备接口呈现高速 NVMe 与成熟 SATA 并存的局面。

①NVMe 协议：NVM Express（NVMe）协议专为高性能闪存（如 SSD）设计，充分利用 PCI-E 总线的低延迟和高并行性。它绕过了传统 AHCI 协议的瓶颈，支持深队列和多队列并行处理，显著提升随机读写性能（IOPS）和降低访问延迟。NVMe SSD 通过 PCI-E 通道（主流为 PCI-E 4.0 x4，速率~8 GB/s；PCI-E 5.0 x4 速率~16 GB/s）已成为高性能计算、数据中心和高端 PC 的首选存储方案。

②SATA III 协议：Serial ATA Revision 3.0（SATA 6 Gb/s）提供最高约 600 MB/s 的理论带宽。尽管性能远低于 NVMe，凭借其成熟度、低成本和广泛的兼容性，SATA III 仍是连接大容量机械硬盘（HDD）、主流 2.5 英寸 SATA SSD 以及光驱等“旧设备”的主流接口。

（5）外部接口总线

外部接口聚焦于高带宽、多功能融合与通用性。

①USB4/Thunderbolt 4：USB4 基于 Thunderbolt 3 协议，强制要求 USB Type-C 物理接口，最低提供 20 Gbit/s（USB4 20 Gbit/s）带宽，最高可达 40 Gbit/s（USB4 40 Gbit/s）。Thunderbolt 4 在兼容 USB4 基础上，进一步强化了最低性能保证（如强制要求 40 Gbit/s、支持双 4K 显示输出、更严格的 PCI-E 隧道带宽要求等）。两者都支持数据、视频（displayport alt mode）和电力传输（PD）的融合，通过单根 Type-C 线缆实现多功能连接，是未来外部扩展的核心接口。

②DisplayPort 2.1：作为最新的主要视频传输协议，DisplayPort 2.1 提供超高带宽（UHBR 13.5/20/10 速率等级，UHBR20 理论最大带宽达 80 Gbit/s）。它支持更高分辨率、刷新率（如 8K@60Hz HDR 无须压缩，或借助 DSC 实现更高规格如 8K@120Hz/16K@60Hz）、并增强了对 USB4 物理层传输模式的支持。

③有线网络：板载或扩展的以太网控制器通过 MAC-PHY 接口（如 SGMII，XFI，USXGMII 等）与物理层芯片（PHY）连接，支持从千兆（1 GbE）到万兆（10 GbE）乃至更高速率的接入，是稳定网络连接的基础。2.5 GbE/5 GbE 在消费级市场普及度显著提升。

（6）板载管理总线

低带宽管理总线负责系统监控、配置与安全保障。

①I^2C/SMBus：I^2C（inter-integrated circuit）及其在 PC 领域的子集 SMBus（system management bus）是最广泛使用的板载低速串行总线。它们连接着温度传感器、风扇控制器、电压监控芯片、EEPROM（存储 SPD、FRU 信息）、智能电池等众多组件，用于系统健康监控、电源管理、配置信息读取等关键管理功能。

②SPI：串行外设接口（SPI）以其全双工、较高速度的特性，主要用于与主板固件存储芯片（BIOS/UEFI Flash）、可信平台模块（TPM）安全芯片，以及某些特定传感器或控制器进行通信。其在系统启动、安全认证及固件更新中扮演核心角色。

当代计算机总线系统呈现出层级化、高速化、串行化与融合化的发展趋势。CPU 内部

Ring Bus/Infinity Fabric 与集成 DDR5 内存控制器奠定了高性能基础；DMI/Infinity Fabric 保障了 CPU 与芯片组间的高效通信；PCI-E 5.0/6.0 主导着高速扩展；NVMe over PCI-E 引领存储性能革命；USB4/Thunderbolt 4 和 DP 2.1 定义了多功能高速外部接口的未来；而 I^2C/SMBus 和 SPI 则默默支撑着系统的可靠运行与精细化管理。这些总线技术协同工作，共同构建了支撑现代计算需求的复杂而高效的信息传输网络。随着计算需求持续增长，总线技术在追求更高带宽、更低功耗、更强可扩展性和更优服务质量（QoS）方面的创新将不断深化。

1.3.2 计算机软件

计算机系统是在“裸机”的基础上，通过安装相应软件后，向用户呈现出友好的使用界面和强大的功能，通常计算机软件可分为系统软件和应用软件两大类。

1. 系统软件

系统软件是计算机设计制造者提供的，用来控制计算机运行、管理计算机的各种资源，并为应用软件提供支持和服务的一类软件。通常包括操作系统、语言处理程序、数据库管理系统、服务程序等。

（1）操作系统

为了使计算机系统的所有软、硬件资源协调一致，有条不紊地工作，就必须有一个软件来进行统一的管理和调度，这种软件就是操作系统（operating system，OS）。

操作系统是直接运行在裸机上的最基本的系统软件，任何其他软件必须在操作系统的支持下才能运行。操作系统的作用是管理计算机系统的全部硬件资源、软件资源及数据资源，目标是提高各类资源的利用率，并能方便用户，以及为其他软件的开发与使用提供必要的支持，使计算机系统所有资源最大限度地发挥作用，为用户提供方便、有效、友善的服务界面。

操作系统是一个庞大的管理控制程序，它大致包括五个管理功能：处理机管理、存储管理、设备管理、文件管理和作业管理。

实际的操作系统是多种多样的，根据侧重面不同和设计思想不同，操作系统的结构和内容存在很大差别。常用的操作系统有 Windows、UNIX、Linux 等。

（2）语言处理程序

对于高级语言编写的程序，计算机是不能识别和执行的。要执行高级语言编写的程序，首先要将此程序通过语言处理程序翻译成计算机能识别和执行的二进制机器指令，然后供计算机执行。

通常将用高级语言或汇编语言编写的程序称为“源程序”，而把已翻译成机器语言的程序称为“目标程序”。不同的高级语言编写的源程序必须通过相应的语言处理程序进行翻译。

（3）数据库管理系统

数据处理在目前计算机应用中占有很大的比重，人们的一切社会活动都离不开数据，无时无刻不在和数据打交道。为了有效地利用大量的数据，妥善地保存和管理这些数据，在 20 世纪 60 年代末产生了数据库系统（data base system，DBS），80 年代随着微型计算机的普及，数据库系统得到了广泛的应用。

（4）服务程序

服务程序指一些公用的工具性程序，以方便用户对计算机的使用和管理人员对计算机的维护管理。服务程序主要有以下几种：

①编辑程序：能提供使用方便的编辑环境，用户通过简单的命令即可建立、修改和生成程序文件、数据文件等。例如，Edit 就是一个典型的编辑程序。

②连接装配程序：一个大软件由多人开发出多个功能模块，通过编译程序翻译成目标程序后，必须通过连接装配程序生成一个可执行程序方可供用户使用。

③测试诊断程序：测试程序能检查出程序中某些错误；诊断程序能自动检测计算机硬件故障并进行故障定位。

④反病毒程序：可以查找并删除计算机上的病毒。但由于病毒不断更新，反病毒程序也要不断更新才有杀毒效力。目前流行的反病毒程序有金山毒霸、360 安全卫士等。

⑤卸载程序：从硬盘上安全并完全地删除一个没有用的程序及其相关文件。例如，Windows 10 中控制面板上“删除/添加程序”图标所表示的程序等。

⑥文件压缩程序：压缩磁盘上的文件，减少文件的长度，以便更方便地在网络上传输或在外存中存储，如 WINRAR、WINZIP 等。

2. 应用软件

微机迅速普及的原因除了硬件的性能价格比提高外，主要是大量方便而实用的应用软件满足了各类用户的需要。应用软件是在计算机硬件和系统软件的支持下，为解决某一专门的实际问题而设计的软件。应用软件的内容很广泛，涉及社会的许多领域。常用的应用软件有以下几种：

（1）字处理软件

字处理软件用来编辑各类文件，对文件进行排版、存储、传送、打印等。字处理软件被称为电子秘书，能方便地起草文件、通知、信函，绘制各类图表等，在各个行业中发挥着巨大的作用。常用的字处理软件有 WPS 文字处理、Word、WordPerfect、PageMaker 等。

（2）电子表格软件

表格是由若干行、若干列组成的二维表，在日常事务管理中必不可少。电子表格软件是用计算机快速、动态地对建立的表格进行各类统计、汇总，有的还提供丰富的函数和公式演算能力、灵活多样的绘制统计图表的能力、存取数据库中数据的能力等。常用的电子表格软件有 Excel、WPS 表格处理等。

（3）计算机辅助设计软件

在工程设计中，计算机辅助设计已逐渐代替人工设计，极大地提高了设计的质量和效率，广泛应用于汽车、飞机、建筑、船舶、电子、服装等设计过程。CAD 软件应具有建立图形、编辑图形、图形输出等基本功能，还应对图形进行各种处理。常用的 CAD 软件有 AutoCAD、3DSMAX、PaintBrush 等。

（4）图形图像处理软件

常用的图形图像处理软件有 Adobe Photoshop、CorelDraw、3ds Max 等。

（5）多媒体创作软件

这类软件可以用来制作课件、广告、影视、游戏及创建虚拟现实等。计算机辅助教学是当前新兴的一种现代教育技术，它改变了传统的教育方式，可提高教育的效率和质量。课件是计算机辅助教学系统所使用的教学素材，相当于传统教学中的教材。课件设计可以用高级语言实现，但开发周期长，难度高；采用多媒体创作软件来开发，则开发周期短，教学效果佳。常用的多媒体创作软件有 PowerPoint、ToolBook、Authorware、Director 等。

（6）网络通信软件

网络通信软件的重要用途是沟通。大家熟悉的有电子邮件，它使网络用户在整个计算机网络上相互交换信息，接收和发送邮件，由计算机系统去保存和传输信件。常用的电子邮件软件有 Outlook Express、FoxMail 等。除了电子邮件之外，网络聊天软件如微信、QQ 等也是人们在网络上进行沟通的重要工具。

（7）定制软件

计算机工作者为某个特定项目或应用领域开发的软件叫定制软件。某些单位、团体或企业对软件有着特殊的要求，而现成的应用软件又无法完全满足这些要求，于是便自行或委托他人研制和开发能满足其特殊要求的定制软件，这类软件占据了应用软件的绝大部分市场。

1.4 计算机的主要技术指标

电子计算机的技术指标是用于评价计算机性能、以方便用户选择与使用计算机的参考数据。电子计算机技术指标主要有以下几项：

1. 字长

字长是指计算机运算器中寄存器的位数。字长越长，表示数的范围越大，即有效数字的位数越多，计算精度越高。因此，字长是表示电子计算机计算精度的指标。根据机器的不同，字长有 8 位、16 位、32 位 48 位、64 位等，现在大多数计算机都是 64 位。

2. 运算速度

运算速度是衡量计算机性能的一项重要指标。通常所说的计算机运算速度（平均运算速度），是指每秒所能执行的指令条数，一般用“百万条指令/秒”（million instruction per second，MIPS）来描述。同一台计算机，执行不同的运算所需时间可能不同，因而对运算速度的描述常采用不同的方法。常用的有 CPU 时钟频率（主频）、每秒平均执行指令数（IPS）等。微型计算机一般采用主频来描述运算速度，一般来说，主频越高，运算速度就越快。

3. 存储容量

存储容量指存储器所能寄存的数字或指令的数量，即存储器能够存储二进制信息的能力。用存储单元数和每个单元的位数（字长）的乘积表示，单位为比特或字节。内存容量越大，系统功能就越强大，能处理的数据量就越庞大。

4. 存取周期

存取周期指存储器进行一次完整的存取操作所需要的时间，存取周期在很大程度上决定着计算机的计算速度，它越短越好。磁芯存储器的存取周期为零点几微秒到几微秒，半导体存储器的存取周期为一百毫微秒到几百毫微秒。

1.5 如何选购一台符合自己需要的计算机

计算机在日常生活中用于提高工作效率、获取信息、沟通交流、娱乐学习和生活便利。它处理数据、连接互联网、获取娱乐资源，并使生活更加便捷。在选择适合自己的计算机时，可以参照以下建议进行考量。

1.5.1 明确需求

如果读者正准备选购一台计算机，首先应考虑一下自己的实际需求。作为在校大学生，使用计算机的需求主要集中在以下几个方面：

1. 日常应用

对于大学生来说，计算机的日常应用主要包括上网查阅资料、文字编辑排版、演示文稿制作、电子表格数据处理、数据统计分析等，这些都是计算机最基本的功能，市场上在售的计算机都可以满足需求。如果购机预算比较宽裕，可以更多地关注笔记本计算机的便携性和电池的续航时间。

2. 程序开发

计算机除用于日常应用外，还将用于编写计算机程序、制作网站、建立数据库应用系统等。这些应用对计算机的 CPU 运行速度和内存、外存容量都有较高要求，需要中档以上配置的计算机才能满足需求。

3. 多媒体信息处理

计算机还可用于工程制图、图形图像设计、音频视频编辑、动画制作等多媒体信息处理。这些应用都有大量多媒体数据需要运算，大量素材需要存储，因此要求计算机的配置为中高档，除要求计算机配有高速 CPU、大容量存储器外，还要求配备有中档以上的独立显卡，以完成三维场景的渲染任务。

1.5.2 确认配置

1. 衡量计算机性能的指标

前面的不同需求中提到了中档或高档配置，那么何为中档、高档配置，主要取决于如下几个方面：

（1）CPU

目前在售的计算机产品中，绝大多数产品配置的是英特尔酷睿系列的 CPU。酷睿 CPU 型号中的 i3、i5、i7、i9 分别对应入门级、中级、高级和顶级四个不同档次。由于软件对计算机运算能力的需求越来越高，为了保证计算机能够满足大学四年的应用需求，建议选购配置有 i5 及以上 CPU 的计算机产品，而偏重多媒体信息处理的新闻、艺术等专业的同学，尽量选购配置有 i7 CPU 的计算机。

i5 或 i7 只是基本的 CPU 型号，具体到某款计算机产品中，还会有细节的产品型号差异，如 i5-1335U、i7-13620H 等。这些细节的型号差异可以区分出产品的世代、主频、制造工艺、功耗等细节信息，最终会影响到计算机的运算速度和整体性能。

（2）内存

目前计算机的典型内存需求是 16 GB，如果用于程序开发或多媒体信息处理，将会对内存有较大需求，可选购配置有 32 GB 内存的计算机产品。对于大多数计算机（超薄笔记本计算机除外），内存是可扩充部件，如果购机预算比较紧张，可以暂时购买配置 16 GB 内存的产品，后期需要时再进行内存容量的扩充。

（3）硬盘

硬盘既用于长期保存大量的数据资料，又用于在计算机开机时加载操作系统及其他应用软件，因此选购计算机时对硬盘的需求是容量越大越好，速度越快越好。如果只考虑日常应用，需要存储的数据量不是很大，可选择配置有 512 GB 及以上容量的固态硬盘的计算机，这将会大大提升计算机的开机速度和运行速度。但如果是编程开发或多媒体信息处理应用，512 GB 的硬盘存储容量远远不够用，建议选择配置有 1 TB 及以上容量的固态硬盘的计算机，或额外配置 1~4 TB 的移动硬盘。

（4）显卡

目前显卡分为集成显卡和独立显卡两类，集成显卡性能相对较弱，只能满足一般的显示输出需求，进行三维场景渲染将会非常吃力。独立显卡是由独立的显示芯片完成显示输出和 2D/3D 图像处理任务，拥有比集成显卡强很多的处理能力。独立显卡也包括很多产品，通过显卡芯片的型号可以区分性能等级，一般型号中的前两位数字代表产品的世代，后面的数字代表性能等级。例如，目前常见的英伟达 RTX4060 和 RTX4080 GPU 芯片，分别为 RTX40 系列产品的中端和高端型号。

2. 其他需要考虑的问题

（1）购买台式机还是笔记本计算机

台式机的优势是速度、容量和可扩展性。高档的台式机比高档笔记本计算机具有更快的处理速度和更大的存储容量，由于笔记本计算机要考虑运算速度和耗电量的均衡，笔记本计算机的 i7 CPU 的运算速度远低于台式机的 i7 CPU。另外，在存储容量方面，受空间的限制，笔记本计算机的硬盘容量一般不超过 1 TB，而台式机可以安装多块硬盘，包括多个 1TB 以上容量的固态硬盘作为系统盘和软件盘，以及多个更大容量机械硬盘作为仓库盘。此外，台式机还可以通过内部扩展槽安装多种扩展部件提供新功能。

笔记本计算机的优势是便携性，这也是在校生的必要需求，因此绝大多数在校生首选购买笔记本计算机。

（2）购买多大尺寸的笔记本计算机合适

笔记本计算机的尺寸包括 11 英寸、13 英寸、14 英寸、15 英寸、16 英寸等，这既是外观尺寸，也是屏幕尺寸。14 英寸笔记本计算机是主流，能满足一般应用需求，也具有较好的便携性。15 英寸笔记本计算机具有更大的屏幕、更高的分辨率，能满足设计类应用对屏幕的需求。15 英寸笔记本计算机还具有完整的键盘，带有独立的数字键，如果经常有英文、数字混合输入需求的话（如编程开发），可以考虑购买 15 英寸笔记本计算机。

（3）售后服务和购买渠道

计算机产品并没有一致的三包服务期限标准，各品牌的不同产品，三包期各不相同，笔记本计算机在 1~3 年不等。

拓展阅读 >>>>>>

改变世界的计算机先驱

影响计算机领域发展的重要人物有很多，这里，我们综合考量他们在计算机科学理论、技术突破、产业应用等多维度的影响力，按时间与领域分类介绍几位改变世界的计算机先驱。

1. 奥古斯塔·阿达·洛夫莱斯（Ada Lovelace，1815—1852）

奥古斯塔·阿达·洛芙莱斯为查尔斯·巴贝奇设计的分析机编写了首个算法程序，这一开创性的工作不仅展示了她在数学和逻辑方面的非凡才华，更重要的是，她提出了一个极具前瞻性的思想，即计算机不仅仅能够处理数字，还能够处理符号和更复杂的逻辑运算。这一思想在当时无疑是革命性的，为后来的计算机科学和人工智能的发展奠定了重要的理论基础。

由于她在计算机编程领域的杰出贡献，奥古斯塔·阿达·洛芙莱斯被后人尊称为“第一位程序员”。她的笔记和研究成果不仅在当时引起了广泛的关注，更在后来的岁月里被视为通用计算机理论的早期雏形，对计算机科学的发展产生了深远的影响。她的思想和成就不仅在学术界得到了高度认可，也在科技史上留下了浓墨重彩的一笔。

2. 艾伦·图灵（Alan Turing，1912—1954）

艾伦·图灵提出具有划时代意义的“图灵机”模型，这一理论创新为现代计算机科学奠定了坚实的基础，成为计算机理论体系中的核心基石；他提出的“图灵测试”极大地推动了人工智能领域的深入研究与发展，为后人探索智能本质提供了重要工具。

因其对计算机科学的杰出贡献，图灵被后人尊称为“计算机科学之父”，以表彰他在这一领域的开创性成就。为了纪念他的卓越贡献，计算机界设立了以他名字命名的“图灵奖”，该奖项如今已成为全球计算机科学领域的最高荣誉，象征着对杰出科研成就的最高认可。

3. 冯·诺依曼（John von Neumann，1903—1957）

冯·诺依曼提出“存储程序”计算机架构，即著名的冯·诺依曼架构，这一创新性设计将程序与数据统一存储在同一存储器中，彻底改变了计算机的工作方式，奠定了现代计算机设计的坚实基础。冯·诺依曼架构通过将指令和数据以相同的形式存储在内存中，使得计算机能够高效地执行复杂任务，极大地提升了计算效率和灵活性。这一架构自提出以来，经过数十年的发展和优化，至今仍然是计算机设计的核心范式，广泛应用于各类计算机系统中，成为现代信息技术不可或缺的基础架构。其深远影响不仅体现在硬件设计上，还深刻影响了软件编程和系统架构的各个方面，堪称计算机科学史上的里程碑。

4. 格蕾丝·霍珀（Grace Hopper，1906—1992）

格蕾丝·霍珀作为计算机科学领域的先驱，成功开发了首个编译器 A-0 系统，这一创举不仅为后续的编程语言奠定了坚实基础，更在技术层面极大地推动了 COBOL 语言的发展。她始终倡导使用高级编程语言的先进理念，强调通过更接近自然语言的编程方式来提升开发效率和代码的可读性。编译器技术的革新彻底改变了软件开发的传统模式，使得程序员能够更加高效地编写和调试代码。COBOL 语言凭借其强大的数据处理能力和稳定性，长期广泛应用于金融和政府系统中，成为这些关键领域不可或缺的技术支撑。

5. 高德纳（Donald Knuth，1938—）

高德纳所著的《计算机程序设计艺术》是一部里程碑式的著作，该书对算法进行了系统化、全面深入的研究，涵盖了计算机科学领域的多个重要方面。高德纳不仅在理论层面做出了卓越贡献，还发明了 LR（K）解析算法，这一算法在编译器设计和语言处理领域具有广泛应用和深远影响。此外，他还积极推动 TeX 排版系统的发展，该系统极大地提升了文档排版的质量和效率，成为学术界和出版界的标准工具。

这部巨著不仅为无数程序员提供了宝贵的指导和灵感，也深刻影响了数代理论研究者，成为计算机科学领域不可或缺的经典之作。

6. 丹尼斯·里奇（Dennis Ritchie，1941—2011）

丹尼斯·里奇与他的合作伙伴共同开发了 UNIX 操作系统及 C 编程语言，这一创举为现代操作系统和编程语言的发展奠定了坚实的基础。UNIX 操作系统经过不断的演进和优化，衍生出了诸如 Linux、macOS 等一系列广泛应用的操作系统；而 C 语言则作为编程语言的重要基石，成为了 C++、Java 等多种高级编程语言的源头，对整个软件开发领域产生了深远的影响。

7. 文顿·瑟夫（Vint Cerf，1943—）

文顿·瑟夫作为互联网发展史上的杰出人物，精心设计和开发了 TCP/IP 协议，这一协议的诞生奠定了互联网通信基础架构的坚实基石。通过这一协议，不同设备和网络之间能够高效、稳定地进行数据交换和通信，极大地推动了全球信息互联互通的进程。TCP/IP 协议凭借其卓越的性能和广泛的适用性，迅速成为全球互联网数据传输的核心标准，被广泛应用于各类网络设备和系统中，确保了互联网的稳定运行和持续发展。

8. 比尔·盖茨（Bill Gates，1955—）

比尔·盖茨，作为一位杰出的企业家和计算机先驱，创立了微软公司这一全球知名的科技巨头。在他的领导下，微软公司成功推广了 DOS 操作系统，随后又推出了划时代的 Windows 操作系统，极大地推动了个人计算机的普及和发展。Windows 操作系统凭借其用户友好的界面和强大的功能，迅速赢得了全球用户的青睐，占据了全球桌面操作系统市场 80% 以上的份额，这一辉煌成就不仅奠定了微软在 PC 时代的霸主地位，更为整个商业生态的构建和发展提供了坚实的基础。Windows 的成功不仅改变了人们的工作和生活方式，也深刻影响了全球科技产业的格局，成为 PC 时代不可或缺的核心力量。

9. 史蒂夫·乔布斯（Steve Jobs，1955—2011）

史蒂夫·乔布斯作为联合创始人之一，共同创立了苹果公司，并在公司发展过程中，积极推动了一系列具有划时代意义的产品创新。他主导研发的图形界面操作系统（Macintosh），彻底改变了计算机用户界面，使得人机交互变得更加直观和便捷。此外，乔布斯还带领团队推出了 iPhone 和 iPad 这两款革命性产品，极大地丰富了人机交互的方式，提升了用户体验。通过这些创新，乔布斯不仅重新定义了消费电子产品的概念，还引领了移动互联网的迅猛发展，并在用户体验设计领域掀起了一场深刻的革命，深刻影响了全球科技产业的格局和发展方向。

10. 蒂姆·伯纳斯-李（Tim Berners-Lee，1955—）

蒂姆·伯纳斯-李，这位杰出的科学家，发明了万维网（WWW）、超文本标记语言（HTML）、超文本传输协议（HTTP）以及统一资源定位符（URL），这些关键技术的诞生，为互联网的信息共享奠定了坚实的基础。通过这些创新，他成功构建了一个全球性的信息交流平台，极大地推动了全球范围内的信息互联互通。由于其卓越的贡献，蒂姆·伯纳斯-李被广泛尊称为"互联网之父"，成为现代信息社会的奠基人之一。

11. 姚期智（Andrew Yao，1946—）

姚期智教授在计算机科学领域做出了杰出贡献，他提出了著名的"姚氏最小化原理"以及量子计算复杂性理论，凭借这些卓越成就，荣获了 2000 年度的图灵奖，这是计算机科学界的最高荣誉。他的研究成果不仅极大地推动了计算理论向量子领域的拓展，还为量子计算的理论基础奠定了重要基石。姚期智教授的成就不仅在国内产生了深远影响，更在国际上树立了中国计算机科学的崭新形象，成为推动中国计算机科学走向国际化的杰出代表人物。他的工作不仅提升了我国在这一领域的国际地位，也为全球计算机科学的发展做出了不可磨灭的贡献。

12. 杰夫·辛顿（Geoffrey Hinton，1947—）

杰夫·辛顿作为深度学习领域的杰出人物，积极推动了深度学习革命的发展。他不仅提出了反向传播算法这一关键性技术，还创新性地设计了胶囊网络等核心模型，为深度学习的研究和应用奠定了坚实基础。正是由于他的这些重要贡献，AlphaGo、ChatGPT 等人工智能领域的重大突破才得以实现。杰夫·辛顿因此被广泛尊称为"深度学习之父"，在人工智能界享有极高的声誉和影响力。

13. 林纳斯·托瓦兹（Linus Torvalds，1969—）

林纳斯·托瓦兹，作为一位杰出的计算机科学家，成功开发了 Linux 内核以及 Git 版本控制系统，这两项重大成就极大地推动了全球开源运动的发展。Linux 内核凭借其高效、稳定和可扩展的特性，迅速成为服务器、云计算以及嵌入式系统领域的主流操作系统，广泛应用于各类计算环境中。与此同时，Git 版本控制系统以其卓越的分布式管理能力和高效的代码协作机制，迅速成为软件开发行业的标准工具，极大地提升了软件开发的效率和质量。这两项技术的普及和应用，不仅改变了信息技术行业的面貌，也为全球开源社区的繁荣和发展奠定了坚实的基础。

还有许多在计算机技术领域做出重要贡献的人物，如埃德加·科德（关系数据库之父）、詹姆斯·高斯林（Java 之父）、杰夫·迪恩（谷歌 AI 先驱）、吉多·范罗苏姆（Python 之父）等因篇幅限制未列入，但其贡献同样影响深远。

思考与练习

1. 世界上第一台电子计算机是（　　）。

   A. ENIAC　　B. EDVAC　　C. UNIVAC　　D. MARK-I

2. 计算机发展的四个阶段是以（　　）作为标志的。

   A. 程序设计语言　　B. 电子元件　　C. 操作系统　　D. 运算速度

3. 第二代计算机的主要逻辑元件是（　　）。
   A. 电子管　　B. 晶体管
   C. 中小规模集成电路　　D. 大规模和超大规模集成电路
4. （　　）是现代计算机的雏形。
   A. 查尔斯·巴贝奇设计的分析机　　B. 帕斯卡发明的加法器
   C. 莱布尼茨发明的乘法器　　D. 图灵机模型
5. 微型计算机诞生于（　　）。
   A. 第一代计算机时期　　B. 第二代计算机时期
   C. 第三代计算机时期　　D. 第四代计算机时期
6. 计算机硬件系统的核心部件是（　　）。
   A. 存储器　　B. 输入设备
   C. 中央处理器（CPU）　　D. 输出设备
7. 以下属于计算机输入设备的是（　　）。
   A. 打印机　　B. 显示器　　C. 键盘　　D. 音箱
8. 计算机中存储容量的基本单位是（　　）。
   A. 位（bit）　　B. 字节（Byte）　　C. 千字节（KB）　　D. 兆字节（MB）
9. 下列存储器中，断电后信息会丢失的是（　　）。
   A. 硬盘　　B. 光盘
   C. 随机存取存储器（RAM）　　D. 只读存储器（ROM）
10. 计算机的指令系统和数据主要存放在（　　）中，以方便计算机高效执行。
    A. CPU　　B. 内存　　C. 硬盘　　D. 寄存器
11. 操作系统属于（　　）。
    A. 系统软件　　B. 应用软件　　C. 工具软件　　D. 数据库管理软件
12. 下列关于软件的说法中，正确的是（　　）。
    A. 软件就是程序　　B. 软件是程序、数据和文档的集合
    C. 软件是指操作系统　　D. 软件是指应用软件

第2章 信息表示揭秘

【本章导读】

在实际应用场景中，计算机需要处理的信息类型呈现出极其多样的特点。这些信息不仅涵盖了各种不同数制的数据，例如二进制、十进制、十六进制等，还包括了多种不同语种的文字符号，如中文、英文、日文等，以及各种复杂的图像信息。为了能够高效地存储和表示这些纷繁复杂的信息，计算机系统采用了一种统一的方式，即通过0和1的二进制形式来进行存储与表示。这种二进制编码方式不仅简化了信息的处理过程，还极大地提高了计算机在处理各类信息时的准确性和效率。

【学习目标】

1. 掌握各种数制的表示方法及相互转换规则，了解二进制算术运算与逻辑运算。
2. 掌握数值数据的原码、反码、补码表示方法，理解ASCII编码及汉字编码的原理与应用场景。
3. 了解图像与图形的存储方式及优缺点，了解音频和视频的数字化表示方法。

2.1 0和1的世界

自20世纪90年代起，人类社会迈入了信息时代的迅猛发展阶段。那么，究竟何为信息？信息又是如何在计算机领域内传播的？

对于信息的几种较为显著的定义，可以这样阐述：信息是能够减少或消除不确定性的内容；信息是控制系统在进行调节活动时，与外界进行相互作用和交换的内容；信息反映了事物运动的状态及其变化方式。简而言之，信息可以理解为消息、数据、通知、情报、知识等传输和处理的对象，它泛指人类社会获取并传播的所有内容。

在日常生活中，我们通常使用文字、符号、图像与图形、声音、动画、视频来表示信息。然而，由于计算机受限于其基本元器件，只能表示两种状态（例如，高电压代表1，低电压代表0），如图2-1所示，因此计算机中的信息是通过0和1来表示的。

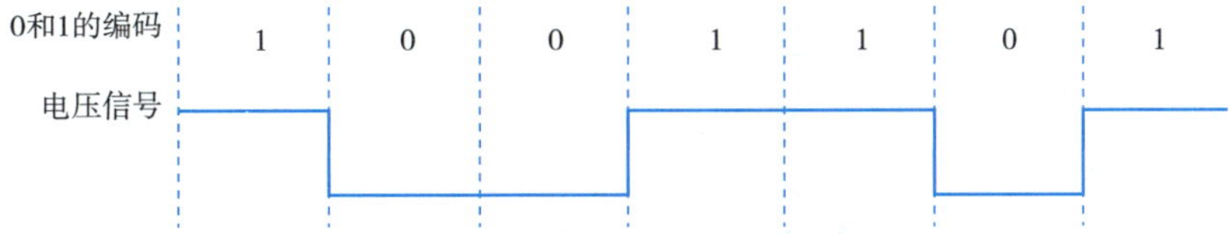

图2-1　电压信号对应的1和0

2.1.1 数制

数制也称计数制，是指用一组固定的符号和统一的规则来表示数值的方法。按进位的方法进行计数，称为进位计数制。

在进位计数制中有数位、基数和位权三个要素。一般情况下，在采用进位计数的数制系统中，如果用 R 个基本符号（即数码或数符）表示数值，则称其为基 R 数制，R 成为该数制的基。相对于十进制而言，计数规则为“逢 R 进一，借一当 R”，数位是指数码在一个数中所处的位置（记为 n，n 为整数），位权是指在某种进位计数制中，每个数位上的数码所代表的数值的大小，等于在这个数位上的数码乘上一个固定的数值，这个固定的数值就是这种进位计数制中该数位上的位权。计算机中常用的几种进制数的表示见表 2-1。

表 2-1　计算机中常用的几种进制数的表示

比较项目	二进制	八进制	十进制	十六进制
规则	逢二进一	逢八进一	逢十进一	逢十六进一
基数	$R=2$	$R=8$	$R=10$	$R=16$
数符	0,1	0,1,…,7	0,1,…,9	0,1,…,9,A,B,C,D,E,F
位权	2^i	8^i	10^i	16^i
形式表示	B(binary)	O(octal)	D(decimal)	H(hexadecimal)

注：其中 i 为整数。

例如，101.1 在不同进位数制中所表示的数的大小不同，如图 2-2 所示。

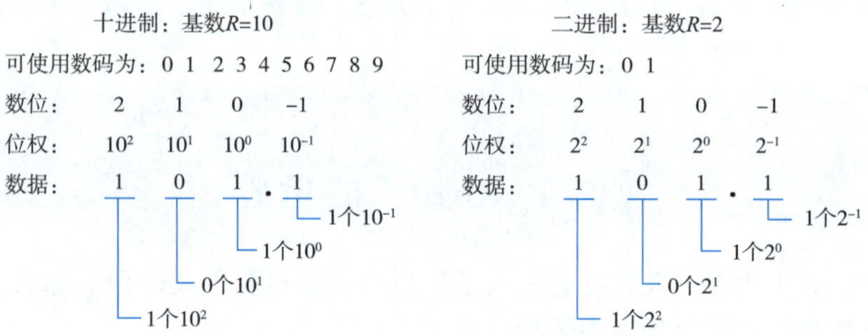

图 2-2　不同进位制中数的表示

在 R（$R \geqslant 2$，R 为整数）进位计数制中，任意数 N（不考虑其正负）的通用表达式为：

$$N = A_n A_{n-1} \cdots A_1 A_0 . A_{-1} A_{-2} \cdots A_{-m}$$

或

$$N = A_n \times R^n + A_{n-1} \times R^{n-1} + \cdots + A_0 \times R^0 + A_{-1} \times R^{-1} + \cdots + A_{-m} \times R^{-m}$$

上式中，R 为基数；$A_i(i \in [-m,n])$ 为该进位制使用的某个数码，$0 \leqslant A_i \leqslant R-1$；$n+1$ 为小数点左边数码个数，m 为小数点右边数码个数。

在计算机中使用二进制，但是二进制表示一个数比较冗长，且不易读写，因此人们在表示计算机信息时，常用十进制、八进制及十六进制。在具体表示数据时，不同进制的数据可以用不同的数字下标或后缀字母表示。如：

①一个八进制数 573.4 可记作 $(573.4)_8$ 或 573.4O。

②一个二进制数 110.01 可记作$(110.01)_2$或 110.01B。

③一个十六进制数 8A6.D 可记作$(8A6.D)_{16}$或 8A6.DH。

④一个十进制数 962.5 可记作$(962.5)_{10}$或 962.5D，或直接记作：962.5。

2.1.2　数制转换

数由一种数制转换成另一种数制称为数制间的转换。由于计算机采用二进制，但用计算机解决实际问题时对数值的输入输出通常使用十进制，这就有一个十进制向二进制转换或由二进制向十进制转换的过程。也就是说，在使用计算机进行数据处理时首先必须把输入的十进制数转换成计算机所能接受的二进制数；计算机在运行结束后，再把二进制数转换为人们所习惯的十进制数输出。这两个转换过程完全由计算机系统自动完成，不需人们参与。

为方便理解数制相互之间的转换，在表 2-2 中列出了几种数制表示的相互关系。

表 2-2　各种数制表示的相互关系

十进制数	二进制数	八进制数	十六进制数	十进制数	二进制数	八进制数	十六进制数
0	0	0	0	8	1000	10	8
1	1	1	1	9	1001	11	9
2	10	2	2	10	1010	12	A
3	11	3	3	11	1011	13	B
4	100	4	4	12	1100	14	C
5	101	5	5	13	1101	15	D
6	110	6	6	14	1110	16	E
7	111	7	7	15	1111	17	F

1. 十进制数转换成 *R* 进制数

从十进制整数转换成其他进制数，需要把整数部分和小数部分分别进行处理。

(1) 十进制整数转换成 *R* 进制整数

将一个十进制整数转换为 *R* 进制数的转换规则为：除以 *R* 取余数，直到商为 0 时结束。所得余数序列，先得到的余数为低位，后得到的余数为高位。

【例 2-1】将十进制数 37 转换成二进制数，其过程如图 2-3 所示。

在转换过程中我们用基数 2 连续除整数商，并取余数。直到商为 0 时停止，然后将余数从下往上按顺序书写，得到二进制数 100101，即：

$$(37)_{10}=(100101)_2$$

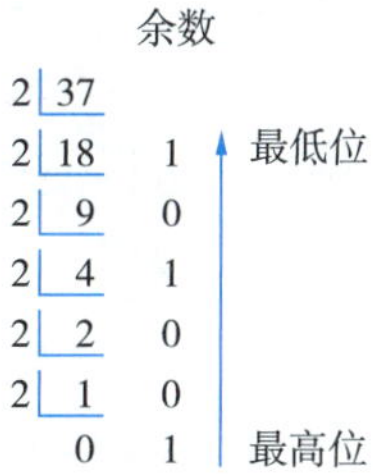

图 2-3　十进制整数转换成二进制数

(2) 十进制小数部分转换 *R* 进制小数

将一个十进制小数转换为 *R* 进制数的转换规则为：乘以 *R* 取整数，直到余数为 0 时或达到精确度时结束。所得整数序列，先得到的整数为高位，后得到的整数为低位。

【例 2-2】 把十进制数 0.6875 及 0.78 转换成二进制小数。

转换过程如图 2-4 所示（整数位取走后变为 0 继续计算）。

$$0.6875=(0.1011)_2 \qquad 0.78=(0.110001)_2$$

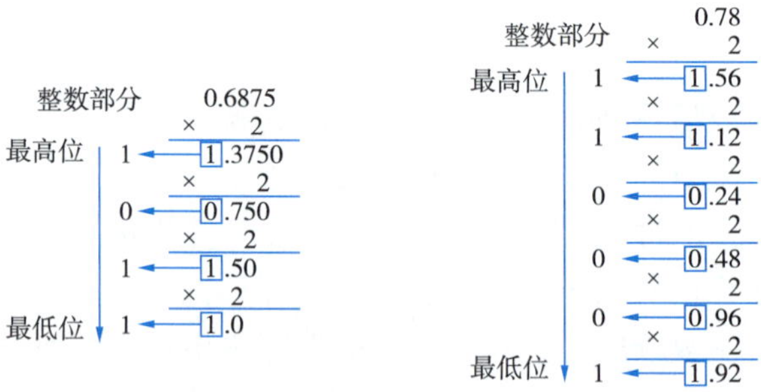

图 2-4 十进制纯小数转换成二进制小数

由此可见，十进制数转换成二进制数时，任何整数可以精确地转换为对应的二进制数。但小数有可能不能精确转换为对应的二进制。不能精确转换的小数是稠密的，能精确转化的小数是稀疏的。这是产生计算机运算误差的主要原因之一。

综合整数和小数的转换方法，可以将任意十进制数转换成 *R* 进制数。

2. *R* 进制数转换成十进制数

二进制、八进制、十六进制数都可转换成等量的十进制数。将该数按其基数的指数形式写出多项式，然后用十进制运算法则计算就可以很容易完成这一转换。

【例 2-3】 将二进制数 1101.1、八进制数 50.6、十六进制数 4B.E1 转换成十进制数。

$$\begin{aligned}(1101.1)_2 &= (1\times2^3+1\times2^2+0\times2^1+1\times2^0+1\times2^{-1})_{10}\\ &= (13.5)_{10}\end{aligned}$$

$$\begin{aligned}(50.6)_8 &= (5\times8^1+0\times8^0+6\times8^{-1})_{10}\\ &= (40.75)_{10}\end{aligned}$$

$$\begin{aligned}(4B.E1)_{16} &= (4\times16^1+11\times16^0+14\times16^{-1}+1\times16^{-2})_{10}\\ &= (75.87890625)_{10}\end{aligned}$$

3. 八进制数、十六进制数与二进制数之间的转换

（1）八进制数与二进制数之间的转换

由于 $2^3=8$，$2^4=16$，所以一位八进制数相当于三位二进制数，一位十六进制数相当于四位二进制数，这样使得八进制数、十六进制数与二进制数的相互转换十分方便。

八进制数转换成二进制数时，只要将八进制数的每一位改成等值的三位二进制数，即“一位变三位”。

【例 2-4】 将 $(1234.567)_8$ 转换成二进制数。

1	2	3	4.	5	6	7
↓	↓	↓	↓	↓	↓	↓
001	010	011	100.	101	110	111

即得：$(1234.567)_8=(1010011100.101110111)_2$。

二进制数转换成八进制数时，以小数点为界，整数部分从右往左，每三位一组，最左边不足三位时，左边添 0 补足至三位；小数部分从左往右，每三位一组，最右边不足三位时，右边添 0 补足至三位；然后将每组的三位二进制数用相应的八进制数表示出来。即“三位变一位”。

【例 2-5】 将$(1011010101.1111)_2$转换成八进制数。

001	011	010	101	.	111	100
↓	↓	↓	↓		↓	↓
1	3	2	5	.	7	4

即得：$(1011010101.1111)_2=(1325.74)_8$。

(2) 十六进制数与二进制数之间的转换

类似八进制和二进制之间的转换方法，用“一位变四位”可将十六进制数转换成二进制数，用“四位变一位”可将二进制数转换成十六进制数。

【例 2-6】 将$(29C.1A)_{16}$转换成二进制数。

2	9	C	.	1	A
↓	↓	↓		↓	↓
0010	1001	1100	.	0001	1010

即得：$(29C.1A)_{16}=(1010011100.0001101)_2$。

【例 2-7】 将$(1011010101.1111)_2$转换成十六进制数。

0010	1101	0101	.	1111
↓	↓	↓		↓
2	D	5	.	F

即得：$(1011010101.1111)_2=(2D5.F)_{16}$。

2.1.3　二进制运算法则

1. 算术运算

数值的算术运算包括加、减、乘、除四则基本运算。

加法运算：$0+0=0$；$0+1=1$；$1+0=1$；$1+1=10$(向高位进位)。

减法运算：$0-0=0$；$10-1=1$(向高位借位)；$1-0=1$；$1-1=0$。

乘法运算：$0\times0=0$；$0\times1=0$；$1\times0=0$；$1\times1=1$。

除法运算：$0\div1=0$；$1\div1=1$(0 不能为除数)。

其实，在计算机里面实现加、减、乘、除四则运算只用加法器足矣，减法可通过补码方式转换成加法，乘法可通过移位相加方式转换成加法，除法则通过移位减法方式转换成加法。这样一来，对简化 CPU 的设计非常有意义，CPU 里只要有一个加法器就可以实现算术运算。

【例 2-8】 计算 1101 + 1011 的值。

$$\begin{array}{r} 1101 \\ +\quad 1011 \\ \hline 11000 \end{array}$$

【例 2-9】 计算 11000011 - 00101101 的值。

$$\begin{array}{r} 11000011 \\ -\quad 00101101 \\ \hline 10010110 \end{array}$$

2. 逻辑运算

计算机需要处理很多非数值的数据。例如，某公司招聘计算机操作人员的考试通过的条件是笔试和上机操作的成绩同时超过 60 分。如何表达笔试和上机操作成绩同时超过 60 分这个条件呢？这就要用到逻辑运算。

逻辑运算的结果并不表示数值大小，而是表示一种逻辑概念。若结论为真用 1 表示，反之用 0 表示。常用的基本逻辑运算有以下几种：

（1）与运算

运算符为 AND，运算规则如下：

0 AND 0＝0　　0 AND 1＝0　　1 AND 0＝0　　1 AND 1＝1

即两个参与运算的数若有一个数为 0，则运算结果为 0；若都为 1，则运算结果为 1。

【例 2-10】 写出招聘考试通过的条件（即笔试成绩和上机操作成绩均超过 60 分）逻辑表示。

笔试成绩≥60 AND 上机操作成绩≥60

（2）或运算

运算符为 OR，运算规则如下：

0 OR 0＝0　　0 OR 1＝1　　1 OR 0＝1　　1 OR 1＝1

即两个参与运算的数若有一个数为 1，则运算结果为 1；若都为 0，则运算结果为 0。

【例 2-11】 写出招聘考试不通过（即笔试成绩和上机操作成绩至少有一个是 60 分以下）的条件的逻辑表示。

笔试成绩<60 OR 上机操作成绩<60。

（3）非运算

运算符为 NOT，非运算实现逻辑否定，即进行求反运算。运算规则如下：

NOT 0＝1　　NOT 1＝0

【例 2-12】 上机成绩 60 分以上（含）可以这样表示：NOT（笔试成绩<60）。

当一个表达式包含多个逻辑运算符的时候，必须按一定的顺序进行计算。逻辑运算符的优先顺序一般为 NOT>AND>OR。

2.2 数值信息表示

在计算机系统中，可直接呈现与运用的数据可划分为两大类：数值数据与非数值数据。后者亦被称为符号数据。数值数据用于量化表达，涵盖定点小数、整数及浮点数等多种类型，且一般均配备有用于表示数值正负的符号位。

2.2.1 数值数据的表示

数值数据在计算机内有两种表示方法：定点数和浮点数。

1. 定点数

通常定点数的小数点是隐含的，在数中的位置是固定不变的。由于约定在固定的位置，小数点就不再使用记号“.”来表示。通常定点数有两种表示法，纯小数（或称定点小数）和整数。

定点小数是指小数点准确固定在符号位之后（隐含），符号位右边的第一位数是最高位数。一般表示为

$$X = X_S.X_{-1}X_{-2}\cdots X_{-n}$$

其中，X 为用定点数表示的数，X_S 为符号位，X_{-1} 到 X_{-n} 为数据位，对应的权为 2^{-1}、2^{-2}、…、2^{-n}。若采用 $n+1$ 个二进制位表示定点小数，则取值范围为：$|X| \leqslant 1-2^{-n}$。其存储格式如图 2-5 所示。

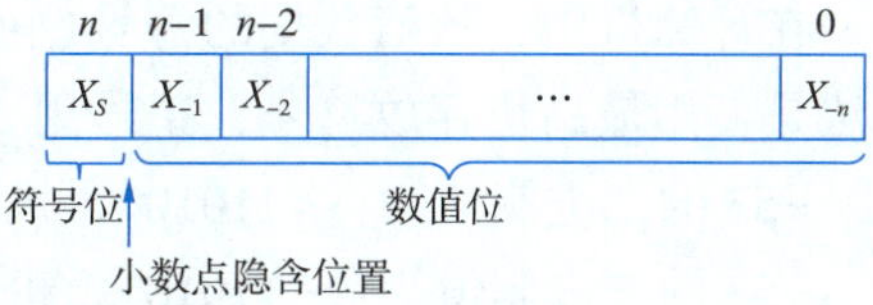

图 2-5　定点小数的表示、存储

定点整数的小数点在最低数据位的右边。对于有符号的整数，一般表示为

$$X = X_SX_{n-1}\cdots X_0$$

其中，X 为整数，X_S 为符号位，X_{n-1} 到 X_0 为数据位。对应的权为2^{n-1}、…、2^0。对于用 $n+1$ 的二进制位表示的带符号的二进制整数，其取值范围为：$|X| \leqslant 2^n-1$。其存储格式如图 2-6 所示。

2. 浮点数

浮点数是指小数点在数据中的位置可以根据实际情况左右移动的数据。

一个任意实数，在计算机内部可以用阶码（为整数）和尾数（为纯小数）来表示，用阶码和尾数表示实数的方法称为浮点表示法，通常表示为

$$X = M \cdot R^E$$

其中，X 为浮点数，M 为尾数（fraction）；E 为阶码（exponent）；R 为阶的基数。

一个机器浮点数由阶码、尾数及其符号位组成。尾数部分用定点小数表示，给出有效数字的位数，决定了浮点数的表示精度；阶码部分用整数形式表示，指明小数点在数据中的位置，决定了浮点数的表示范围。在计算机内部存储示意如图 2-7 所示。其中，对于阶符和数符，用“1”表示“-”号、用“0”表示“+”号。

图 2-6　定点整数的表示、存储

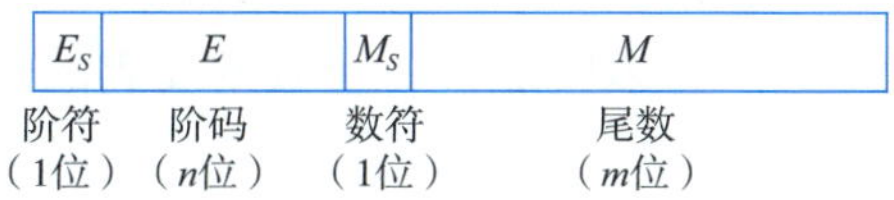

图 2-7　浮点数的存储（其中 m、n 均为整数）

浮点数的精度和表示范围都远远大于定点数，但是在运算规则上定点数比浮点数简单，易于实现。因此，一台计算机中究竟采用定点表示还是浮点表示，要根据计算机的使用条件来确定。一般在高档计算机中同时采用定点、浮点表示，视具体情况进行选择应用，而单片机中多采用定点表示。

2.2.2 数值数据的编码

我们经常遇到的数是有正负之分的，一般用“+”或“-”符号简单地附加在数上，以体现数的正负区别。而在计算机中，数的符号与一般的符号表示法不同，并且在某些情况下同数值位一起参加运算操作。为了妥善地处理这些问题，就产生了把符号位和数字位一起编码来表示相应的数的各种表示方法，如原码、补码、反码、移码等。下面研究符号数在计算机中的表示法。为了简便起见，以整数为例，并设机器字长为 8 位。

1. 真值和机器码

在计算机中，数值数据的符号也被“数字化”了。符号数在计算机中的一种简单表示方法是：用最高位存放符号，正号用“0”表示，负号用“1”表示。例如：

+53 的二进制值为：+110101，机器数表示为：00110101

-53 的二进制值为：-110101，机器数表示为：10110101

为了区别原来的数与它在计算机中的表示形式，通常，称表示一个数值数据的机内编码为机器数，而它所代表的实际值称为机器数的真值。

2. 原码

上面提到的符号数的表示方法，即正数的符号位为 0，负数的符号位为 1，其他位用二进制数表示数的绝对值，这是一种最简单的表示方法，即为原码表示法。如：

+102 的二进制真值为：+1100110，原码为：01100110。

-102 的二进制真值为：-1100110，原码为：11100110。

可见两个符号相异，绝对值相同的数的原码，除了符号位以外，其他位都是一样的。

原码简单易懂，而且与真值的转换方便。但若是两个异号数相加（或两个同号数相减），就要做减法。做减法就会有借位的问题，很不方便。为了简化运算逻辑电路，加快运算速度，将加法运算与减法运算统一起来，就引进了反码和补码。

3. 反码

正数的反码与其原码相同，负数的反码为其原码除符号位外的各位按位取反（即 0 改为 1，1 改为 0）。例如：

+79 的二进制真值为：+1001111，原码为：01001111，反码为：01001111。

-79 的二进制真值为：-1001111，原码为：11001111，反码为：10110000。

可以看出，负数的反码与负数的原码有很大的区别。反码通常只用作求补码过程中的中间形式。可以验证，一个数的反码的反码就是其原码。

4. 补码

正数的补码与其原码相同，负数的补码为其反码在最低位加 1。例如：

+23 的原码为：00010111，反码为：00010111，补码为：00010111。

-23 的原码为：10010111，反码为：11101000，补码为：11101001。

同样可以验证，一个数的补码的补码就是其原码。

引入补码后，加减法运算都可以统一用加法运算来实现，符号位也当作数值参与处理，且两数和的补码等于两数补码的和。因此，在许多计算机系统中都采用补码来表示带符号的数。例如：

$$102 - 79 = 102 + (-79) = 23$$

用原码相减：01100110-01001111=00010111。

用补码相加：01100110+10110001=00010111。

由于一个字节只有 8 位，所以高位自然丢失，可见用原码相减和用补码相加所得的结果是相同的，都是 23 的补码 00010111。当然，在不同的计算机中还有其他形式的编码。

2.3　文字信息表示

现代计算机不仅处理数值领域的问题，而且处理大量非数值领域的问题。这样一来，必然要引入文字、字母以及某些专用符号，以便表示文字语言、逻辑语言等信息。最常见的信息符号是字符（英文字母、阿拉伯数字、标点符号及一些特殊符号等）符号，为了便于识别和统一使用，国际上对字符符号的代码作了一些标准化的规定。目前计算机中使用得最广泛的西文字符集及其编码是 ASCII（American standard code for information interchange，美国国家信息交换码）。

2.3.1　ASCII 编码

ASCII 码是一种 7 位编码，它在内存中必须占全一个字节。若用 $b_7b_6b_5b_4b_3b_2b_1b_0$ 表示，其中 b_7 恒为 0，其余 7 位为 ASCII 码值，这 7 位可以给出 127 个编码，表示 127 个不同的字符。其中 95 个编码对应着计算机终端能输入并且可以显示的 95 个字符，打印机设备也能打印这 95 个字符，如大小写各 26 个英文字母，0~9 这 10 个数字符，通用的标点符号和运算符+、-、*、=、<等。另外的 33 个字符，其编码值为 0~31 和 127，则不对应任何一个可以显示或打印的实际字符，它们被用作控制码，控制计算机某些外围设备的工作特性和某些计算机软件的运行情况。基本 ASCII 字符与其十进制 ASCII 值的对应关系见表 2-3。

表 2-3 中编码符号的排列次序为 $b_7b_6b_5b_4b_3b_2b_1b_0$，其中 $b7$ 恒为 0，为制表方便，把一个字节分成高低两部分，其中 $b_7b_6b_5b_4$ 为高半字节，$b_3b_2b_1b_0$ 为低半字节。若按十六进制编码，可见数字符号 0~9 对应的 ASCII 码分别是 $(30)_{16}$~$(39)_{16}$；英文大写字母 A~Z 对应的 ASCII 码分别是 $(41)_{16}$~$(5A)_{16}$，英文小写字母 a~z 对应的 ASCII 码分别是 $(61)_{16}$~$(7A)_{16}$，大小写字母正好相差 $(20)_{16}$。在这种编码系统中，一般规定按字符的 ASCII 码值的大小来决定字符的大小。

在一般情况下，记住每个字符的 ASCII 码值是比较困难的，但应记住不同字符的排列顺序。几个关键的编码值和顺序为：控制字符、空格 $(20)_{16}$、阿拉伯数字 0 为 $(30)_{16}$、英文大写字母 A 为 $(41)_{16}$、英文小写字母 a 为 $(61)_{16}$。

除 ASCII 码外，还有另外一些编码，比如使用 8 个比特来表示每个符号的 ANSI（American national standards institute，美国国家标准协会）编码、IBM 为它的大型机开发的 EBCDIC（extended binary-coded decimal interchange code，扩充的二-十进制交换码）、统一码联盟制订的 Unicode（universal multiple octet coded character set）编码。

表 2-3　基本 ASCII 字符与其十进制 ASCII 值的对应关系

ASCII 值	字符	ASCII 值	字符	ASCII 值	字符	ASCII 值	字符
0	nul	32	space	64	@	96	'
1	soh	33	!	65	A	97	a
2	stx	34	"	66	B	98	b
3	etx	35	#	67	C	99	c
4	eot	36	$	68	D	100	d
5	enq	37	%	69	E	101	e
6	ack	38	&	70	F	102	f
7	bel	39	‘	71	G	103	g
8	bs	40	(	72	H	104	h
9	ht	41	)	73	I	105	i
10	nl	42	*	74	J	106	j
11	vt	43	+	75	K	107	k
12	ff	44	,	76	L	108	l
13	er	45	-	77	M	109	m
14	so	46	.	78	N	110	n
15	si	47	/	79	O	111	o
16	dle	48	0	80	P	112	p
17	dc1	49	1	81	Q	113	q
18	dc2	50	2	82	R	114	r
19	dc3	51	3	83	S	115	s
20	dc4	52	4	84	T	116	t
21	nak	53	5	85	U	117	u
22	syn	54	6	86	V	118	v
23	etb	55	7	87	W	119	w
24	can	56	8	88	X	120	x
25	em	57	9	89	Y	121	y
26	sub	58	:	90	Z	122	z
27	esc	59	;	91	[	123	{
28	fs	60	<	92	\	124	|
29	gs	61	=	93	]	125	}
30	re	62	>	94	^	126	~
31	us	63	?	95	_	127	del

2.3.2　字符串

字符串是指连续的一串字符。通常方式下，它们占用主存中连续的多个字节。

许多软件有比较字符串大小的功能。所谓比较字符串大小，就是将两个字符串从左到右逐个比较，若两个字符串中的字符完全相同，则称两个字符串相等；若不相同，则比较两个字符串直至第一个不同的字符为止，并以第一个不同的字符的大小来决定字符串的大小。例如，字符串"they">"them"、"98">"200"。

2.3.3　汉字编码

随着电子计算机在国内各行各业的推广应用，对汉字信息处理的要求极为迫切，尤其在办公信息自动化、事务管理等数据处理领域，几乎都离不开对汉字信息的处理。然而，汉字信息的输入/输出和处理西文信息相比要复杂得多。如果这个问题解决不好，势必会影响计算机的推广应用，各行各业就不可能实现现代化的管理，所以汉字信息处理技术显得十分重要。

在用计算机处理汉字时，必须先将汉字代码化，即对汉字进行编码。由于西文的基本符号比较少，编码比较容易，在一个计算机系统中，输入、内部处理、存储和输出都可以使用统一代码。而汉字种类繁多，编码比西文符号困难，在一个汉字处理系统中，输入、内部处理、存储和输出对汉字代码的要求不尽相同，所以在汉字系统中存在着多种汉字代码。一般来说，在系统内部的不同地方可根据具体环境使用不同的汉字代码，组成一个汉字代码体系。汉字在计算机系统中的处理过程如图 2-8 所示。

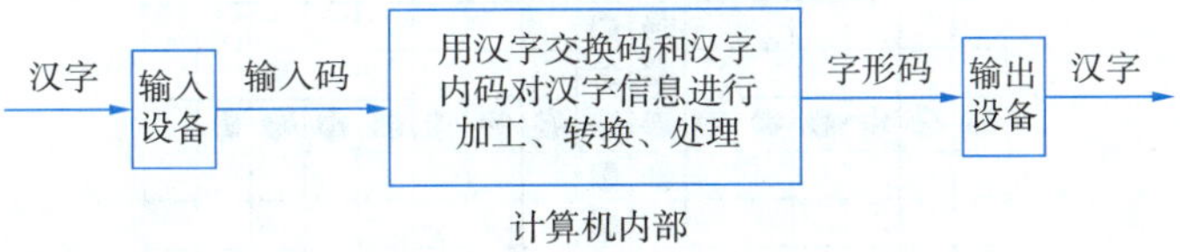

图 2-8　汉字处理过程

汉字输入码是为了将汉字输入计算机而编制的代码，也称为汉字的外码。它是用户利用键盘进行输入汉字的一种代码，这种代码位于人机界面之间。汉字输入编码方案很多，其表示形式大多用字母、数字或符号。输入码的长度也不同，多数为四个字节。一般汉字输入码可分为以下四类：数码，如电报码等；音码，如全拼码、简拼码、双拼码等；形码，如五笔字型等；音形码，主要有搜狗输入法等。

汉字交换码又称国标码，《信息交换用汉字编码字符集·基本集》是我国于 1980 年制定的国家标准 GB 2312—1980，代号为国标码，是国家规定的用于汉字信息处理、使用的代码的依据。GB 2312—1980 中规定了信息交换用的 6 763 个汉字和 682 个非汉字图形符号（包括几种外文字母、数字和符号）的代码。GB 2312—1980 在使用简体中文的地区是强制使用的中文编码。GB 2312—1980 标准规定每个汉字（图形符号）采用双字节表示，每个字节只用低 7 位（字节的最高位为 0）。当表示某个汉字的 2 个字节处在低数值时（0~31），系统很难判定是两个 ASCII 控制码还是一个汉字的国标码，因此，在计算机内部，汉字编码全部采用机内码表示。

汉字的机内码是供计算机系统内部进行存储、加工处理、传输统一使用的代码，又称为汉字内码。外码的种类很多，它们需通过加载的汉字输入驱动程序将其转换成机器的内码才能保存起来，即无论采用哪种外码输入汉字，存入计算机内部都一律转换成内码。

ASCII 码字符与汉字同属一类，都是文字信息。系统很难辨别连续的 2 个字节代表的是 2 个 ASCII 码字符还是 1 个汉字。为了避免 ASCII 码和国标码同时使用时产生二义性问题，大部分汉字系统一般都采用将 GB 2312—1980 国标码每个字节高位置“1”作为汉字机内码。这样既解决了汉字机内码与西文机内码之间的二义性，又使汉字机内码与国标码具有极简单的对应关系。

计算机处理字符数据时，当遇到最高位为 1 的字节，便可将该字节连同其后续最高位也为 1 的另一个字节看作是一个汉字机内码；当遇到最高位为 0 的字节，则可看作一个 ASCII 码西文字符，这样就实现了汉字、西文字符的共存与区分。

为了能显示和打印汉字，必须存储汉字的字形，将汉字代码与汉字字形存储的地址一一对应，以便输入代码，找到字形，输出到设备。汉字输出码即汉字字形码（又称汉字字模码），是表示汉字字形的字模数据，通常使用的字形描述方法有点阵字形和矢量字形（用曲线描述轮廓，精度高、字形可变，如 Windows 中的 TrueType）。

所谓点阵方式，是把汉字离散化，用一个点阵来表示。点阵的每个点位只有两种状态：有笔画（1）或无笔画（0）。每一点格是存储器中一个位（bit）。如图 2-9 所示的“大”字是 16×16 点阵，有笔画的用 1 表示，无笔画的用 0 表示。

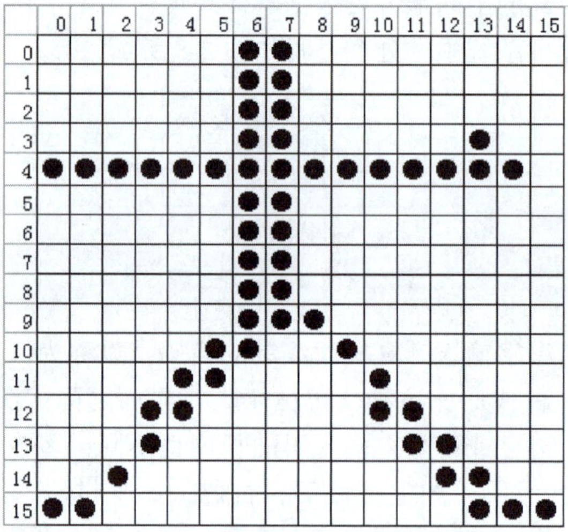

图 2-9　汉字的点阵图及编码

用点阵表示字形时，汉字字形码一般指确定汉字字形的点阵代码。它是汉字的输出形式，随着汉字字形点阵和格式的不同，汉字字形码也不同。常用的字形点阵有 16 × 16 点阵、24 × 24 点阵、48 × 48 点阵等。点阵越大，分辨率越高，字形越美观。字形点阵的信息量是很大的，占用存储空间也很大。

一台具体的计算机的交换码可以和输入码、内部码、输出码一致，也可以不一致，这同样取决于汉字信息处理系统设计与应用的具体情况。但是，在一般情况下，一台计算机的输入码、内部码和输出码是随着计算机的不同而不同的，而交换码就必须整齐统一，才便于与其他的计算机进行信息交换。

2.4　图像信息表示

在日常生活中，人们对图形和图像的概念不作区分，但在计算机中，图形和图像是两种不同的数字化表示方法：图形（graphics）是矢量图形；图像（image）是位图图像。图形和图像在计算机中的创建、加工处理、存储和表现方式是完全不同的。这两种表示方法各有所长，在很多应用场合它们相互补充，在一定的条件下能相互转换。

2.4.1　图形

图形是一种抽象化的图像，是对图像依据某个标准进行分析而得到的结果，它不直接描述数据的每一点，而是描述产生这些点的过程及方法。因此，称之为矢量图形，更一般地称之为图形。

矢量图形是以一种指令的形式存在的，这些指令描述一幅图中所包含的直线、圆、弧线、矩形的大小和形状，也可以用更为复杂的形式表示曲面、光照、材质等效果。在计算机上显示一幅图时，首先要解释这些指令，然后将它们转变成屏幕上显示的形状和颜色。由于大多数情况下不用对图上的每一个点进行量化保存，所以需要的存储量很小，但这是以计算机显示过程中还原图像的运算时间为代价的。图形具有以下特性：图形是对图像进行抽象的结果；图形的矢量化使得有可能对图中的各个部分分别进行控制；图形的产生需要时间。

目前图形生成方法绝大多数采用交互式（interactive），操作人员使用交互设备控制和操作模型的建立以及图形的生成过程，模型及其图形可以边生成、边形成、边修改，直到产生了符合要求的模型和图形。

绘制矢量图的软件有二维（2D）和三维（3D）两种。在微机平台上制作二维图形较常见的软件有 CorelDraw 等。制作三维图形常见的软件有 3ds Max、AutoCAD 等，这些软件多被应用在工程和建筑设计上。

AutoCAD 中的图形文件有 DIF 文件格式，它以 ASCII 码方式存储图形，在图形尺寸大小方面表现十分精确，可以被 CorelDraw、3ds Max 等大型软件调用编辑。DXF 格式也是 AutoCAD 中的矢量文件格式，同样它也是以 ASCII 码方式存储文件，在图形尺寸大小方面表现也十分精确。CDR 文件格式是所有 CorelDraw 应用程序均能使用的图形文件。SVG 图像文件格式，是基于 XML 的，能制作出空前强大的动态交互图像。支持 SVG 的手机，允许用户查看高质量的矢量图形及动画，同时，由于 SVG 采用文本传输，尺寸也会非常小，速度将会更快。

2.4.2　图像

图像是由扫描仪、摄像机等输入设备捕捉实际的画面产生的数字图像。由像素点阵构成的位图，就是将一张图分割成若干行若干列，行数为图像的高度，列数为图像的宽度，行与列的交叉构成一个个点（像素，pixel），每个像素点包含着反映画面某点明暗与颜色变化的细节等信息。

图像除了可以表达真实的照片，也可以表现复杂绘画的某些细节，具有灵活和富于创造力等特点。但在打印输出和放大时会出现方块状，容易发生失真，如图 2-10 所示。

图 2-10　对位图图像进行处理，放大后会出现方块状

在计算机中，每个像素的灰度或颜色信息用一组二进制数表示，这组二进制数的位数称为像素深度，也称图像深度、颜色深度（决定一幅位图图像中最多能使用的颜色数）。

颜色深度有 1 位、4 位、8 位、24 位和 32 位。如果一个图片支持 256 种颜色，就需要 8 位二进制数来表示 256 种状态，颜色深度就是 8 位。图像深度超过 1 670 万种颜色数的图像，称为 24 位或真彩色图像，即每个像素需要 24 个比特（3 个字节），它可以达到人眼分辨的极限。在 24 位图像深度的基础上增加了 256 阶颜色的灰度的图像，规定其为 32 位色，少量显卡能达到 36 位色。深度越深，反映图像的颜色总数就越大，图像色彩就越逼真。另外，若一幅图像被分割得愈细，愈能完整地表示图像所包含的各个部分的颜色、明暗度等信息。颜色深度越大，图片占的空间越大。

图像文件一般数据量比较大，其占用数据空间的计算方法为

$$\text{比特数} = \text{图像宽度} \times \text{图像高度} \times \text{图像深度}$$

$$\text{字节数} = \text{比特数} \div 8$$

需要说明一点的是，在位图文件中，除描述图像中各像素的数据外，还包含有图像调色板和分辨率等辅助数据，这就是位图文件占用的存储空间比上述公式计算结果略大的缘故。

位图图像通常用于现实中的图像，其数据文件格式较多。比如照相机里面的相片一般是 JPG 格式的，全名是 JPEG，支持 24 位颜色，是与平台无关的格式，支持最高级别的压缩，不过，这种压缩是有损耗的。JPEG 不适用于所含颜色很少、具有大块颜色相近的区域或亮度差异十分明显的较简单的图片。BMP 也是使用非常广的图像文件格式，与硬件设备无关，不采用其他任何压缩。BMP 文件的图像深度可选 1 位、4 位、8 位及 24 位。由于 BMP 文件格式是 Windows 环境中交换与图有关的数据的一种标准，因此在 Windows 环境中运行的图形图像软件都支持 BMP 图像格式。由 CompuServe 开发的 GIF 格式是一种在网络上非常流行的图像文件格式，是一种压缩位图格式，支持透明背景图像，适用于多种操作系统，“体型”很小，网上很多小动画都是 GIF 格式，但 GIF 只能显示 256 色。网络通信中因受带宽制约，在保证图片清晰、逼真的前提下，网页中不可能大范围地使用文件较大的 BMP、JPG 格式文件，GIF 格式文件虽然文件较小，但其颜色失色严重，不尽如人意，网络图像格式 PNG 因其高保真性、透明性及文件体积较小等特性，被广泛应用于网页设计、平面设计中，能精确地压缩 24 位或是 32 位的彩色图像。

计算机中的数字化图像，可利用工具软件如 Microsoft Paint（画图），PC Paintbrush，Adobe Photoshop 或 Micrografx Picture Publisher 等位图软件（或绘画软件）来创作生成，也可通过硬件设备如图像扫描仪、摄像机、数码照相机等采集产生。不同格式的图像文件可

以利用软件工具来相互转换，比如可以用 Photoshop 将 JPG 格式文件转换成其他格式。

2.4.3　图形与图像的关系

图形与图像是两个不同的概念，应注意加以区别。

图形是矢量的概念。它的基本元素是图元，也就是图形指令；而图像是位图的概念，它的基本元素是像素。图像显示更逼真些，而图形则更加抽象，仅有线、点、面等元素。

图形的显示过程是依照图元的顺序进行的。而图像的显示过程是按照位图中所安排的像素顺序进行的，与图像内容无关。

图形可以进行变换且无失真，而图像变换则会发生失真。例如当图像放大时边界会产生阶梯效应，即通常说的“锯齿”。

图形能以图元为单位单独进行属性修改、编辑等操作，而图像则不行，因为在图像中并没有关于图像内容的独立单位，只能对像素或图像块进行处理。

图形实际上是对图像的抽象。在处理与存储时均按图形的特定格式进行，一旦上了屏幕，它就与图像没有什么两样了。在抽象过程中，会丢失一些原型图像信息。换句话说，图形是更加抽象的图像。

总之，图形和图像各有优势，用途各不相同，两者相辅相成，谁也不能取代谁。

2.5　音频信息表示

计算机可以记录、存储和播放声音（如语音、音乐等）。音频（audio）有时也泛称声音，除语音、音乐外还包括各种音响效果。数字化后，计算机中保存声音文件的格式有多种，常用的有两种：波形音频文件和 MIDI 音乐文件。

2.5.1　波形音频

波形音频文件是真实声音数字化后的数据文件。存储在计算机上的波形音频文件有许多种类。目前较流行的波形音频文件有 WAV、MP3、WMA 等。

①WAV：为微软公司开发的一种声音文件格式，是录音时用的标准的 Windows 文件格式，具有很高的音质。

②MP3（MPEG audio layer3）：是当今较流行的一种数字音频编码和有损压缩格式，它设计用来大幅度地降低音频数据量，而对于大多数用户来说重放的音质与最初的不压缩音频相比没有明显的下降。因为体积小、音质高，MP3 格式几乎成为网上音乐的代名词。

③WMA（Windows media audio）：是微软公司推出的与 MP3 格式齐名的一种新的音频格式，凭借低码率压缩效率和 DRM 集成曾占据一席之地，但因封闭性导致的兼容局限与高码率音质瓶颈，已被 MP3、AAC 等开放格式取代。当前仅存于 Windows 生态兼容性需求或遗留系统中，不再推荐作为主流音频存储或分发格式。

要录制和播放波形文件（如 WAV），需要使用专业的音频软件或播放器。目前流行的工具包括 Audacity（免费开源的跨平台音频编辑软件，支持录音和波形编辑）、Adobe Audition（专业级音频工作站）、Ocenaudio（轻量级且强大的编辑器），以及支持高质量播放的 Foobar 2000 或 VLC Media Player。

此外，不同音频格式之间可以方便地进行转换，例如使用 Audacity、MediaHuman Audio Converter 或在线转换工具（如 CloudConvert）即可将 MP3 等格式转换为无损的 WAV 波形文件。

2.5.2 MIDI 音乐

MIDI（musical instrument digital interface）是 20 世纪 80 年代初为解决电声乐器之间的通信问题而提出的。MIDI 传输的不是声音信号，而是音符、控制参数等指令，它指示 MIDI 设备要做什么、怎么做，如演奏哪个音符、多大音量等。MIDI 是一种电子乐器之间以及电子乐器与计算机之间的统一交流协议。很多流行的游戏、娱乐软件中都有不少以 MID、RMI 为扩展名的 MIDI 格式音乐文件。

MIDI 文件是一种描述性的“音乐语言”，它将所要演奏的乐曲信息用字节进行描述。譬如在某一时刻，使用什么乐器、以什么音符开始、以什么音调结束、加以什么伴奏，等等，也就是说 MIDI 文件本身并不包含波形数据，所以 MIDI 文件非常小巧。MIDI 声音尚不能做到在音质上与真正的乐器完全相似，在质量上还需要进一步提高。MIDI 也无法模拟出自然界中其他非乐曲类声音，MIDI 所适应的范围只是电声乐曲或模拟其他乐器的乐曲。

MIDI 目前在专业音乐范围内得到了广泛的应用，比如电视晚会的音乐编导可以用 MIDI 功能辅助音乐创作，或按 MIDI 标准生成音乐数据传播媒介，或直接进行乐曲演奏；如果在计算机上装备了高级的 MIDI 软件库，可将音乐的创作、乐谱的打印、节目编排、音乐的调整、音响的幅度、节奏的速度、各声部之间的协调、混响由 MIDI 来控制完成。

2.6 动态图像表示

动态图像表示是指通过时间维度上连续变化的视觉帧序列来描述运动场景的技术体系。其本质是对视觉暂留现象（persistence of vision）的数字化利用，即人眼在每秒 24 帧以上的连续图像切换中感知到流畅运动。当前动态图像技术已形成两大分支：数字动画（computer-generated imagery，CGI）基于算法合成动态图形，而数字视频（digital video）通过对现实世界的时空采样实现动态记录。二者在技术融合中催生出交互式媒体、混合现实等创新形态。

2.6.1 数字动画

数字动画是通过计算机生成连续图像序列的技术过程。其核心在于建立动态对象的数学模型，并通过渲染引擎将其转化为视觉可感知的帧序列。根据实现方式可进行多维度分类：

1. 按技术实现分类

(1) 实时渲染动画

依赖于图形处理器（GPU）的并行计算能力，在播放瞬间生成图像。其技术关键在于严格的帧时间预算，例如 60 fps 动画要求单帧渲染时间≤16.7 ms。典型应用包括电子游戏与虚拟现实系统，如《赛博朋克 2077》采用 NVIDIA DLSS 3.0 技术，在 GeForce RTX 4090 显卡上实现 4K 分辨率下 98 fps 的实时光线追踪渲染。实时渲染的瓶颈主要在于着色器复杂度与场景几何细节，现代引擎如 Unreal Engine 5 通过虚拟几何体系统（Nanite）支持单场景 10 亿级多边形实时处理。

(2) 预渲染动画

采用离线计算模式，将每帧图像独立渲染后存储为序列文件（如 EXR 序列）。该模式不受时间限制，可运用蒙特卡洛光线追踪等计算密集型技术实现物理精度渲染。例如皮克斯电影《元素大都会》中火焰特效的渲染，单帧平均消耗核心小时达到 3 500 h，总计渲染帧数达 15.6 万帧。预渲染的质量核心参数包括采样率与光线深度，影视级制作通常要求 SPP≥1 024 且光线深度≥12。

2. 按视觉维度分类

(1) 二维动画

在笛卡尔平面坐标系中操作图形对象。其技术实现分为矢量与位图两种路径：

①矢量动画。

基于数学方程描述几何图形，具有无限缩放不失真的特性。SVG（scalable vector graphics）格式采用 XML 定义贝塞尔曲线路径，文件体积通常小于等效位图的 10%。Adobe After Effects 中的形状图层通过矢量运算实现复杂形变，如 Logo 演绎动画中路径关键帧插值误差可控制在 0.1 像素内。

②位图动画

通过帧序列切换呈现运动效果。APNG（animated portable network graphics）格式支持 24 位色深与 8 位 Alpha 通道，相比传统 GIF 的色彩容量提升 256 倍。

(2) 三维动画

在三维欧几里得空间中构建虚拟场景。其制作流程包含三个关键阶段。

①几何建模：通过多边形网格或 NURBS 曲面定义物体形态，工业级角色模型通常包含 50 万~200 万个三角面。

②运动控制：采用正向运动学（forward kinematics，FK）与反向运动学（inverse kinematics，IK）系统驱动骨骼动画，影视级角色绑定需设置 300+控制点。

③物理渲染：基于渲染方程计算光能传递，Disney Principled BRDF 材质模型包含 12 项物理参数控制表面光学特性。

3. 交互式动画

交互式动画的本质是建立用户输入与动画状态机之间的实时映射关系。在 Web 环境中，CSS 动画通过关键帧规则（@ keyframes）定义变换过程，例如实现元素位移的代码如下：

```
@ keyframes move {
  0%    { transform: translateX(0); }
  100%  { transform: translateX(300px); }
}
.element { animation: move 2s infinite alternate; }
```

而在移动端，Airbnb 开源的 Lottie 框架将 After Effects 动画导出为 JSON 描述文件，通过解析文件中的贝塞尔曲线路径与时间轴数据，在 iOS/Android 原生层实现矢量动画渲染。美团 App 应用此技术实现跨平台加载动效，单动画文件体积仅 3.7 KB，较传统帧动画节约 98%存储空间。

2.6.2 数字视频

数字视频就是先用摄像机之类的视频捕捉设备，将外界影像的颜色和亮度信息转变为电信号，再记录到存储介质（如录像带）。

目前，视频格式可以分为适合本地播放的本地影像视频和适合在网络中播放的网络流媒体影像视频两大类。尽管后者在播放的稳定性和播放画面质量上可能没有前者优秀，但网络流媒体影像视频的广泛传播性使之正被广泛应用于视频点播、网络演示、远程教育、网络视频广告等互联网信息服务领域。

1. 本地视频

本地视频依赖于高效的编码压缩算法。HEVC/H.265 标准采用 CTU（coding tree unit）结构，相比 H.264 提升 50% 压缩率。4K 视频（3 840×2 160@30 fps）的原始数据流达 3.56 Gbit/s，经 HEVC 编码后可压缩至 25 Mbit/s。封装格式方面，MP4 容器支持多轨道复用，典型结构包含：视频轨，H.265/AV1 编码流，音频轨，AAC/Opus 编码流，元数据轨，包含色彩空间、电光转换函数（EOTF）等参数。

生活中接触较多的 VCD、多媒体 CD 光盘中的动画等这些都是本地视频。本地视频不仅包含了大量图像信息，同时还容纳大量音频信息。所以，影像文件的尺寸较大，动辄就是几 MB 甚至几十 MB。

VCD 光盘中用于播放的文件格式是 MPEG/MPG/DAT 格式，扩展名为 .dat。MPEG（moving pictures experts group，动态图像专家组）是运动图像压缩算法的国际标准，现已被几乎所有的计算机平台共同支持。MP3 音频文件也是 MPEG 音频的一个典型应用。

另外，在一些游戏、教育软件的片头，多媒体光盘中，也可以经常看见扩展名为 .avi 的视频文件，AVI（audio video interleaved，音频视频交错）格式是由 Microsoft 公司开发的一种数字音频与视频文件格式，允许视频和音频交错在一起同步播放。

2. 流式视频

随着 Internet 的快速发展，很多视频数据要求通过网络来进行实时传输，但由于视频文件的体积往往比较大，而现有的网络带宽却往往比较“狭窄”。客观因素限制了视频数据的实时传输和实时播放，于是一种新型的流式视频（streaming video）格式应运而生了。这种流式视频采用一种“边传边播”的方法，避免了用户必须等待整个文件从 Internet 上全部下载完毕才能观看的缺点。

流式视频采用分片传输机制（chunked transfer），将视频流切分为 2～10 s 的 TS（transport stream）分片。苹果公司的 HLS（HTTP live streaming）协议通过 m3u8 索引文件管理分片序列，支持动态码率切换。

Real Networks 公司开发的 RM（real media）流媒体视频文件格式一开始就定位在视频流应用方面，可以说是视频流技术的始创者。由 Microsoft 公司推出的 ASF（advanced streaming format）格式，也是一个在 Internet 上实时传播多媒体的技术标准。RM 和 ASF 格式各有千秋，通常 RM 视频更柔和一些，而 ASF 视频则相对清晰一些。苹果公司开发的多媒体容器格式 MOV，主要用于存储视频、音频和字幕等数据。它最初是为了配合苹果的 QuickTime 播放器而设计的，因此有时也被称为 QuickTime 文件格式（QTFF）。尽管 MOV 格式主要与苹果的产品相关联，但其广泛的兼容性和强大的功能使其在各种平台上都能得到支持。该文件格式具有视频质量高、跨平台、可扩展等特点。当常用数字媒体选择 QuickTime 作为“保存类型”时，动画也可保存为 .mov 文件。QuickTime 能够通过 Internet 提供实时的数字化信息流、工作流与文件回放功能。利用 QuickTime player 就可以进行 MOV 视频制作。

不同的场合需要不同的文件格式，可以利用一些工具进行转换。比如可以利用超级解霸将 VCD 转化为 AVI 文件，再用 Real Producer 将标准的 AVI 文件转化为 RM 文件。

动态图像技术正沿着三条轴线演进：效率轴线（光场压缩算法降低 90% 存储）、智能轴线（扩散模型生成物理准确运动）、交互轴线（神经接口实现肌电信号控制动画）。这些发展将重塑从影视制作到工业仿真的全领域视觉表达体系。

拓展阅读 >>>>>>

信息的编码

1. 字符编码的演进之路

（1）从 EBCDIC 到 Unicode 的进化历程

计算机字符编码始于 1963 年 IBM 提出的 EBCDIC 码，其采用 8 位编码但仅支持英文和特殊符号。1967 年 ASCII 码（美国信息交换标准代码）的诞生标志着标准化进程，使用 7 位编码定义 128 个字符。随着全球化的发展，各国相继推出扩展编码（如中文 GB 2312、日文 Shift-JIS），但多语言混排时仍会产生冲突。

Unicode 编码是一个突破性变革。1991 年发布的 Unicode 1.0 版采用统一字符集理念，最初使用 16 位编码（UCS-2），可表示 65 536 个字符。2016 年 Unicode 9.0 已扩展至 128 237 个字符，覆盖全球现存文字体系，包括古埃及象形文字和楔形文字。

2004 年 MySQL 数据库的 UTF-8 实现缺陷事件：由于早期 MySQL 错误地将 UTF-8 实现为最多 3 字节（实际标准需支持 4 字节），导致无法存储部分 Emoji 字符，直到 2010 年推出 utf8mb4 编码才彻底解决。

（2）UTF-8 编码原理与应用场景

UTF-8 编码方案的初衷在于，在尽可能降低存储成本的前提下，确保最大程度的兼容性和可靠性。该方案通过巧妙的位模式设计，实现了对 ASCII 编码传统的继承与对 Unicode 扩展需求的平衡。UTF-8 采用的是可变长度编码机制，它利用 1~4 个字节来存储字符信息。其中，单字节编码与 ASCII 码兼容（以 0 开头的七位模式），而多字节编码则通过首字节的前缀来标识其长度（分别为 110、1110、11110 开头），后续字节则遵循统一的格式（以 10 开头的六位模式）。

UTF-8 的应用十分广泛。在 Web 领域，全球 98% 的网页使用 UTF-8；在文件存储方面，相比 UTF-16 节省 20%～50% 空间（英文为主场景）；在数据传输上，UTF-8 避免字节序（BOM）标记导致的解析混乱。UTF-8 由于其兼容性（无缝支持 ASCII）、自同步性（通过首字节前缀快速定位字符边界）、容错性（非法字节序列易于检测），已成为互联网时代文本编码的事实标准。

（3）Emoji 表情符号的编码实现

Emoji 是一种在电子通信中用来表达情感、想法、物体等的图形符号。每个 Emoji 对应唯一码位（如😊=U+1F60A）。所有 Emoji 的码位均超过 U+FFFF，需使用 UTF-8 的 4 字节编码。获取 Emoji 符号的 Unicode 码位后，将其 16 进制值转换成 21 位的 2 进制值（添加了前导 0），再按 3-6-6-6 位连续截取、拼接到 4 个字节，从而得到该字符的 UTF-8 编码。

2. 未来编码新视界：超越二进制的技术革命

数字世界的底层逻辑长期被二进制（0/1）统治，但随着数据量的爆炸式增长与人类认知边界的扩展，量子叠加态、生物分子编码、全息干涉等新范式正在重构编码技术的未来图景。这些技术不仅突破物理介质的极限，更重新定义了信息的本质与存在形式。

（1）量子比特的超叠加态表示

利用量子力学的叠加与纠缠特性，将信息编码从经典比特的“非此即彼”升维至“既此又彼”的量子态。量子比特（Qubit）可同时处于 $|0\rangle$ 和 $|1\rangle$ 的叠加态，多个量子比特通过纠缠形成关联态，实现超并行计算。n 个量子比特可编码 2^n 个状态，远超经典线性增长。量子纠错码（如表面码）通过拓扑结构保护信息，抵御退相干效应。量子通信中，量子密钥分发（QKD）实现无条件安全通信；Grover 算法加速非结构化数据搜索，复杂度从 $O(N)$ 降至 $O(\sqrt{N})$。谷歌“量子霸权”实验中，53 个量子比特在 200 s 完成经典超算万年任务，编码密度达 $2^{53} \approx 9 \times 10^{15}$ 种状态。

（2）DNA 数据存储编码原理

以生物分子 ATCG 碱基对（A-T、C-G）为编码单元，将数字信息写入 DNA 链，实现超高密度与半永久存储。1 克 DNA 可存储全球数据。在低温干燥环境下，数据可保存数万年（如挪威“北极末日种子库”）。当前合成速率约 400 碱基/秒，微软“Silica Project”通过微流控芯片提速千倍。CRISPR 技术标记 DNA 片段，实现“基因搜索引擎”（ETH Zurich，2020）。2021 年，特斯拉将《赛博朋克 2077》游戏（200 GB）编码存入 0.1 毫克 DNA，体积仅为一粒盐的千分之一。

（3）全息存储中的光信息编码

利用激光干涉将数据以三维光栅形式写入光敏材料，突破二维存储的物理限制。蓝宝石晶体存储密度达 1 TB/cm^3。并行访问整页数据，延迟低于 1 ns。南安普顿大学利用飞秒激光在石英玻璃中写入纳米光栅，通过偏振与维度扩展，寿命达 138 亿年。深度学习算法（如 CNN）补偿全息图噪声，误码率降低至 10^{-12}。索尼 PlayStation 6 原型机采用全息卡匣，单卡容量 1 PB，加载速度较 SSD 提升 50 倍。

思考与练习

1. 计算机中数据存储的最小单位是（　　）。

A. 字节（Byte）　　B. 位（bit）

C. 字（Word）　　D. 双字（Double Word）

2. 1 字节等于（　　）位。

A. 2　　B. 4　　C. 8　　D. 16

3. 计算机中常用的字符编码是（　　）。

A. ASCII 码　　B. BCD 码　　C. 汉字编码　　D. 补码

4. 已知字符'A'的 ASCII 码值为 65，那么字符 'C'的 ASCII 码值为（　　）。

A. 66　　B. 67　　C. 68　　D. 69

5. 对于数值数据，在计算机中通常采用（　　）表示。

A. 原码　　B. 反码　　C. 补码　　D. 移码

6. 若某数的补码为 10011010，那么其原码是（　　）。

A. 11100110　　B. 10011010　　C. 01100110　　D. 00011010

7. 一个 8 位二进制数，能表示的最大无符号整数是（　　）。

A. 255　　B. 256　　C. 127　　D. 128

8. 以下关于浮点数表示的说法，正确的是（　　）。

A. 浮点数的表示范围比定点数小　　B. 浮点数由阶码和尾数两部分组成

C. 浮点数的精度一定比定点数高　　D. 浮点数在计算机中存储时不需要转换

9. 计算机中对图像数据进行压缩的主要目的是（　　）。

A. 提高图像的清晰度　　B. 减少图像占用的存储空间

C. 便于图像的传输　　D. B 和 C

10. 以下文件格式中，常用于存储视频数据的是（　　）。

A. JPEG　　B. MP3　　C. AVI　　D. TXT

11. 音频数据在计算机中是通过（　　）来表示的。

A. 模拟信号　　B. 数字信号　　C. 电压　　D. 电流

12. 在计算机内部，数据是以（　　）的形式进行存储和处理的。

A. 十进制　　B. 八进制　　C. 二进制　　D. 十六进制

第3章

计算机要“飞”起来，必备软件得安装

【本章导读】

硬件有形而软件无形，没有软件的计算机，也称“裸机”。软件是人开发的，是人类智力的结晶。软件的正确与否，是好是坏，要等程序在机器上运行了才能知道，这就给软件的开发带来许多困难。软件开发是一项包括需求捕捉、分析、设计、实现和测试的系统工程，涉及许多相关知识。

【学习目标】

1. 掌握操作系统的五大功能。
2. 了解操作系统发展及分类。
3. 掌握关系数据库的基本概念，理解SQL的基本操作。

3.1 软件的起源

为了实现程序存储的概念，CPU需要识别二进制编码的机器指令。从设计的角度来看，指令系统是CPU设计的依据，即设计CPU时要先设计指令系统。

1. 指令格式和分类

指令就是指示计算机执行某种操作的命令，如加、减、乘、除和逻辑运算等。一条指令就是机器语言的一条语句，它是一组有意义的二进制代码。指令要指出操作数据的来源、操作结果的去向及所执行的操作，因此它由操作码和操作数地址码两部分构成，见表3-1。

表3-1 指令的构成

名称	功能说明
操作码	规定计算机进行何种操作，如加、减、乘、除、数据传送等
操作数地址码	指出参与操作的数据放在哪里，操作的结果保存到哪里

计算机的指令格式与机器的字长、存储器的容量及指令的功能都有很大的关系。如何合理、科学地设计指令格式，使指令既能给出足够的信息，又使其长度尽可能地与机器的字长相匹配，以节省存储空间、缩短取指令时间，从而提高机器性能，这是指令格式设计中的一个重要问题。

2. 指令系统

指令系统是指计算机所能执行的全部指令的集合，它描述了计算机内全部的控制信息和逻辑判断能力。指令系统是根据计算机使用要求设计的，不同计算机的指令系统包含的指令种类和数目也不同。

在计算机指令系统的优化发展过程中，出现过两个截然不同的优化方向：CISC 技术和 RISC 技术。CISC 是指复杂指令系统计算机（complex instruction set computer）；RISC 是指精简指令系统计算机（reduced instruction set computer）。这里的计算机指令系统指的是计算机的最底层的机器指令，也就是 CPU 能够直接识别的指令。

3.2　软件的分类

计算机软件是指计算机系统中的程序、数据及相关文档；程序是计算任务的处理对象和处理规则的描述，必须装入机器内部才能工作；数据是指程序处理的信息，它可以是程序直接操作的输入或输出，也可以是程序运行时需要使用的配置信息、状态信息或其他类型的辅助信息；文档是为了便于了解程序所附的阐明性资料。

1. 系统软件和应用软件

按照软件的功能和用途划分，现代软件可以分为两类：系统软件和应用软件，如图 3-1 所示。应用软件是为了满足特定需要、解决真实世界中的问题而编写的。系统软件负责在基础层上管理计算机系统，为创建和运行应用软件提供工具和环境，例如操作系统。系统软件通常直接与硬件交互，提供的功能比硬件自身提供的更多。

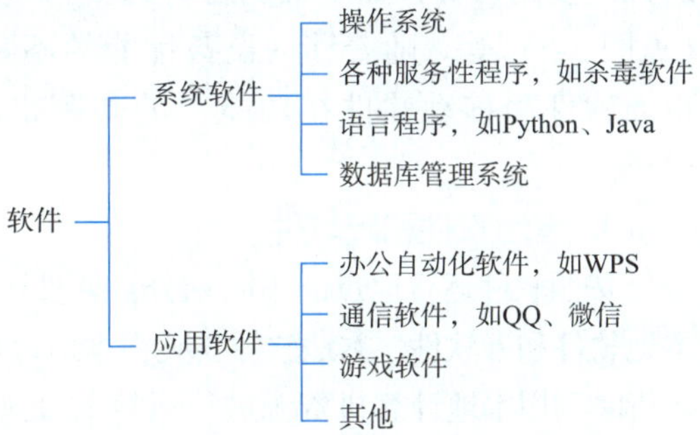

图 3-1　软件系统的组成

目前有一类称为“中间件”（middleware）的软件，它们作为应用软件与各种系统软件之间使用的标准化编程接口和协议，可以起承上启下的作用，使应用软件的开发相对独立于计算机硬件和操作系统，并能在不同的系统上运行，实现相同的应用功能。

2. 商品软件、共享软件、免费软件和自由软件

按照软件的发行方式划分，软件可分为商品软件、共享软件、免费软件和自由软件。

（1）商品软件

用户需要付费才能得到商品软件的使用权。它除了受版权保护之外，通常还受到软件许可证的保护。一般情况下，将一个软件复制到其他机器去使用是非法的；但是软件许可证可以允许用户购买一份软件而同时安装在本单位的若干台计算机上使用，或者允许所安装的一份软件同时被若干个用户使用。

（2）共享软件

共享软件是一种“买前免费试用”的具有版权的软件，它通常允许用户试用一段时间，也允许用户进行复制和散发，但过了试用期后若还想继续使用，就得交一笔注册费，成为注册用户才能继续使用。

（3）免费软件

免费软件是一种“免费使用”的具有版权的软件，用户可以免费自用并复制给他人，使用上不会出现日期限制，而且不必支付任何费用，但不允许转为其他商业用途。

（4）自由软件

自由软件又称“开放源代码软件”。自由软件的本质不是免费，目的就是要打破商业软件占主导地位的格局。自由软件有利于软件共享和技术创新，它的出现成就了 TCP/IP 协议、Apache 服务器软件和 Linux 操作系统等一大批软件精品的产生。其特点包括：

①提供源代码，允许修改完善。

②可以散发，并且散发对象享有的权利不受限制。

③不提供担保。

3. 桌面软件和移动软件

按照软件运行载体的不同划分，软件可分为桌面软件和移动软件。桌面软件运行在台式计算机或笔记本计算机上，功能一般较复杂，支持多种输入与输出。移动软件运行在移动设备上，如智能手机、平板计算机等，通过手指触控的方式使用软件，如手机上运行、支付宝、微信（见图 3-2）等。随着移动设备性能的不断提高，桌面软件和移动软件在功能上的差距也在逐渐缩小。

图 3-2　微信使用界面

4. 本地软件和云软件

按照软件运行地点的不同划分，软件可以分为本地软件和云软件。本地软件安装在本地计算机中，运行时利用本地计算机资源进行运算与处理。云软件也称云应用，利用因特网上大量的计算资源进行管理和调度，在云端运行。例如华为云计算机允许用户在手机上使用 Windows 计算机以及各种应用软件，如图 3-3 所示。云软件便于使用，无须下载安装，且可在多种操作系统上使用。

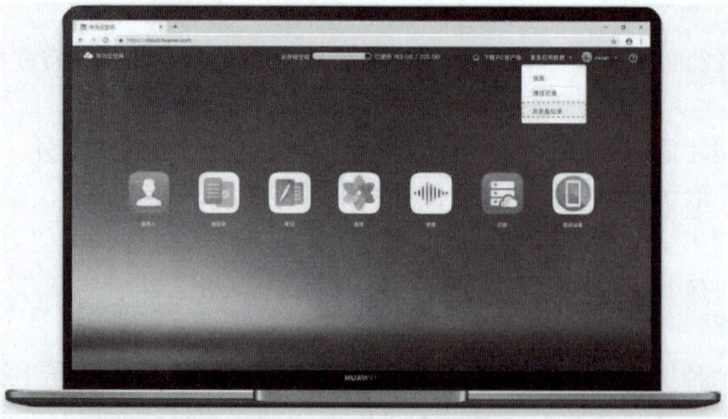

图 3-3　华为云计算机

3.3　操作系统

当接通电源、按下计算机电源开关时，计算机的启动便开始了。首先是各种指示灯不断地闪烁，这是计算机正在进行硬件自检；当硬件检查无误后，操作系统的引导程序就开始执行了。等到熟悉的操作系统界面出现时，标志着计算机启动完成，计算机就可以工作了。用计算机调试程序、录入文字、制作 PPT、观看视频、浏览新闻、网络购物等都需要操作系统的支持，可以说没有操作系统就不能正常使用计算机。

计算机的操作系统（operating system，OS）是系统软件的核心，是计算机用户和计算机硬件之间起媒介作用的程序，目的是提供用户运行程序的一种环境，使用户在此环境下能方便、有效地使用计算机资源。

3.3.1　操作系统概述

操作系统是一种系统软件，它负责管理计算机系统中的各种资源并控制各类程序的运行，是计算机硬件和软件及用户之间的接口。只要打开计算机，计算机就开始运行程序，进入工作状态。计算机运行的第一个程序就是操作系统。操作系统是应用程序与计算机硬件的“中间人”，没有操作系统的统一安排和管理，计算机硬件没有办法执行应用程序的命令。操作系统为计算机硬件和应用程序提供了一个交互的界面，为计算机硬件选择要运行的应用程序，并指挥计算机的各部分硬件的基本工作。操作系统控制着所有程序和应用软件的加载和执行，其层次结构如图 3-4 所示。

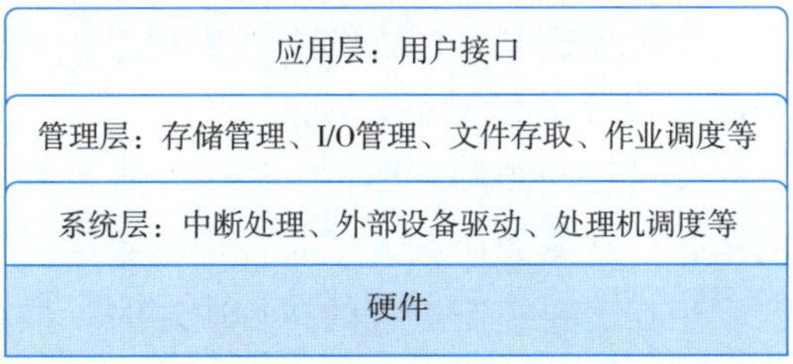

图 3-4　操作系统层次结构

3.3.2　操作系统的发展

操作系统并不是与计算机硬件一起诞生的，它是在人们使用计算机的过程中，为了满足两大需求——提高资源利用率、增强计算机系统性能，伴随着计算机技术本身及其应用的日益发展而逐步形成和完善起来的。操作系统与其所运行的计算机体系结构联系非常密切，电子器件的不断创新也推动了操作系统的飞速发展。操作系统经历了五个发展阶段，每个阶段具有不同的特征，见表 3-2。

表 3-2　操作系统的发展阶段

发展阶段	年　代	操作系统	特点及代表类型
第一代	1945—1955 年	监控程序，无操作系统	真空管，机器语言，简单数字运算
第二代	1955—1965 年	批处理操作系统	晶体管，脱机，批处理作业，汇编语言，FORTRAN 语言，多道程序/FMS 和 IBMSYS
第三代	1965—1970 年	分时操作系统	集成电路，同时性，独立性，及时性，交互性，如 MULTICS 和 UNIX 操作系统

续表

发展阶段	年　代	操作系统	特点及代表类型
第四代	20 世纪 80 年代	实时，PC 操作系统	开放性，通用性，高性能，微内核，个人计算机，如 MS-DOS、MacOS 操作系统
第五代	20 世纪 90 年代至今	网络，分布式操作系统	资源管理，进程通信，系统结构，如 Windows、UNIX、Linux 操作系统

3.3.3 操作系统的功能

操作系统的主要功能是管理计算机系统的资源，并提供友好的人机交互界面。计算机系统资源有硬件资源和软件资源两类。硬件资源是指组成计算机系统的所有硬件设备，如中央处理器、内存、外存、打印机、显示器、键盘、鼠标等。软件资源是指存放于计算机中的各种软件、相关文档和数据，如 C 语言编译程序、Word 文档等。因此，操作系统的主要功能有处理器管理、存储器管理、设备管理、文件管理和用户接口等。

1. 处理机管理

在多任务处理环境中，处理器的分配与执行均以进程作为核心单元，因此，对处理器的管理亦可称为进程管理。该管理范畴主要涵盖进程控制、进程同步和互斥、进程通信以及进程调度。

①进程控制：进程的生（创建进程、分配需要的资源）和死（撤销进程、回收分配的资源）以及进程状态的转换。

②进程同步和互斥：为使多个进程有条不紊地执行，需要一定的机制来协调各个进程的运行。常见的协调方式有：进程互斥，主要发生在对临界资源的访问时；进程同步，主要发生在需要控制进程的执行次序时。最简单的互斥机制就是为临界资源加锁；而实现同步则可以使用信号量机制。

③进程通信：进程通信常发生在需要多个进程相互合作去实现某一目标的时候，进程通信的本质是进程之间的信息交换。当相互合作的进程在同一计算机系统时，发送进程可以使用发送命令直接将信息放入目标进程的消息队列中，当需要通信的进程不在同一计算机系统中时，就需要另外一些策略。

④进程调度：包括作业调度和进程调度。作业调度是通过一定的算法策略从外存上将作业放入内存，分别为它们创建进程、分配资源，使之处于就绪状态；进程调度是从就绪状态的进程队列中选择一定的进程为之分配处理机，使它可以运行。

2. 存储器管理

存储器管理的主要任务是为程序运行提供良好的环境，方便用户使用存储器，提高存储器的利用率。存储器管理具有内存分配、内存保护、地址映射和内存扩充等功能。

①内存分配：为每道进程分配内存空间，需要考虑如何分配才能提高存储器的利用效率，减少不必要的空间碎片，如何处理进程在运行时提出的内存申请的问题；分配策略上包括静态分配和动态分配。静态分配是指作业可使用的空间大小在作业装入的时候就已经确定，不允许运行时申请以及移动。动态分配则相反。

②内存保护：存在两种保护，一是各个用户进程只能在自己的内存空间中运行，不得

使用其他非共享用户进程的内存空间；二是用户进程不得访问操作系统的程序和数据。常见的内存保护机制是设置两个界限寄存器，标志可使用空间的上界和下界，系统对每条指令所要访问的地址进行越界检查。

③地址映射：编译和链接所得到的可执行文件，其程序地址是从 0 开始的，需要操作系统将从 0 开始的逻辑地址转换为物理地址，需要硬件的支持。

④内存扩充：指通过虚拟存储技术，从逻辑上扩充存储器的大小，使更多的用户进程可以并发执行。常见的机制包括请求调入和置换功能。请求调入允许在仅装入部分程序和数据的情况下就启动该程序的执行，当所需要的指令或者数据不在内存空间的时候，通过向操作系统发出请求，由操作系统将所需要的部分调入内存。置换则是指允许将内存中暂时不用的程序和数据移至硬盘，以腾出内存空间。

3. 设备管理

设备管理的基本任务是按照用户的要求，按照一定的算法，分配、管理输入/输出（I/O）设备，以保证系统有条不紊地工作。其目的有两个：一是屏蔽不同设备的差异性；二是提供并发访问。设备管理具有缓冲管理、设备分配和设备处理等功能。

①缓冲管理：通过在 CPU 和 I/O 设备之间设置缓冲，有效解决 I/O 设备和 CPU 的速度不匹配问题，提高 CPU 的利用率，提高系统的吞吐量。常见策略包括单缓冲、双缓冲以及缓冲池等。

②设备分配：根据用户 I/O 请求、系统现有资源状况以及设备分配策略来分配设备。同时还需要考虑设备分配完成后系统是否安全等问题。

③设备处理：检查 I/O 请求是否合理、了解设备状态、读取有关的参数和设置设备的工作方式，然后向设备控制器发出 I/O 命令，启动 I/O 设备完成相应 I/O 操作，响应中断请求并调用相应中断处理程序进行处理。

4. 文件管理

计算机中的信息是以文件形式存放在存储器（如磁盘、光盘、U 盘等）中。文件管理的主要任务是对用户文件和系统文件进行管理，方便用户使用信息，并保证文件的安全性。文件管理具有文件存储空间的管理、目录管理、文件的读写管理和保护等功能。

①文件存储空间的管理：由文件系统统一管理文件以及文件的存储空间，以提高外存的利用率和读取速度，为此系统需要设置相应的数据结构，用于记录文件存储空间的使用情况。

②目录管理：为每个文件建立一个目录项，以记录文件的详细情况，并通过对目录项的管理提供文件的共享及快速的目录查询等功能，提高文件检索速度。

③文件的读写管理和保护：文件的读写管理主要体现在对文件读写指针的管理；文件的保护主要是防止未经核准的用户存取文件以及防止用户以错误方式使用文件。

5. 用户接口

用户接口是操作系统的五大管理功能之一，是用户走进计算机世界、实现各种预期目的的唯一通道和桥梁。用户接口包括命令接口、程序接口和图形化接口。

①命令接口：由一组键盘操作命令及命令解释程序组成，是通过在终端或者控制台输入一条命令然后通过命令解释程序解释执行的一种交互形式。

②程序接口：主要为用户的程序使用操作系统的服务、访问系统资源提供便利。它由一组系统调用组成，是操作系统供用户使用系统调用的接口，常简称为 API。

③图形化接口：就是通过图形化的操作界面，用容易识别的各种图标来将系统的各项功能、各种应用程序和文件直观表现出来。以鼠标取代命令的输入等。

操作系统的各种角色通常都围绕着“良好的共享”这一中心思想。操作系统负责管理计算机的资源，而这些资源通常是由使用它们的程序共享的；多个并发执行的程序将共享内存，依次使用 CPU，竞争使用 I/O 设备的机会；操作系统将担任现场监视角色，确保每个程序都能够得到执行的机会。

3.3.4 操作系统的分类

操作系统的种类很多，从简单到复杂，从手机嵌入式操作系统到超级计算机大型操作系统。从不同的角度看，操作系统可以做不同的分类。

1. 按使用方式分类

(1) 单用户单任务操作系统（如 DOS）

在该类操作系统控制下，一台计算机同时只能有一个用户在使用，该用户一次只能提交一个作业，一个用户独自享用系统的全部硬件和软件资源。

(2) 单用户多任务操作系统（如 Windows）

这种操作系统也是为单个用户服务的，但它允许用户一次提交多项任务。例如，一边在“画图”软件中作图，一边让计算机播放音乐，这时两个程序都已被调入内存储器中处于工作状态。

(3) 多用户多任务操作系统（如 UNIX）

这种操作系统同时为多个用户服务，允许各用户一次提交多项任务。

2. 按用户界面分类

(1) 字符界面操作系统（如 DOS）

用户看到的界面是字符，没有图形。字符界面占用资源相对较低，但操作相对枯燥、复杂，字符界面操作系统如图 3-5 所示。

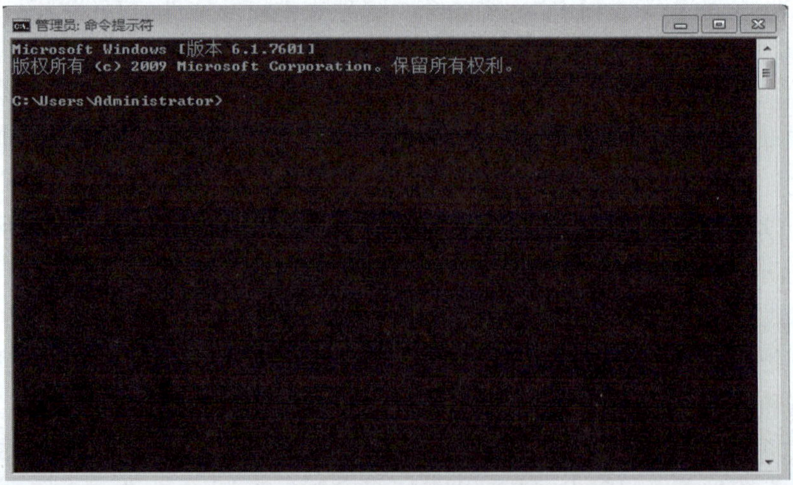

图 3-5 字符界面操作系统

（2）图形界面操作系统（如 Windows）

界面可显示文字、图形、图像，支持鼠标或触摸屏，图形界面易于理解和操作，但系统资源占用相对较高，如图 3-6 所示。

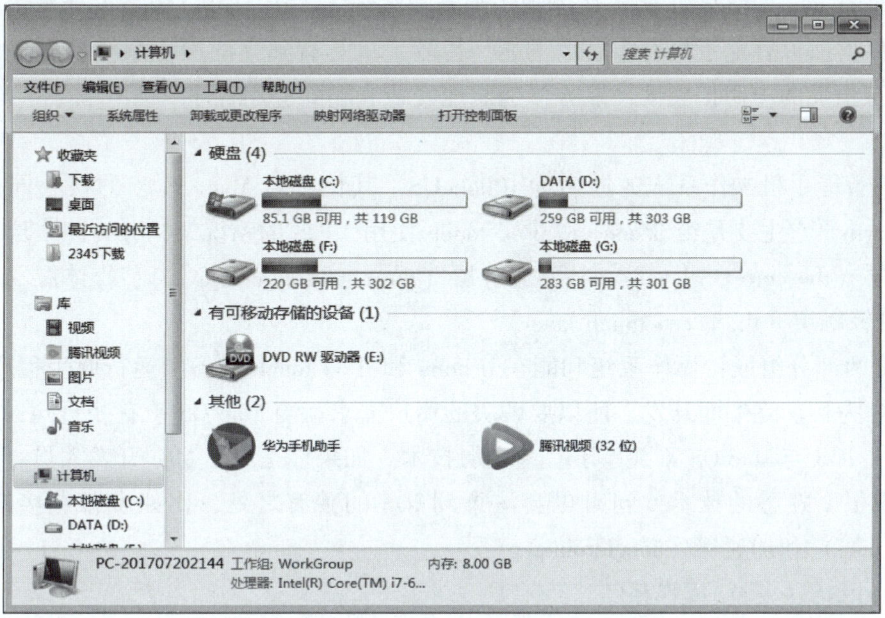

图 3-6　图形界面操作系统

3. 按寻址范围（即操作系统管理的内存最大容量）分类

操作系统可以根据其处理数据的能力和内存寻址范围，细分为不同的位数类型，具体包括 16 位操作系统、32 位操作系统以及 64 位操作系统等。这些不同位数的操作系统在数据处理速度、内存管理能力以及兼容性方面各有差异，分别适用于不同的硬件平台和应用场景。比如，Windows 10 操作系统有 32 位和 64 位两个版本。32 位 Windows 10 的内存寻址范围是 2^{32} B=4 GB，而 64 位 Windows 10 的内存寻址范围是 2^{64} B=16 EB。

4. 按使用环境和对作业处理方式来分类

（1）批处理操作系统（单道批处理、多道批处理，如 DOS、VSE）

批处理操作系统是指早期的一种供大型计算机使用的操作系统。可对用户作业成批处理，期间无须用户干预，分为单道批处理系统和多道批处理系统。

（2）分时处理操作系统（如 UNIX）

分时系统是指在一台主机上连接了多个终端，使多个用户共享一台主机，即是一个多用户系统。分时处理操作系统把 CPU 及计算机其他资源进行时间上的分割，分成一个个“时间片”，并把每一个时间片分给一个用户，使每一个用户轮流使用一个时间片。因为时间片很短，CPU 在用户之间转换得非常快，因此用户觉得计算机只在为自己服务。

（3）实时操作系统（如 VRTX）

实时操作系统是以加快响应时间为目标的，它对随机发生的外部事件做出及时的响应和处理。由于实时系统一般为专用系统，用于实时控制和实时处理，与分时系统相比，其交互能力较简单。

3.3.5 智能手机操作系统

智能手机操作系统是一种运算能力及功能比传统功能手机更强的操作系统。使用最多的操作系统有 iOS、Android 操作系统和华为鸿蒙系统等。因为可以像个人计算机一样安装第三方软件，所以智能手机有丰富的功能。智能手机具有独立的操作系统及良好的用户界面，它拥有很强的应用扩展性，能方便随意地安装和删除应用程序。

1. iOS

iOS 的智能手机操作系统的原名为 iPhoneOS，其核心与 Mac OS X 的核心同样都源自 APPle Darwin。它主要是给 iPhone 和 iPod touch 使用。iOS 的系统架构分为四个层次：核心操作系统层（the core OS layer）、核心服务层（the core services layer）、媒体层（the media layer）、可轻触层（the cocoa touch layer）。

iOS 由两部分组成：操作系统和能在 iPhone 和 iPod touch 设备上运行原生程序的技术。由于 iOS 是为移动终端而开发，所以要解决的用户需求就与 Mac OS X 有些不同，尽管在底层的实现上 iOS 与 Mac OS X 共享了一些底层技术。如果你是一名 Mac 开发人员，你可以在 iOS 中发现很多熟悉的技术，同时也会注意到 iOS 的独有之处，比如多触点接口（multi-touch interface）和加速器（accelerometer）。

2. Android（安卓）操作系统

Android 是美国 Google 公司开发的基于 Linux 内核的开源手机操作系统，是目前应用广泛的智能手机和平板计算机操作系统。Android 操作系统有很大的平台优势：开放性，丰富的硬件，方便开发。第一部 Android 智能手机发布于 2008 年 10 月，后 Android 逐渐扩展到平板计算机及其他领域上，如电视、数码照相机、游戏机等。

2003 年 10 月，Andy Rubin 等人创建 Android 公司，并组建 Android 团队。

2005 年 8 月 17 日，Google 低调收购了成立仅 22 个月的高科技企业 Android 及其团队。

2007 年 11 月 5 日，Google 正式向外界展示了这款名为 Android 的操作系统，并且在这天 Google 宣布建立一个全球性的联盟组织，该组织由 34 家手机制造商、软件开发商、电信运营商以及芯片制造商共同组成，并与 84 家硬件制造商、软件开发商及电信运营商组成开放手持设备联盟（open handset alliance）来共同研发改良 Android 系统，这一联盟将支持 Google 发布的手机操作系统以及应用软件，Google 以 Apache 免费开源许可证的授权方式，发布了 Android 的源代码。

3. 华为鸿蒙系统

华为鸿蒙系统（Huawei HarmonyOS）是一款“面向未来”的操作系统，一款基于微内核的面向全场景的分布式操作系统，其 Logo 如图 3-7 所示。鸿蒙系统定位完全不同于安卓系统，它不仅是一个手机或某一设备的单一系统，而是一个可将所有设备串联在一起的通用性系统，如手机、智慧屏、平板计算机、车载计算机等都可使用鸿蒙系统。

2012 年，华为开始规划自有操作系统“鸿蒙”。2019 年 5 月 24 日，国家知识产权局商标局网站显示，华为已申请“华为鸿蒙”商标，申请日期是 2018 年 8 月 24 日，注册公告日期是 2019 年 5 月 14 日，专用权限期是从 2019 年 5 月 14 日到 2029 年 5 月 13 日。

图 3-7　鸿蒙 HarmonyOS

2019 年 5 月 17 日，华为操作系统团队开发了自主产权操作系统——鸿蒙。2019 年 8 月 9 日，华为正式发布鸿蒙系统，并实行开源。

2024 年 10 月 22 日，华为原生鸿蒙系统 HarmonyOS NEXT 5.0 发布，这是中国首个实现全栈自研的操作系统，标志着中国在操作系统领域取得突破性进展。这也是继苹果 iOS 和安卓系统后，全球第三大移动操作系统。

3.3.6　国产操作系统

1. 麒麟操作系统

1983 年，我国自主研发的银河超级计算机正式问世，其搭载的操作系统可以被视为银河麒麟操作系统的初步雏形。在这一阶段，该操作系统主要针对专用 CPU 进行设计和优化，旨在为国产化的超级计算机提供稳定可靠的支持和服务。

2002 年，银河麒麟操作系统作为国家 863 计划的重要组成部分正式立项，由国防科技大学主导研发。在初期阶段，研发团队巧妙地整合了 Mach、FreeBSD、Linux 以及 Windows 四种截然不同的技术架构，经过多年的技术攻关，终于在 2006 年成功研制出全新的操作系统版本。

2009 年，国家“核心电子器件、高端通用芯片及基础软件产品”重大专项（简称“核高基”专项）正式启动，银河麒麟操作系统在这一专项的支持下得以继续迭代升级。研发团队全面转向采用 Linux 内核，并在此基础上融入了多种自主研发的安全组件，使得系统性能和稳定性大幅提升，实现了从“不可用”到“可用”的质的飞跃。

2010 年 12 月 16 日，民用的“中标 Linux”操作系统与国防科技大学研制的“银河麒麟”操作系统正式合并，形成了统一的新品牌——中标麒麟操作系统，这一举措极大地促进了国产操作系统的发展和普及。2014 年 12 月，天津麒麟公司成立，正式继承了银河麒麟的品牌，继续推动麒麟操作系统在技术和市场方面的深入发展。2019 年 12 月 6 日，天津麒麟与中标软件完成整合，共同组建了麒麟软件公司。2020 年，公司联合推出了银河麒麟操作系统 V10 版本，其界面如图 3-8 所示。该版本不仅能够满足日常办公和娱乐的需求，还因其卓越的性能和安全性被国资委评为“2020 年度央企十大国之重器”，标志着麒麟操作系统在国产操作系统领域的重要地位。

图 3-8　麒麟操作系统 V10 版本

2025 年 3 月，银河麒麟高级服务器操作系统通过中国软件评测中心（工业和信息化部软件与集成电路促进中心）严格测试，获得“DeepSeek 适配测试证书”，成为首个通过该认证的国产操作系统。这标志着麒麟软件推动人工智能技术应用落地再加速，为构建安全可信的智能算力生态夯实基础

2. 统信操作系统

统信操作系统的前身乃深度操作系统（DEEPIN）。深度操作系统基于 Linux 内核，由深度科技公司研发，凭借其精致的用户界面和流畅的操作体验，吸引了众多开发者和用户的青睐，并在国内外的开源社区中逐渐扩大了其影响力，为统信操作系统的后续开发工作奠定了坚实的基础。

2019 年，多家专注于操作系统研发的核心企业，包括中国电子集团（CEC）、武汉深之度科技有限公司、南京诚迈科技以及中兴新支点，联合组建了统信软件。2020 年 5 月 15 日，统信 UOS 个人体验版正式对外发布，该版本基于深度操作系统进行发展，继承了 DEEPIN 的桌面设计风格，并在安全性、兼容性以及国产化支持方面进行了显著提升。

2020 年 1 月发布统信 UOS 桌面版 V20，其界面如图 3-9 所示。同年，中国首款云端 Office 办公软件石墨文档与统信 UOS 成功完成了兼容性适配认证，逐步优化了软件生态系统。到了 2022 年，统信 UOS 开发者平台正式上线，并发布了包括教育版、专业版在内的多个版本，同时与 VMWARE VSPHERE 实现了兼容适配，进一步增强了系统的兼容性和适用范围。

图 3-9　统信 UOS 桌面版 V20

2023 年 9 月，统信软件推出了 UOS AI，该产品通过全新升级的自然语言处理技术，更精准地理解用户需求，提供了智能搜索、推荐系统、自动化办公助手等个性化服务。例如，自动切换桌面壁纸、屏幕模式管理、语言设置调整等操作均可通过 UOS AI 实现。

截至 2024 年 7 月，UOS AI 已成功适配超过 60 款应用程序及 20 余个操作系统，覆盖了 90% 的主流开源大模型和 AI 框架。2024 年 8 月，统信软件正式推出 UOS LM 1. 5B/7B 参数规模端侧模型，该模型内置本地向量数据库，扩展了多项系统级功能调用，实现了基于本地文档的知识库构建，并通过向量数据库支持语义相似性搜索和向量分析操作，助力用户通过 UOS AI 桌面智能助手实现问答、翻译、创作等功能。截至 2024 年底，统信 UOS 的累计装机量突破八百万套，服务客户超过五万家，业务覆盖全国 2 800 多个区县。

在 2025 年 3 月 20 日举办的深圳华为中国合作伙伴大会上，统信软件郑重宣布与昇腾携手，共同推出了一款自主创新且安全可靠的 AI 算力平台方案。该方案通过优化异构计算架构的兼容性，实现了对昇腾全系列产品的支持，满足了从边缘计算到云端计算的全方位 AI 需求。此外，通过系统级的优化，该方案能够高效地调度 AI 算力资源，显著提高硬件资源的利用率，为各行各业的智能化转型提供了坚实的基础支持。

3. 4　数据库管理系统

随着计算机技术的广泛应用和不断深化，众多行业领域逐渐累积了海量的数据资源。这些数据按照其组织形式可以划分为结构化数据、半结构化数据以及非结构化数据三大类。结构化数据拥有明确的格式规范，通常以二维表格的形式展现；非结构化数据则缺乏统一的格式标准，包括但不限于 Word 文档、PDF 文件、社交媒体上的帖子、视频和音频文件等；半结构化数据则介于这两者之间，它具有一定的结构特征，但这种结构并不严格，例如 XML 格式文档、HTML 格式文档以及电子邮件等均属于此类数据。

数据库技术对于管理结构化数据具有显著优势，而经过适当预处理的半结构化数据和非结构化数据同样可以利用数据库技术进行有效管理。数据库管理系统为基于数据库技术的数据管理提供了有力的支持。

3.4.1 基本概念

1. 数据库

数据库（database，DB）是长期存储在计算机内、有组织的、可共享的大量数据的集合。数据库中的数据按一定的数据模型组织、描述和储存，具有较小的冗余度、较高的数据独立性和易扩展性，并可为各种用户共享。概括地讲，数据库数据具有永久存储、有组织和可共享三个基本特点。

2. 数据库管理系统

如何科学地组织和存储数据？如何高效地获取和维护数据？完成这个任务的是一个系统软件——数据库管理系统。

数据库管理系统（database management system，DBMS）是位于用户与操作系统之间的一层数据管理软件。数据库管理系统和操作系统一样是计算机的基础软件，也是一个大型复杂的软件系统。

3. 数据库系统

数据库系统（database system，DBS）是指在计算机系统中引入数据库后的系统，一般由数据库、数据库管理系统（及其开发工具）、应用系统、数据库管理员构成。应当指出的是，数据库的建立、使用和维护等工作只靠一个 DBMS 远远不够，还要有专门的人员来完成，这些人被称为数据库管理员（database administrator，DBA）。一般在不引起混淆的情况下，常常把数据库系统简称为数据库。数据库系统如图 3-10 所示。

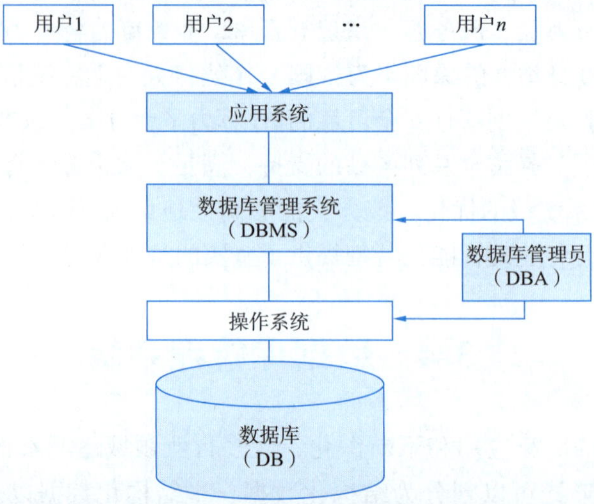

图 3-10　数据库系统

数据库系统提供数据定义语言（data-definition language，DDL）来定义数据库模式，以及数据操纵语言（data-manipulation language，DML）来对数据库进行查询和更新。数据定义语言和数据操纵语言并不是两种分离的语言，相反地，它们是一种统一的数据库语言（如广泛使用的 SQL 语言）的不同部分。

（1）数据操纵语言

数据操纵语言（data-manipulation language，DML）使得用户可以访问（或操纵）那些按照某种适当的数据模型组织起来的数据：

①对存储在数据库中的信息进行检索。

②向数据库中插入新的信息。

③从数据库中删除信息。

④修改数据库中存储的信息。

查询（query）是按要求对信息进行检索的语句。DML 中涉及信息检索的部分称作查询语言（query language）。实践中常把查询语言和数据操纵语言作为同义词使用。

（2）数据定义语言

数据定义语言定义了数据库模式的实现细节，这些细节对用户来说是不可见的。DDL 的主要功能包括：

①定义数据库模式。

②定义数据库系统所使用的存储结构和访问方式。

③提供一致性约束保证的工具。

DDL 的输出放在数据字典（data dictionary）中，数据字典包含了元数据（meta-data），元数据是关于数据的数据。在读取和修改实际的数据前，数据库系统先要参考数据字典。

3. 4. 2　数据模型

数据库中存储的是数据，这些数据不仅要反映数据本身的内容，还要反映数据之间的联系。那么如何抽象地表示、处理现实世界的数据呢？这就需要使用数据模型这个工具了。数据模型是现实世界到数据世界的桥梁。数据模型是一个描述数据、数据联系、数据语义以及一致性约束的概念工具的集合。

为了能使数据库中的数据更好地反映现实世界，我们使用了两级抽象，首先使用概念模型将现实世界转换为信息世界，然后再使用基本数据模型将信息世界转化到计算机世界。

最典型的概念模型是实体-联系模型（entity relationship 模型，简称 E-R 模型），其用实体、属性和联系三个抽象概念对现实世界进行抽象。而最典型的基本数据模型就是关系模型。

1. 实体-联系（E-R）模型

实体是现实世界里可以相互区别的一件“事情”或一个“对象”。例如，每个人是一个实体，每个银行账户也是一个实体。数据库中实体通过属性集合来描述。例如：系名、系办公地点、系办电话、预算经费可以描述大学里的一个系。类似地，楼栋、房间号和容量可以描述教室实体。每个实体都有若干属性，其中的某个属性（或某组属性）的值可以唯一地标识一个实体。例如考虑到教师名、性别、系名都相同的情况，可以增加额外的属性（如工号）来唯一标识教师。

联系是几个实体之间的关联。例如，从属（membership）联系将一名教师和他所在的系联系在一起。实体和实体之间的联系从数目约束上可以分为三种：

（1）一对一联系（1∶1）

如果对于实体集 A 中的每一个实体，实体集 B 中至多有一个实体与之联系，反之亦然，则称实体集 A 与实体集 B 具有一对一联系，记为 1∶1。例如，在大学里，一个系只有一个正主任，而一个主任只能在一个系任职，则系和主任之间具有一对一联系。

（2）一对多联系（1∶n）

如果对于实体集 A 中的每一个实体，实体集 B 中有 n 个实体（n>1）与之联系，反之，对于实体集 B 中的每一个实体，实体集 A 中至多只有一个实体与之联系，则称实体集 A 与实体集 B 有一对多联系，记为 1∶n。例如，一个系有多名教师，而一名教师的人事关系只在一个系中，则系与教师之间具有一对多联系。

（3）多对多联系（m∶n）

如果对于实体集 A 中的每一个实体，实体集 B 中有 n 个实体（n>1）与之联系，反之，对于实体集 B 中的每一个实体，实体集 A 中也有 m 个实体（m>1）与之联系，则称实体集 A 与实体集 B 有多对多联系，记为 m∶n。例如，一门课程同时有多名学生选修，而一名学生可以选修多门课程，则课程与学生之间具有多对多联系。

单个实体内部不同的实体集之间也可以存在一对一、一对多、多对多的联系。例如，教师实体内部具有的领导与被领导的关系，就是一种一对多的联系。两个以上的实体之间也存在着三种联系，比如供应商、项目、零件这三个实体，一个供应商可以为多个项目提供多种零件，每个项目中使用的零件可以由不同的供应商提供。

数据库的概念结构可以用实体-联系图（entity relationship diagram，E-R 图）进行图形化表示。有几种方法来画这样的图，最常用的方法之一是采用统一建模语言（unified modeling language，UML）。在我们使用的基于 UML 的符号中，E-R 图可以用如下方法表示：

①实体集用矩形框表示，实体名在头部，属性名列在下面。

②联系集用连接一个菱形表示，菱形联系相关的几个实体集，联系名放在菱形内部。

作为例子，来看一下大学数据库中包括教师和系及它们之间的关联部分。图 3-11 所示 E-R 图表示教师和系这两个实体集以及它们具有的先前已经列出的一些属性，同时图还指明了教师和系之间的所属联系。

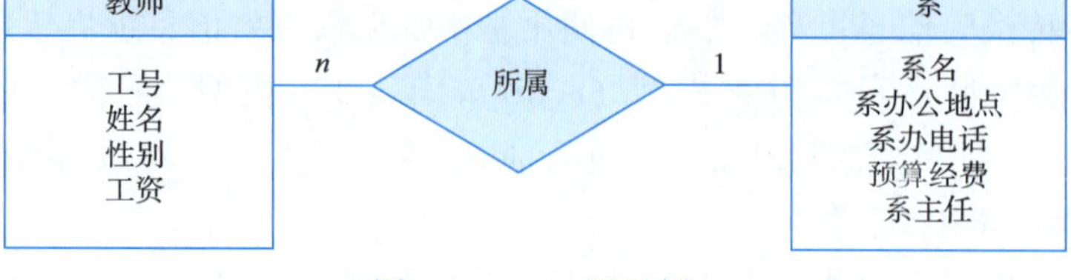

图 3-11　E-R 图示例

除了实体和联系外，E-R 模型还描绘了数据库的数目约束。图 3-11 中横线上的数字 1 和 n 表示：一位教师只能属于一个系，而一个系中有多名教师。

2. 关系模型

网状数据模型（network data model）和层次数据模型（hierarchical data model）先于关

系模型（relation model）出现。但是前两者和底层实现的联系很紧密，数据建模复杂。因此除了某些仍在使用的旧数据库之外，如今它们已经很少被使用了。而关系模型容易理解、容易掌握、有成熟的技术和产品支持，因此成为使用最为广泛的数据模型。现在，几乎每个商业数据库都是基于关系模型的。

关系模型的数据结构非常简单，只包含单一的数据结构——关系。从用户的观点看，关系模型中数据的逻辑结构是一张扁平的二维表。在关系模型中，现实世界的实体以及实体间的各种联系均用单一的结构类型（即表）来表示。

关系数据库基于关系模型，使用一系列的二维表来表达数据以及这些数据之间的联系。现在以学生信息表为例，介绍关系模型中的一些术语：

①关系（relationship）：一个关系对应通常说的一张表，如表 3-3 所示的学生信息表。

②元组（tuple）：表中的一行即为一个元组。

③属性（attribute）：表中的一列即为一个属性，给每一个属性起一个名称即属性名。学生信息表有 6 列，对应 6 个属性（学号、姓名、年龄、性别、系名、联系方式）。

④码（key）：也称为键，它是表中的某个属性或属性组合，它可以唯一确定一个元组。如学生信息表中的学号，可以唯一确定一名学生，它就是本关系的码。如果一个关系有多个码，则选择一个作为主码，构成码的属性称为主属性，其他属性为非主属性。

⑤域（domain）：属性的取值范围，如学生信息表中性别属性的域是（男、女）。

⑥关系模式：对关系的描述，一般表示为

```
关系名(属性 1,属性 2,…,属性 n)
```

例如，表 3-3 所示学生信息表可以描述为

```
学生(学号,姓名,年龄,性别,系名,联系方式)
```

表 3-3　学生信息表

学号	姓名	年龄	性别	系名	联系方式
241601010001	张欢	18	男	数学	1387158 ****
241601010002	李萍	18	女	数学	1592733 ****
241601010003	胡涂图	19	男	中文	1570211 ****
241601010004	章小天	18	女	数学	1321110 ****
241601010005	柳眉	18	女	数学	1360011 ****
241601020001	王百川	17	男	中文	1321122 ****
241601020002	侯晓飞	18	男	中文	1891221 ****
241601020003	雷小磊	19	男	中文	1331232 ****

当然，现实世界里大学的学生信息表会有更多的学生。本书中，我们使用小型的表来描述概念。不难看出，表可以存储到文件中，对于数据库的开发者和用户，关系模式屏蔽了如何存储读取的方式和细节。

在关系模型中，有可能创建一些有问题的模式，比如出现不必要的冗余信息。例如，表 3-4 所示的教师登记表，每当系的办公电话和地点发生改变时，这个变化必须被反映在

该系的所有教师记录中。后面将研究如何区分好的（规范的）和不好的模式设计。

表 3-4　不规范的教师登记表

姓名	性别	系名	系办电话	系办公地点
李欢	男	数学	122878812	西区教 4
张珊珊	女	数学	122878812	西区教 4
胡一发	男	数学	122878812	西区教 4
刘洋	女	数学	122878812	西区教 4
袁小铃	女	数学	122878812	西区教 4
牛一川	男	中文	122876817	东区教 1
池飞	男	中文	122876817	东区教 1
李欢	男	中文系	122876817	东区教 1

3.4.3　关系数据库的设计

数据库系统被设计用来管理大量的信息，其主要内容是数据库模式的设计。为设计一个满足企业需求模型的完整的数据库需要考虑很多问题：首先设计者需要和企业领域的专家、数据库用户广泛交流，全面刻画用户的数据需求，制定出用户需求的规格文档；然后再将需求转化为概念模型（E-R 模型是主要的设计工具）；最后再实现从概念模型到数据库系统逻辑模型的映射（从关系模型的角度来看，这个阶段决定了数据库包含的表和属性），并指定数据库的物理特性。

为了阐明设计过程，还是以大学数据库设计为例。初始的用户数据需求说明可以基于与数据库用户的交流以及设计者自己对大学机构的分析，这里直接给出大学的主要特性和需求描述：

①大学分成多个系，每一个系用自己唯一的系名来标识，有系办公地点、系办电话、预算经费和系主任。

②每一个系开设若干门课程，每门课程有课程号、课程名、系名和学分，还可能有先修课程要求。

③每个教师有姓名、性别、所在的系和工资；教师每学期都有教学任务，开设若干门课程，每次开课要说明课程号、年份、学期、教室和时段。

④学生由个人唯一的学号来标识，每个学生有姓名、年龄、性别、所在系、联系方式，以及学生需选修的若干门课程。

⑤有一个教室列表，详细说明楼栋、房间号和容量。

一个真正的大学数据库比上述的要求复杂得多。然而，我们就用这个简化了的需求来帮助大家理解，从而避免迷失在过于复杂的设计细节中。

将 E-R 图转换为二维关系表是整个数据库设计中极为关键的一步。如何构造一个好的数据库模式，从而避免数据冗余、插入异常、删除异常和修改异常？这就是接下来要讨论的关系规范化理论。

关系数据库的规范化理论使得数据库具有严格的数学理论基础。下面避开过于形式化的描述和严格的数学证明，仅仅从上面提到的大学数据库的实例出发，简单讨论一下规范化理论。关系数据库中的关系必须是规范化的，即满足一定规范要求，满足不同程度要求的为不同范式。满足最低要求为第一范式，简称 1NF。在 1NF 中满足进一步要求的称为 2NF，在 2NF 中满足进一步要求的称为 3NF。

第一范式（first normal form，1NF）：所有属性是不可分割的原子项。观察表 3-5 中的数据，学生选课表中的课程与成绩列均包含多项信息，不符合第一范式（1NF）的规范要求。为满足 1NF 规范，我们应对表 3-5 中的课程与成绩列进一步细化，见表 3-6。

表 3-5　不规范的学生选课表

学号	姓名	系名	系办地点	课程	成绩
202401010001	张欢	数学系	西区教 4	大学英语、大学计算机基础	90、86
202401010002	李萍	数学系	西区教 4	微积分、大学英语	75、77
202401010003	胡涂图	中文系	东区教 1	大学英语、大学计算机基础	70、78

表 3-6　学生选课表

学号	姓名	系名	系办地点	课程	成绩
202401010001	张欢	数学系	西区教 4	大学英语	90
202401010001	张欢	数学系	西区教 4	大学计算机基础	86
202401010002	李萍	数学系	西区教 4	微积分	75
202401010002	李萍	数学系	西区教 4	大学英语	77
202401010003	胡涂图	中文系	东区教 1	大学英语	70
202401010003	胡涂图	中文系	东区教 1	大学计算机基础	78

第二范式（2NF）：属于 1NF，并且每一个非主属性都要完全函数依赖于码。观察表 3-6 所示的学生选课表中的关系可以发现，学号和课程这个属性组合构成关系的主码，它决定了姓名、系名、系办地点和成绩这四个非主属性的值。但是学号、课程中的学号完全决定了姓名、系名、系办地点属性的值，故姓名、系名、系办地点对主码是部分函数依赖。所以要满足 2NF，必须将学生选课表拆分为表 3-7、表 3-8 所示两个表。

表 3-7　学生信息表

学号	姓名	系名	系办地点
202401010001	张欢	数学系	西区教 4
202401010002	李萍	数学系	西区教 4
202401010003	胡涂图	中文系	东区教 1

表 3-8　学生选课表

学号	课程	成绩
202401010001	大学英语	90
202401010001	大学计算机基础	86
202401010002	微积分	75
202401010002	大学英语	77
202401010003	大学英语	70
202401010003	大学计算机基础	78

表 3-7 所示的学生信息表的主码为学号，姓名、系名、系办地点这三个非主属性都是完全函数依赖于主码；学生选课表的主码为学号、课程，成绩这个非主属性同样完全函数依赖于主码。所以上面的两个关系满足 2NF。

第三范式（3NF）：属于 2NF，并且每一个非主属性不传递依赖于主码。表 3-7 所示的学生信息表中存在非主属性对主码的传递依赖：学号决定了其所在系的系名，而系名决定了系办地点，即系办地点传递函数依赖于学号。为了满足 3NF，必须再次对表 3-7 中的关系进行拆分。表 3-9 就是将表 3-7 不规范的学生选课表逐步规范为 3NF 的结果，见表 3-9。

表 3-9　满足 3NF 的关系

学号	姓名	系名
202401010001	张欢	数学系
202401010002	李萍	数学系
202401010003	胡涂图	中文系

系名	系办地点
数学系	西区教 4
中文系	东区教 1

学号	课程	成绩
202401010001	大学英语	90
202401010001	大学计算机基础	86
202401010002	微积分	75
202401010002	大学英语	77
202401010003	大学英语	70
202401010003	大学计算机基础	78

3.4.4　SQL 语言与数据检索

结构化查询语言（structured query language，SQL）是一种能实现数据库定义、数据库操纵、数据库查询和数据库控制等功能的数据库语言，目前已经成为关系数据库的标准查询语言。这里仍然以大学数据库为例介绍 SQL 的基本内容。

假设大学数据库中需要学生、课程、成绩三张表，则接下来从建表语句、增删改数据、检索查询三个方面来讨论 SQL 语句的使用。

1. 利用 SQL 语句建立数据库的结构

例如，定义学生表：学生（学号,姓名,年龄,性别,所在系,联系方式），属性“学号”不允许为空值。

```
CREATE TABLE 学号 char12 NOT NULL,
姓名  char10,
年龄  int,
性别  char2,
所在系  char20,
联系方式  char50;
```

上例中的 char(n)表示该属性为字符类型的数据，最大长度为 n 个字符，int 表示整数类型。实际应用中，不同数据库产品的数据类型集会略有不同，具体情况请参考各自产品的说明。

上面的 SQL 语句执行之后将在数据库中创建“学生”表，其结构见表 3-10。

表 3-10　“学生”表的结构示意

学号	姓名	年龄	性别	所在系	联系方式

2. 利用 SQL 语句进行数据库内容的增删改

一个表刚建立时表中是没有数据的，这时就需要向表中插入（增加）数据。例如，向“学生”表中插入一条记录：

```
INSERT INTO 学生 VALUES("202401010001""张欢",18,"男""数学系""1387158* * * * ");
```

依次插入八条记录后学生表的数据见表 3-11。

表 3-11　“学生”表

学号	姓名	年龄	性别	所在系	联系方式
202401010001	张欢	18	男	数学系	1387158 * * * *
202401010002	李萍	18	女	数学系	1592733 * * * *
202401010003	胡涂图	19	男	中文系	1570211 * * * *
202401010004	章小天	18	女	数学系	1321110 * * * *
202401010005	柳眉	18	女	数学系	1360011 * * * *
202401020001	王百川	17	男	中文系	1321122 * * * *
202401020002	侯晓飞	18	男	中文系	1891221 * * * *
202401020003	雷小磊	19	男	中文系	1331232 * * * *

当要删除数据库中某些记录，可以使用 DELETE 语句从表中删除满足指定条件的行。例如，删除工号为“1229”的教师，代码如下：

```
DELETE FROM "教师"
WHERE 工号 = "1229";
```

“教师”表的操作结果如图 3-12 所示。

工号	姓名	性别	职称	所在系
1223	李欢颜	男	教授	数学系
1224	张珊珊	女	讲师	数学系
7833	胡一发	男	讲师	数学系
0012	刘洋	女	教授	数学系
9227	袁小铃	女	副教授	数学系
1228	牛一川	男	讲师	中文系
1229	池飞	男	教授	中文系
1230	李晨曦	男	副教授	中文系

工号	姓名	性别	职称	所在系
1223	李欢颜	男	教授	数学系
1224	张珊珊	女	讲师	数学系
7833	胡一发	男	讲师	数学系
0012	刘洋	女	教授	数学系
9227	袁小铃	女	副教授	数学系
1228	牛一川	男	讲师	中文系
1230	李晨曦	男	副教授	中文系

图 3-12　删除记录操作

修改操作（UPDATE 语句）的功能则是对存储在数据库中的某些记录进行修改。例如，将“选课”表里大学计算机基础课的成绩提高 5%，代码如下，结果如图 3-13 所示。

```
UPDATE 选课
SET 成绩= 成绩 * 1.05
WHERE 课程= "大学计算机基础";
```

学号	课程	成绩
202401010001	大学英语	90
202401010001	大学计算机基	86
202401010002	微积分	75
202401010002	大学英语	77
202401010003	大学英语	70
202401010003	大学计算机基	78

⇨

学号	课程	成绩
202401010001	大学英语	90
202401010001	大学计算机基	90.3
202401010002	微积分	75
202401010002	大学英语	77
202401010003	大学英语	70
202401010003	大学计算机基	81.9

图 3-13　修改记录操作

3. 利用 SQL 语句进行数据库内容的查询

经过前面的两个步骤，基本表的结构定义已经完成，数据也已经存储到数据库。然而建立数据库的目的不只是为了保存数据，更重要的是为了使用数据。数据被使用的频率越高，其价值就越大。

SQL 语句可实现一张表上的查询，可选择满足条件的行或列、排序、进行运算等。例如列出所有学生的学号和姓名，或列出所有数学系的女生的学号和姓名，如图 3-14 所示。

```
SELECT 学号，姓名
FROM 学生
```

学号	姓名
202401010001	张欢
202401010002	李萍
202401010003	胡涂图
202401010004	章小天
202401010005	柳眉
202401020001	王百川
202401020002	侯晓飞
202401020003	雷小磊

```
SELECT 学号，姓名
FROM学生
WHERE 所在系="数学系"and 性别="女"
```

学号	姓名
202401010002	李萍
202401010004	章小天
202401010005	柳眉

图 3-14　单表查询操作示意图

3. 4. 5　数据库的应用场景

数据库的应用非常广泛，以下是一些具有代表性的典型应用领域。

1. 企业

①销售：用于管理客户、产品和购买信息。

②会计：用于管理收付款、票据、账户余额、资产和其他会计信息。

③人力资源：用于管理雇员、工资、所得税和津贴补助等信息，以及产生工资单。

④生产制造：用于管理供应链，跟踪工厂中产品的生产情况、仓库和卖场中产品的详

细清单以及订单。

⑤联机零售：用于管理销售数据，以及实时的订单跟踪，推荐商品清单的生成，还有实时的产品评估与维护。

2. 银行和金融

①银行业：用于管理客户信息、账户信息、存贷款信息，以及银行的交易流水记录。

②信用卡交易：用于记录信用卡消费的情况、产生每月清单。

③金融业：用于管理股票、债券等金融票据的持有、出售和买入信息；也可用于管理实时的市场数据，以便客户能够进行联机交易，公司能够进行自动交易等。

3. 大学教务管理

数据库用于管理学生信息、课表、选课和成绩。

4. 航空业信息管理

数据库用于管理订票退票和航班信息。

5. 电信业信息管理

数据库用于管理通话记录，产生每月账单，维护预付费电话卡的余额，存储通信基站网络的信息。

3. 4. 6　数据库应用的新格局

数据库的应用非常广泛，不管是家庭、公司或大型企业，还是政府部门，都需要使用数据库来存储数据信息。在传统的数据库应用中，存储在数据库中的数据类型相对简单，这可以从 SQL 的早期版本只支持非常有限的数据类型上反映出来。但是，随着技术的发展，在数据库中处理诸如图像数据、时空数据和多媒体数据等复杂数据类型的需求在不断增长，数据库也产生了一些新的应用领域。

1. 多媒体数据库

多媒体数据库是数据库技术与多媒体技术结合的产物。多媒体数据库与传统数据库数据不同，具有以下特点：

①数据量巨大且媒体之间量的差异十分明显，使得数据在库中的组织方法和存储方法复杂。

②媒体种类的繁多使得数据处理变得非常复杂。在具体实现时，常常根据系统定义、标准转换而演变成几十种媒体形式。

③多媒体不仅改变了数据库的接口，使其声、图、文并茂，而且也改变了数据库的操纵形式，其中最重要的是查询机制和查询方法。媒体的复合、分散、时序性质及其形象化的特点，使得查询不再只是通过字符查询，查询的结果也不仅是一张表，而是多媒体的一组“表现”。接口的多媒体化将对查询提出更复杂、更友好的设计要求。

多媒体技术的发展改变了计算机的使用领域，使计算机由办公室、实验室中的专用品变成了信息社会的普通工具，广泛应用于工业生产管理、学校教育、公共信息咨询、商业广告、军事指挥与训练，以及家庭生活与娱乐等领域。而多媒体数据库不是对现有的数据进行界面上的包装，而是从多媒体数据本身的特性出发，考虑将其引入到数据库之后带来的有关问题。

多媒体中的文本、图形图像、音频视频等是非结构化的数据，具有数据量大、处理复杂等特点。需要压缩/解压缩等编解码手段来存储和展现相关的媒体数据，需要多种媒体间的关联与同步处理，有时要求对结构化和非结构化数据能够统一管理。例如以结构化数据库来刻画素材的结构化特性，而将图形图像音频视频本身以非结构化形式读取、解析和展现。

多媒体数据库从本质上来说，要解决三个难题。第一是信息媒体的多样化，不仅仅是数值数据和字符数据，要扩大到多媒体数据的存储、组织、使用和管理；第二要解决多媒体数据的集成或表现集成，实现多媒体数据之间的交叉调用和融合，集成粒度越细，多媒体一体化表现才越强，应用的价值也才越大；第三是多媒体数据与人之间的交互性，传统信息交流只能单向、被动地传播信息，而多媒体技术则可以实现人对信息的主动选择和控制。

多媒体数据库包括图像数据库和音乐数据库。典型的例子就是一些视频网站、音乐图像网站所建立和使用的数据库，它们通过聚集大量的音频视频等来为用户提供专业化的服务。

2. 地理数据库

地理数据库（geographical database，GDB）是应用数据库技术对地理数据进行科学组织和管理的软硬件系统，其以数字地图、全球定位系统、空间物体的位置/形状/大小/分布/拓扑关系等特征描述为基础，是地理信息系统（GIS）的核心部分。基础库的形成以数字信息服务为基本目标，运用各种数据测算手段，对基础地理信息进行编辑存储和科学地分析，为各级部门提供信息基础服务，构建网络数据体系，实现数据资源的共享。

与传统的数据库相比，地理数据库有以下一些特点：地理数据模型是一种采用矢量数据结构和栅格数据结构相结合、以空间位置坐标为基础的模型，将不同比例尺、不同类别的信息分层次标注在数字地图上，可以支持地理数据的直观显示和实时化处理。广义的地理数据库还包括地理数学模型库、知识库（智能数据库）和专家系统。地理数据库属于空间数据库，表示地理实体及其特征的数据具有确定的空间坐标，为地理数据提供标准格式、存储方法和有效的管理，能方便、迅速地进行检索、更新和分析，使所组织的数据达到冗余度最小的要求，为多种应用目的服务。

地理数据包括观测数据、分析测定数据、遥感数据和统计调查数据。按内容分为自然条件和社会经济两类。图形数据经过数字化后，在计算机内将各要素数据按一定的数据结构建立地理数据库，包括两种基本数据类型：

①描述地理实体属性的数据，如土地利用类型、河流名称、道路宽度和质量等。

②描述地理实体空间分布的数据，如实体位置（x、y 坐标集合）、实体间相邻关系等。这两类数据的管理方式不同。

对地理属性数据可采用通用数据库管理系统进行管理，而对地理空间数据则需采用专门的空间数据管理系统进行管理，并在两者之间建立有效的连接。地理数据库是地理信息系统中最主要的数据基础，应用于地理过程、地理环境分析评价与制图。

3. Web 数据库

Web 数据库又称为 Internet 数据库，指在互联网中以 Web 查询接口方式访问的数据库资源，是一种开放的以网页为管理对象的数据库。由静态网页技术的 HTML 到动态网页技术的 CGI、ASP、PHP、JSP 等，Web 技术经历了一个重要的变革过程。Web 数据库就是将数据库技术与 Web 技术融合在一起，使数据库系统成为 Web 的重要有机组成部分，从而实现数据库与网络技术的无缝结合。这一结合不仅把 Web 与数据库的所有优势集合在了一起，而且充分利用了大量已有数据库的信息资源。网页这种超媒体，包括了文本/媒体以及链接两个部分的内容，其重要特性是数据的多维化动态化组织，一个网页可以很方便地链接到另外的网页。

Web 数据库有一些与传统数据库不一样的特点，例如大量异构数据的统一化管理、遍布在互联网上的分散化网页的搜索、结构化和非结构化数据混合网页的信息提取、支持大规模用户并发的数据库检索等。Web 数据库由数据库服务器（database server）、中间件（middleware）、Web 服务器（Web server）、浏览器（browser）四个部分组成。它的工作过程可简单地描述成：用户通过浏览器端的操作界面以交互方式通过 Web 服务器来访问数据库。用户向数据库提交的信息以及数据库返回给用户的信息都是以网页的形式显示。

4. 其他数据库

①工程数据库：一种能存储和管理各种工程设计图档（如零件图、装配图等）和工程设计文档（如设计说明书、工艺制造文件），并能为工程设计和工程制造提供诸如过程仿真、性能仿真等各种服务的数据库。与传统的数据库管理系统相比，工程数据库管理系统有如下特点：支持复杂对象的表示和处理，尤其是图形数据对象（二维三维零件图等）；支持产品全生命周期数据的管理和集成，包括设计阶段、制造阶段、测试阶段和使用阶段的数据；能够与各种计算机辅助设计软件（computer aided design，CAD）、计算机辅助制造软件（computer aided manufacturing，CAM）等进行有效集成，进而能基于工程数据库完成运行制造等过程仿真和各种性能仿真工作。

②文献数据库：其聚集的是各种出版物如科技期刊、会议论文等，可以为广大研究者提供信息检索服务，例如检索某作者所发表的论文以及该论文的引用情况，检索某一主题的或某关键词的相关文献及其来源等。该类数据库与传统数据库的主要区别在于它包括了非结构化数据——文档的管理和检索。

③移动数据库：该类数据库是在移动计算机系统上发展起来的，如笔记本计算机、掌上计算机、智能手机等。该数据库最大的特点是通过无线数字通信网络传输的。移动数据库可以随时随地获取和访问数据，为一些商务应用和紧急情况带来了很大的便利。

拓展阅读 >>>>>>

让计算机不卡顿的实用技巧

1. 内存清理——给计算机的“工作台”腾空间

我们可以将计算机内存比喻成日常使用的办公桌，当办公桌面上堆满了各种文件和资料（即运行的程序）时，想要从中找到某个特定的文件或物品，自然会变得缓慢且效率低下。同理，当计算机内存被大量程序占据时，系统的响应速度也会随之下降。因此，定期清理计算机内存就如同整理和清理办公桌面，能够有效提升工作效率和系统运行速度。以下是具体的操作方法，以 Windows 操作系统为例进行说明。

一键召唤“清洁工”，快速启动内存清理过程。具体步骤如下：首先，按下键盘组合键【Ctrl + Shift + Esc】，这将打开 Windows 系统的任务管理器窗口。在任务管理器中，可看到当前系统运行的所有程序和进程。单击界面中的“内存”列标题，使程序按照内存占用情况进行排序。这样，占用内存较多的程序会自动排列在列表的前面。仔细查找并定位那些占用内存超过 30% 的程序，这些通常是内存“大户”，比如常见的浏览器、微信等应用。最后，右击这些占用大量内存的程序，在弹出的快菜单中选择“结束任务”，从而关闭这些程序，释放被占用的内存资源。需要注意的是，在进行这一步骤时，务必小心谨慎，千万不要随意关闭那些名称中带有“System”或“Windows”字样的系统进程，因为这些进程是维持系统正常运行的关键，误操作可能会导致系统不稳定甚至崩溃。

除了手动清理内存，Windows 系统还自带了一款强大的“大扫除”工具——磁盘清理工具。使用该工具可以进一步清理系统中的冗余文件，释放更多的存储空间。具体操作步骤如下：首先，在系统的搜索框中输入“磁盘清理”，并打开相应的程序；然后，在弹出的磁盘清理窗口中，勾选“临时文件”和“回收站”等选项，这些通常是占用空间较大的冗余文件；最后，单击“清理系统文件”按钮，系统会自动扫描并删除选中的冗余文件，从而完成磁盘清理工作。

通过以上两种方法的结合使用，可以有效提升计算机的运行速度和整体性能，确保系统始终保持高效、稳定的状态。

2. 开机加速——关掉偷偷“吃”资源的“寄生虫”

开启计算机后，若发现系统需要长达两分钟的“深思熟虑”时间才能进入可用状态，这种现象绝大多数情况下是由于过多的自启动软件在后台默默加载，消耗了大量的系统资源，从而显著延长了计算机的启动时间。

为了彻底解决这一问题，可以按照以下步骤操作：首先，右击屏幕底部的任务栏，在弹出的快捷菜单中选择“任务管理器”选项。在“任务管理器”窗口中，切换到“启动”标签页，这里列出了所有随系统启动而自动运行的程序。接下来，需要仔细审查列出的程序，并禁用那些不必要的“耗电大户”，具体包括：

①微信/QQ：这两款常用的通信软件实际上并不需要在开机时立即启动，因为即使禁用了它们的自启动功能，仍然可以通过双击桌面图标来快速启动它们，丝毫不影响使用体验。

②Adobe 创意云：这款软件主要是为设计师等专业人士设计的，对于普通用户而言，其在开机时的自动启动不仅毫无必要，反而会占用宝贵的系统资源。

③360 安全卫士：尽管它提供了安全防护功能，但完全可以在需要时手动运行，而不必每次开机都自动加载。

在禁用自启动程序的过程中，请务必遵循一条黄金法则：仅保留与“Windows Defender”（系统自带的安全防护软件）和“显卡驱动”（确保图形显示正常的关键组件）相关的项目。这样做不仅可以显著提升计算机的启动速度，还能确保系统的稳定性和安全性。

3. 文件瘦身——揪出霸占 C 盘的“隐形胖子”

微信缓存文件通常隐藏在计算机系统中的特定路径下，具体位置为：C:\Users\用户名

\Documents\WeChat Files。这里存储了微信在使用过程中产生的各种缓存数据，如图片、视频、语音等。删除这些缓存文件并不会对微信聊天记录产生实质性的影响，也就是说，历史聊天记录不会因为删除这些缓存而丢失。但需要注意的是，删除后可能需要重新加载之前的媒体文件。

Windows 旧版本，选择设置→系统→存储→临时文件，选择“更新清理”。在这里，Windows 系统会保留一些旧版本的系统文件，以备不时之需。删除这些旧版本文件是没有任何风险的，因为它们主要是用于系统回退的，如果确定当前系统运行稳定，不再需要回退到旧版本，那么这些文件就可以放心删除。

缩略图缓存文件（系统为快速显示图片、视频等文件缩略图而创建的缓存）的藏身之处较为隐蔽，位于 C:\Users\账号\APPData\Local\Microsoft\Windows\Explorer。删除这些缩略图缓存文件同样没有任何风险，系统会在需要时自动重新生成这些缓存，不会对文件造成任何影响。

Steam 游戏废料文件通常位于 Steam 安装目录下的特定文件夹中，具体路径为“X:\Steam\steamAPPs\downloading”，其中 X 代表 Steam 安装盘符。这里存储了正在下载或未完成下载的游戏文件。在删除这些文件之前，请务必检查是否有正在下载的游戏，以免误删导致下载进度丢失。确认无误后，这些废料文件可以放心删除，以释放宝贵的硬盘空间。

思考与练习

1. 以下操作系统中，属于开源操作系统的是（　　）。

   A. Windows 11　　B. macOS　　C. Linux　　D. iOS

2. 操作系统的主要功能是（　　）。

   A. 实现软、硬件转换　　B. 管理系统所有的软、硬件资源

   C. 把源程序转换为目标程序　　D. 进行数据处理

3. 以下关于 Windows 操作系统的文件系统说法正确的是（　　）。

   A. FAT32 文件系统支持的单个文件最大为 2 GB

   B. NTFS 文件系统不支持文件加密

   C. exFAT 文件系统主要用于 Linux 系统

   D. FAT16 文件系统比 FAT32 文件系统更节省磁盘空间

4. 操作系统中，负责处理用户输入输出请求的是（　　）。

   A. 进程管理模块　　B. 存储管理模块

   C. 设备管理模块　　D. 文件管理模块

5. 当一个应用程序窗口被最小化后，该应用程序将（　　）。

   A. 被终止执行　　B. 继续在前台执行

   C. 被暂停执行　　D. 被转入后台执行

6. 以下不属于操作系统提供的用户接口的是（　　）。

   A. 命令行接口　　B. 图形用户接口　　C. 系统调用接口　　D. 网络接口

7. 以下数据库管理系统中，属于关系型数据库的是（　　）。

A. MongoDB　　B. Redis　　C. MySQL　　D. Cassandra

8. 数据库系统的核心是（　　）。

A. 数据库　　B. 数据库管理系统　　C. 数据模型　　D. 数据库管理员

9. 在 SQL 语言中，用于查询数据的语句是（　　）。

A. INSERT　　B. UPDATE　　C. DELETE　　D. SELECT

10. 数据库管理系统中，用于实现数据完整性约束的是（　　）。

A. 数据定义语言（DDL）　　B. 数据操纵语言（DML）

C. 数据控制语言（DCL）　　D. 事务处理语言（TPL）

第4章 上网无忧，安全冲浪

【本章导读】

计算机网络，尤其是互联网和移动互联网的持续发展与广泛应用，为人工智能的进步和推广提供了坚实基础。首先，网络应用极大地方便了数据的采集，为人工智能模型的训练提供了海量的数据支撑；其次，它为人工智能开辟了更多的应用领域，众多智能系统的有效运行均离不开高效且安全稳定的网络环境，例如智慧交通、智慧医疗、智慧教育等领域。

【学习目标】

1. 掌握计算机网络的分类、拓扑结构及OSI、TCP/IP模型的分层思想。
2. 理解IP地址及DNS的作用。
3. 了解常见的网络威胁及防护技术。

4.1 计算机网络概述

随着计算机技术的广泛应用，用户间数据交换及软件复制的需求应运而生。早期，软盘作为移动存储介质，虽用于数据和软件的复制，但其操作并不便捷。鉴于此，人们迫切希望建立计算机间的连接，通过通信线路实现数据传输，以提高效率。在这一需求的推动下，科研人员和工程师致力于计算机网络技术的探索与开发，不仅实现了数据传输和软件复制的目标，还促进了网络应用的多样化发展，极大地丰富了人们在工作、学习和日常生活中的在线活动。

4.1.1 计算机网络的概念

计算机网络是计算机技术与通信技术相结合的产物。计算机网络是指将分布在不同地理位置的、具有独立功能的多台计算机及其外围设备（存储设备、打印设备等），通过通信线路和通信设备连接起来，在网络操作系统、网络管理软件及网络通信协议的管理和协调下，实现资源共享和数据传输的计算机系统。简单来说，计算机网络是计算机的互联集合。

从概念上说，计算机网络由通信子网和资源子网两部分构成。资源子网由互联的主机

（计算机）或提供共享资源的设备（存储设备、打印设备等）组成，提供可共享的硬件、软件和数据资源。通信子网由通信线路（双绞线、光缆等）和通信设备（交换机、路由器等）组成，负责计算机间的数据传输。计算机网络的主要功能包括资源共享、数据通信和协同工作。

1. 资源共享

这里所说的资源包括硬件资源、软件资源和数据资源。资源共享是指同一资源可供多个用户使用。

共享硬件资源可以节约成本。例如，为办公室的每位职员配备一台彩色激光打印机是浪费，购买一台彩色激光打印机并且通过网络与各职员的计算机相连，每个人都可以方便地使用这台共享打印机，既满足了工作需要，又节省了开支。可共享的硬件设备还可以是网络中的高性能计算机、大容量存储设备、扫描仪和绘图仪等。

共享软件资源既节约成本，又方便维护管理。例如，对于机器翻译，在服务器上安装运行翻译软件，用户在客户端提交翻译请求，获得服务器反馈的翻译结果。软件的升级、维护也比较方便。

共享数据资源能够给用户带来很大的方便。例如，学校的教务数据服务器上存放有学生的考试成绩，任课教师、教学管理人员和全体学生都可以通过网络按权限访问。任课教师可以在规定的时间内录入所主讲课程的成绩，提交之后可以查询，但不能修改；教学管理人员可以查询全校或某学院学生的考试成绩，但无权修改；学生只能查看自己的成绩，但无权修改。

2. 数据通信

计算机网络可以为上网用户提供强有力的通信功能，接收和发送电子邮件、网上聊天、即时传送文件和视频会议等都是计算机网络通信功能的具体体现。

3. 协同工作

在现实生活中，多人的协同工作是非常普遍的事情。多位程序员合作开发一个软件，多位医生共同为一位病人诊断病情、实施手术治疗，这些协同工作以前要求相关人员要集中在一起。通过计算机网络及相应软件（平台）的支持，可以实现分处异地的相关人员协同工作，即实现网上协同，这样可以节省时间和费用。现有的计算机远程医疗系统（包括远程手术）、面向对象软件开发环境能够较好地支持协同工作。当然，计算机协同工作对计算机网络的速度要求较高。

包括互联网、移动互联网、物联网在内的计算机网络已经广泛应用到工业、农业、交通运输、文化教育、商业、国防以及科学研究等领域，并日益深入到人们生活的各个方面。

4.1.2 计算机网络的发展历程

计算机网络起源于20世纪60年代，其发展过程可分为以下三个阶段：

1. 计算机网络的初期发展阶段（20世纪60~70年代中期）

从20世纪60年代中期开始，出现了多个主机互联的系统，可以实现计算机与计算机之间的通信。这一阶段的典型代表是1969年美国国防部高级研究计划署（ARPA）资助建成的ARPAnet实验网（阿帕网）。该网络最初只有4个节点，分别是加利福尼亚大学洛杉矶分校、加利福尼亚大学圣芭芭拉分校、斯坦福研究院和位于盐湖城的犹他大学，以电话线为主干传输线路。此后规模不断扩大，到 70 年代后期，网络节点超过 60 个，主机 100 多台，连通了美国东部和西部的许多大学和研究机构，而且通过通信卫星与夏威夷和欧洲地区的计算机网络相互连通。现在广泛应用的因特网（Internet，也称互联网）是以 ARPAnet 发展为技术起点，通过融合 NSFnet 等网络体系，并采用 TCP/IP 协议逐步发展演化而成的。

2. 计算机网络的标准化阶段（20 世纪 70~80 年代末）

随着计算机网络技术的不断演进，网络应用越来越广泛，网络规模不断扩大，网络通信变得日益复杂。IBM、DEC、UNIVAC 等计算机公司纷纷制定了自己的网络技术标准，但这些网络技术标准互不兼容，不同厂家生产的计算机和网络产品很难实现互联，这种情况不利于计算机网络的继续发展和用户的使用。

1977 年，国际标准化组织（ISO）为适应网络标准化的要求，着手制定统一的网络标准。1984 年，ISO 公布了关于开放系统互联参考模型（OSI）的正式文件。OSI 对推动计算机网络理论和技术的发展，对统一网络体系结构和协议标准起到了积极的作用，促进了计算机网络的发展和应用。

3. 计算机网络的快速发展阶段（20 世纪 80 年代末至今）

从 20 世纪 80 年代末开始，以光纤通信技术、综合业务数字网（ISDN）、宽带综合业务数字网（B-ISDN）的出现和发展为标志，网络技术进入新的快速发展阶段。

1986 年，美国国家科学基金会（NSF）利用 ARPAnet 中使用的 TCP/IP，将分布在美国各地的五个为科研教育服务的超级计算机中心互联，形成了 NSFnet。NSFnet 由三个层次组成：主干网、各个区域网和众多的校园网，很多大学和研究机构纷纷把自己的局域网接入 NSFnet，NSFnet 逐步取代 ARPAnet 成为因特网的主干网。与此同时，很多国家相继建立了自己的主干网，并接入因特网，成为因特网的组成部分。

随着因特网规模的不断扩大、应用服务的不断发展以及全球化需求的不断增长，商业公司开始介入因特网领域，并使因特网走向商业化。商业化促进了因特网自 20 世纪 90 年代以来的更快发展和更广泛的应用普及。

随着应用的拓展和深化，传统的因特网也暴露出一些问题和不足，如网络安全、IP 地址数、可扩展性、移动性、服务质量（QoS）、动态路由、智能管理、绿色节能等。为应对这些问题，全球主要经济体自 21 世纪初开始系统性推进未来网络架构研究，核心举措如下：

①美国：国家科学基金会（NSF）于 2010 年启动“未来互联网架构”（future internet architecture，FIA）计划，重点资助内容中心网络（CCN）、移动优先架构、安全可信机制及分布式数据中心互联等方向。2020 年，该计划升级为 FIA-Next，新增量子网络、AI 驱动的网络自治及边缘计算集成等研究方向。

②欧盟：2007 年通过第七框架计划（FP7）设立未来网络专项，重点突破软件定义网络（SDN）和网络功能虚拟化（NFV）技术。后续由“Horizon 2020”（2014—2020）计划接续，投入 62 亿欧元支持 ICT 基础设施创新，涵盖低延迟 5G/6G 核心网、物联网安全框架及智能内容分发。2021 年启动的“Horizon Europe”（2021—2027）进一步将研究扩展至量子通信、卫星互联网融合及碳中和网络架构。

③日本：国立通信技术研究院（NICT）于2006年主导“新一代网络（NWGN）”计划，聚焦光-无线融合传输、后IP架构及内生安全设计。2023年，NICT发布“IOWN Initiative”（innovative optical and wireless network），联合产业界开发全光子网络、认知网络及6G端到端架构，目标实现百倍能效提升与微秒级延迟。

④中国：国家自然科学基金委于2011年设立“未来网络体系架构创新研究”重点专项，推动标识分离、可编程数据平面等方向。2021年，科技部“十四五”重点研发计划专项支持新型网络寻址、星地一体化网络及确定性传输技术，华为、CERNET2等机构主导的“未来网络试验设施（CENI）”已建成覆盖40座城市的开放试验平台。

国际协同与标准化进展情况如下：

①ITU-T、IETF及IEEE于2020年联合成立“网络2030焦点组”，定义包括全息通信、触觉互联网在内的新型业务需求。

②2024年，3GPP R19版本首次纳入AI原生网络架构标准，推动驱动网络进入商用部署阶段。

当前全球研究呈现“架构重构”与“渐进演进”双轨并行态势，核心目标是通过可验证实验平台（如美国FABRIC、欧盟Fed4FIRE+）加速创新架构向产业转化，以支撑元宇宙、工业互联网等新兴应用对高可靠、低延迟与泛在连接的刚性需求。

4.1.3 我国计算机网络的发展

1987年9月14日，在北京计算机应用技术研究所发出了中国第一封电子邮件“Across the Great Wall we can reach every corner in the world.”（越过长城，走向世界），揭开了中国人使用互联网的序幕。

1994年4月20日，中国国家计算机与网络设施（national computing and networking facility of China，NCFC）工程连入因特网的64 kbit/s国际专线开通，实现了与因特网的全功能连接，从此中国被国际上正式确认为真正拥有全功能因特网的国家。当时的NCFC工程包括中国科学院网、清华大学校园网和北京大学校园网等。

1985年我国的首台微型计算机长城0520CH进入市场。随着价格低、使用方便的微型计算机的出现，逐渐有更多的单位购置了计算机，先是单机使用，之后又组建了局域网。1994年之后陆续有单位和个人用户接入因特网。

我国用户可以通过中国电信网（CHINANET）、中国移动网（CMNET）、中国联通网（UNINET）、中国教育和科研计算机网（CERNET）、中国科学技术网（CSTNET）等因特网服务提供商（internet service provider，ISP）接入因特网。个人用户选择一个服务商即可，单位用户可以选择一个服务商，也可以选择几个服务商共同提供网络接入服务。

截至2024年12月，我国网民规模达11.08亿人，互联网普及率达78.6%。

我国也积极开展下一代互联网的研究，2003年启动了中国下一代互联网（China next generation internet，CNGI）示范工程。从2007年开始，启动了“新一代互联网体系结构与协议基础研究”“未来互联网寻址机制与节点模型”“面向服务的软件定义网络体系结构与关键技术研究”等项目的研究。2018年科技部启动了宽带通信与新型网络专项、天地一体化信息网络重大工程等研究，期望在网络体系架构方面取得进展和突破。

为应对传统互联网在可扩展性、服务质量及安全性等方面的核心挑战，我国自“十二五”起系统布局未来网络体系架构研究。2013 年，未来网络试验设施（CENI）被国务院正式列入国家重大科技基础设施建设项目，成为我国通信与信息领域首个大科学装置。该设施由紫金山实验室主导建设，采用“顶层设计-试验验证-产业转化”三级推进路径，旨在构建支撑国家数字化战略的基础网络平台。

1. 试验设施架构与核心能力

截至 2024 年 8 月，CENI 已建成覆盖全国 40 个核心城市节点和 133 个边缘节点的广域试验网，形成四大能力体系，如下：

①动态可编程能力：支持“分钟级”网络拓扑按需定制，实现 IP/非 IP 异构协议栈的灵活部署。

②确定性传输能力：通过光电融合广域确定性网络技术，达成“微秒级”端到端时延保障，传输成本降低 50%。

③超大规模互联能力：具备“千万级”多云交换服务能力，支撑跨域计算资源协同调度。

④智能安全防护能力：基于“TB 级”数据驱动架构，实现动态威胁感知与毫秒级响应。

2. 面向国家战略的试验验证

截至 2024 年 8 月，CENI 已联合 110 余家机构开展 130 余项前沿试验，重点验证：

①“东数西算”工程协同：在算力调度场景中实现跨 3 000 km 距离的时延抖动控制（$<10\ \mu s$）。

②6G 与空天地一体化网络：完成星地融合网络的毫秒级路由重构试验，满足大于 1 Tbit/s 的超高通量带宽需求。

③工业互联网确定性传输：为高端制造场景提供 99. 9999% 可靠性的微秒级控制指令传输。

3. 前沿技术突破与标准贡献

2024 年，第八届未来网络发展大会上发布的创新成果包括：

①载具时敏网络控制系统：首次在移动环境中实现毫秒级端到端时敏通信，为自动驾驶提供核心支撑。

②6G 无线网络智能管控技术：通过 AI 驱动的无线资源调度，达成百万连接/平方千米下的 5 ms 级延迟保障。

③可扩展寻址架构：基于标识分离技术构建新型寻址系统，实验验证支撑超 1 000 亿连接的寻址能力（较 IPv6 扩展三个数量级）。

作为经济社会平稳运行、高质量发展的关键基础设施，计算机网络的应用会继续向深度和广度快速推进，同时应用场景也会对计算机网络性能不断提出新需求，未来网络研究会一直持续进行，其主要发展趋势包括新型网络体系结构、确定性网络控制与服务、去中心化网络应用、空天地海一体化泛在互联、智能化网络与通信等。

4. 1. 4　计算机网络的分类

根据采用的通信介质、通信距离、拓扑结构等方面的不同，我们通常可以将计算机网络按不同的分类依据分为不同的类型。

1. 按传输技术进行分类

常见的通信介质可以分为两大类：有线介质和无线介质。有线介质一般有粗缆、细缆、双绞线、电话线和光纤等；无线介质有红外线、微波、激光等。相对应地，计算机网络也可以分为有线网络和无线网络。有线网络可分为双绞线网或光纤网等，而微波网则属于无线网络。

无线局域网（wireless LAN，WLAN）指的是采用无线传输媒介的计算机网络，结合了计算机网络技术和无线通信技术。无线局域网是有线局域网的延伸，使用无线技术来发送和接收数据，减少了用户的连线需求。

与有线局域网相比较，无线局域网具有开发运营成本低、时间短，投资回报快，易扩展，受自然环境、地形及灾害影响小，组网灵活快捷等优点。可实现“任何人在任何时间，任何地点以任何方式与任何人通信”，弥补了传统有线局域网的不足。随着IEEE802.11ax标准的制定和推行，无线局域网的产品将更加丰富，不同产品的兼容性将得到加强。

2. 按网络的地理位置进行分类

按网络的地理位置，网络可分为广域网、城域网和局域网。

①广域网（wide area network，WAN）：其作用范围通常为几十到几千千米以上，可以跨越辽阔的地理区域进行长距离的信息传输，所包含的地理范围通常是一个国家或洲。在广域网内，用于通信的传输装置和介质一般由电信部门提供，网络则由多个部门或国家联合组建，网络规模大，能实现较大范围的资源共享。

②局域网（local area network，LAN）是一个单位或部门组建的小型网络，一般局限在一座建筑物或园区内，其作用范围通常为10 m至几千米。局域网规模小、速度快，应用非常广泛。

③城域网（metropolitan area network，MAN）的作用范围介于广域网和局域网之间，是一个城市或地区组建的网络，作用范围一般为几十千米。

需要指出的是，广域网、城域网和局域网的划分只是一个相对的分界。而且随着计算机网络技术的发展，三者的界限已经变得模糊了。

3. 按网络中的计算机和设备在网络中的地位进行分类

按网络中的计算机和设备在网络中的地位，网络可分为对等网和非对等网。在计算机网络中，倘若每台计算机的地位平等，都可以平等地使用其他计算机内部的资源，每台机器磁盘上可供共享的空间和文件都成为公共财产，这种网就称为对等局域网（peer to peer LAN），简称对等网。对等网中计算机资源的共享方式会导致计算机的速度比平时慢，但对等网非常适合于小型的、任务轻的局域网，例如在普通办公室、家庭或学生宿舍内常建对等网。对等网一般采用总线和星状的网络拓扑结构。

如果网络所连接的计算机较多且共享资源较多时，就需要考虑专门设立一个计算机来存储和管理需要共享的资源，这台计算机被称为服务器，其他的计算机称为工作站，工作站里硬盘的资源就不必与他人共享。如果想与某人共享一份文件，就必须先把文件从工作站复制到文件服务器上，或者一开始就把文件安装在服务器上，这样其他工作站上的用户才能访问到这份文件。这种网络就是非对等网络，称为客户机/服务器（client/server）网络。

4.1.5　网络基本结构

计算机网络主要完成网络通信和资源共享两种功能。从而可将计算机网络看成一个两级的子网结构，即内层的通信子网和外层的资源子网，如图 4-1 所示。其中的设备均可称为节点：A~E 称为中间节点，与通信介质构成通信子网；H 称为主机，由主机或终端构成资源子网。两级计算机子网是现代计算机网络结构的主要形式。

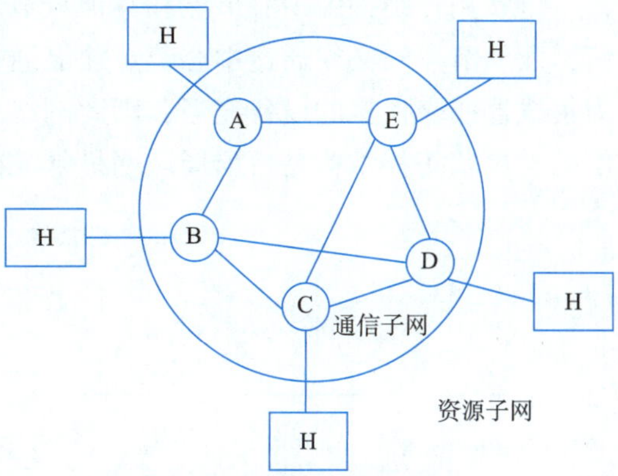

图 4-1　计算机网络的两级子网

通信子网主要负责全网的数据通信，为网络用户提供数据传输、转接、加工和转换等通信处理工作。即将一个主计算机的信息传送给另一个主计算机。它主要包括通信线路（即传输介质）、网络连接设备（如网络接口设备、通信控制处理机、网桥、路由器、交换机、网关、调制解调器和卫星地面接收站等）、网络通信协议和通信控制软件等。资源子网主要负责全网的信息处理，为网络用户提供网络服务和资源共享功能等。它主要包括网络中所有的主计算机、I/O 设备和终端，以及各种网络协议、网络软件和数据库等。

4.1.6　网络拓扑结构

计算机网络的拓扑结构是引用拓扑学中的研究与大小、形状无关的点、线特性的方法，把网络单元定义为节点，两节点间的线路定义为链路，则网络节点和链路的几何位置就是网络的拓扑结构。网络的拓扑结构主要有总线、环状、星状和网状结构。

1. 总线拓扑结构

总线拓扑结构是一种比较简单的计算机网络结构，它采用一条称为公共总线的传输介质，将各计算机直接与总线连接，信息沿总线介质逐个节点广播传送，如图 4-2 所示。

总线型拓扑结构简单，增删节点容易。网络中任何节点的故障都不会造成全网的瘫痪，可靠性高。但是任何两个节点之间传送数据都要经过总线，总线成为整个网络的瓶颈。当节点数目多时，易发生信息拥塞。

总线拓扑结构投资较小，安装布线容易，可靠性较高，在传统的局域网中是一种常见的结构。

2. 环状拓扑结构

环状拓扑结构将计算机连成一个环（见图 4-3）。在环状拓扑结构中，每台计算机按位置不同有一个顺序编号，信号按计算机编号顺序以“接力”方式传输。在环状拓扑结构中每一台设备只能和相邻节点直接通信。与其他节点通信时，信息必须依次经过二者间的每一个节点。

环状拓扑结构传输路径固定，无路径选择问题，故实现简单。但任何节点的故障都会导致全网瘫痪，可靠性较差，且网络的管理比较复杂，投资费用较高。当环状拓扑结构需要调整时，如节点的增、删、改，一般需要将整个网络重新配置，所以扩展性、灵活性差，维护困难。

3. 星状拓扑结构

星状拓扑结构由中心节点和其他从节点组成（见图 4-4），中心节点可直接与从节点通信，而从节点间必须通过中心节点才能通信。在星状拓扑结构中，中心节点通常由一种称为集线器或交换机的设备充当，因此网络上的计算机之间是通过集线器或交换机来相互通信的、星状拓扑结构是目前局域网最常见的方式。

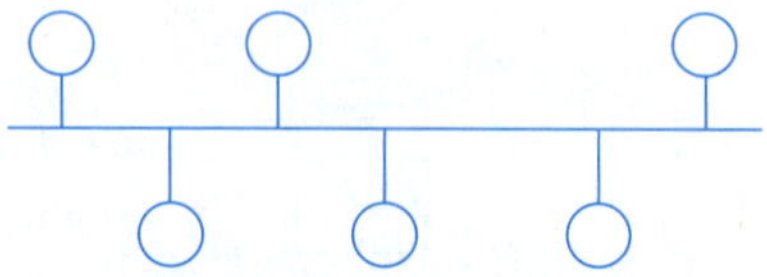

图 4-2　总线拓扑结构

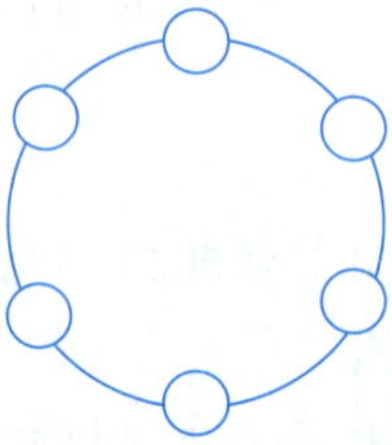

图 4-3　环状拓扑结构

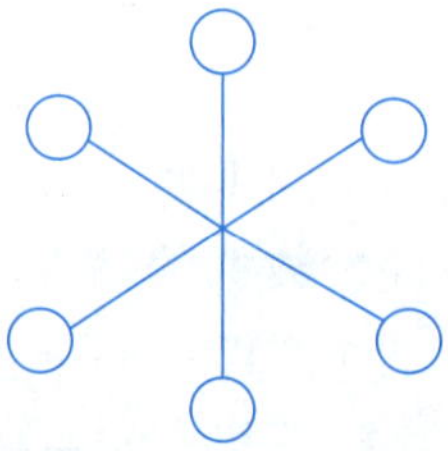

图 4-4　星状拓扑结构

星状拓扑结构简单，建网容易，传输速率高。每个节点独占一条传输线路，消除了数据传送堵塞现象。一台计算机及其接口的故障不会影响到网络，扩展性好，配置灵活，增删改一个站点容易实现，网络易管理和维护。网络可靠性依赖于中心节点，中心节点一旦出现故障，将导致全网瘫痪。

4. 网状拓扑结构

网状拓扑结构分为一般网状拓扑结构和全连接网状拓扑结构两种。全连接网状拓扑结构中的每个节点都与其他所有节点有链路相连通。一般网状拓扑结构中每个节点至少与其他两个节点直接相连。如图 4-5（a）为一般网状拓扑结构，（b）为全连接网状拓扑结构。

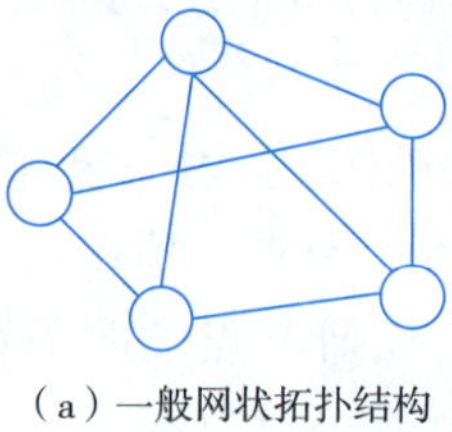

（a）一般网状拓扑结构

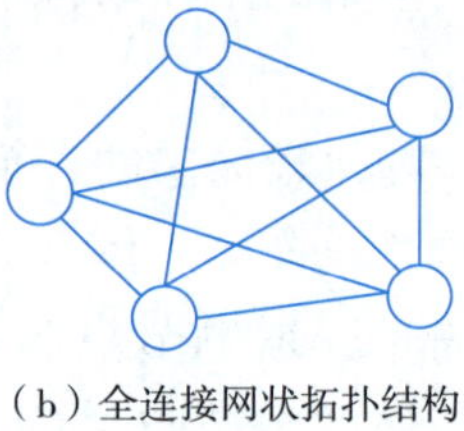

（b）全连接网状拓扑结构

图 4-5　网状拓扑结构

网状拓扑结构的容错能力强，如果网络中一个节点或一段链路发生故障，信息可通过其他节点和链路到达目的节点，故可靠性高。但其建网费用高，布线困难。

在实际应用中，上述四种类型的网络经常被综合应用，并形成互联网。

4.1.7　网络协议与体系结构

计算机网络通信是一个非常复杂的过程，将一个复杂过程分解为若干个容易处理的部分，然后逐个分析处理，这种结构化设计方法是工程设计中经常用到的手段。分层就是系统分解的最好方法之一。另一方面，计算机网络系统是一个十分复杂的系统，要使其能协同工作实现信息交换和资源共享，它们之间必须具有共同约定。如何表达信息、交流什么、怎样交流及何时交流，都必须遵循某种互相都能接受的规则。

网络协议与网络体系结构，就是本节要研究的两个主要问题。

1. 网络协议

一个计算机网络有许多互相连接的节点，在这些节点之间要不断地进行数据的交换。要做到有条不紊地交换数据，每个节点就必须遵守一些事先约定好的规则。这些为进行网络中的数据交换而建立的规则、标准或约定即称为网络协议。

网络协议主要由以下三个要素组成：

①语法：即数据与控制信息的结构或格式。例如，在某个协议中，第一个字节表示源地址，第二个字节表示目的地址，其余字节为要发送的数据等。

②语义：定义数据格式中每一个字段的含义。例如，发出何种控制信息、完成何种动作以及做出何种应答等。

③同步：收发双方或多方在收发时间和速度上的严格匹配，即事件实现顺序的详细说明。

国际上制定通信协议和标准的主要组织有以下几个：

①IEEE：电气和电子工程师协会（Institute of Electrical and Electronic Engineers，IEEE）是世界上最大的专业技术团体，由计算机和工程学专业人士组成。IEEE 在通信领域最著名的研究成果是 802 标准。802 标准定义了总线网络和环形网络等的通信协议。

②ISO：国际标准化组织（International Organization for Standardization，ISO）是一个世界性组织，它包括了许多国家的标准团体。ISO 最有意义的工作就是它对开放系统的研究。在开放系统中，任意两台计算机可以进行通信，而不必理会各自有不同的体系结构。具有七层协议结构的开放系统互连模型（OSI）就是一个众所周知的例子。作为一个分层协议的典型，OSI 仍然经常被人们学习研究。

③ITU：国际电信联盟（International Telecommunications Union，ITU）其前身是国际电报电话咨询委员会（Consultative Committee on International Telephone and Telegraph，CCITT）。ITU 是一家联合国机构，共分为三个部门：ITU-R 负责无线电通信，ITU-D 是发展部门，而与本书相关的是 ITU-T，负责电信。ITU 的成员包括各种各样的科研机构、工业组织、电信组织、电话通信方面的权威人士，还有 ISO。ITU 已经制定了许多网络和电话通信方面的标准。

除此以外，还有一些国际组织和著名的公司等在网络通信标准的制定方面起着重要作用，如国际电子技术委员会（International Electrotechnical Commission，IEC）、电子工业协会（Electronic Industries Association，EIA）、国际商用机器公司（International Business Machine，IBM）等。

2. 网络体系结构

网络通信需要完成很复杂的功能，若制定一个完整的规则来描述所有这些问题是很困难的。实践证明，对于非常复杂的计算机网络协议，最好的方法是采用分层式结构。每一层关注和解决通信中的某一方面的规则。

分层时应注意层次的数量和明确每一层的功能，层次划分不合理会带来一些问题。一般来说，层次划分应遵循以下原则：

①结构清晰，易于设计，层数应适中。若层次太少，就会使每一层的协议太复杂，但层数太多又会在描述和实现各层功能的系统工程任务时遇到较多的困难。

②每层的功能应是明确的，并且是相互独立的。当某一层的具体实现方法更新时，只要保持上、下层的接口不变，便不会对相邻层产生影响。

③同一节点相邻层之间通过接口通信，层间接口必须清晰，跨越接口的信息量应尽可能少。

④每一层都使用下层的服务，并为上层提供服务。

⑤网中各节点都有相同的层次，不同节点的同等层按照协议实现对等层之间的通信。

所谓网络的体系结构就是计算机网络的层次划分及其协议的集合。层次结构一般以垂直分层模型来表示。如果两个网络的体系结构不完全相同就称为异构网络。异构网络之间的通信需要进行协议的转换。

3. 开放系统互连（OSI）参考模型

开放系统互连参考模型（OSI）是由国际标准化组织于 1997 年开始研究，1983 年正式批准的网络体系结构参考模型。这是一个标准化开放式计算机网络层次结构模型。在这里，“开放”表示能使任何两个遵守参考模型和有关标准的系统进行互连。

OSI 的体系结构定义了一个七层模型，从下向上依次包括：物理层、数据链路层、网络层、传输层、会话层、表示层和应用层，如图 4-6 所示。

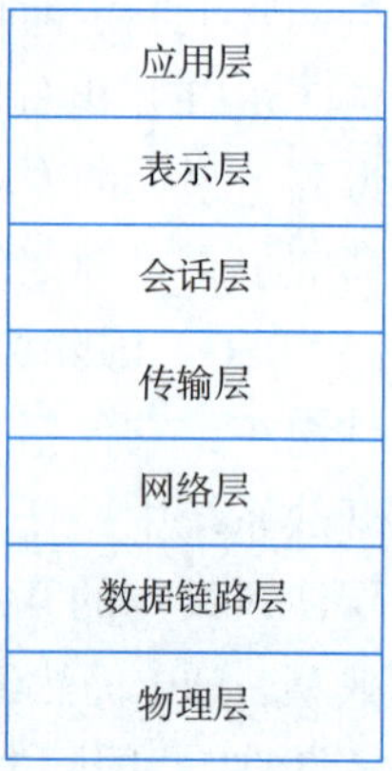

图 4-6　OSI 七层模型

各层的主要功能如下：

①物理层：物理层是七层中的第一层，也即最下一层。物理层直接和传输介质相连，即物理层负责处理所有与实际物理连接相关的事务。具体一点来说，物理层的任务包括实现网内两实体间的物理连接，按位串行传送比特流，将数据信息从一个实体经物理信道送往另一个实体，向数据链路层提供一个透明的比特流传送服务。

②数据链路层：数据链路层是 OSI 七层协议中的第二层。比特流在这一层被组织成数据链路协议数据单元（通常称为帧），并以其为单位进行传输，帧中包含地址、控制、数据及校验码等信息。

数据链路层的主要作用是通过校验、确认和反馈重发等手段，将不可靠的物理链路改造成对网络层来说无差错的数据链路。数据链路层还要协调收发双方的数据传输速率，即进行流量控制，以防止接收方因来不及处理发送方传来的高速数据而导致缓冲器溢出及线路阻塞。

③网络层：网络层是 OSI 七层协议的第三层，介于数据链路层和传输层之间。数据链路层提供的是两个节点之间数据的传输，还没有做到主机到主机之间数据的传输，而主机到主机之间数据的传输工作是由网络层来完成的。

网络层是通信子网的最高层，数据以网络协议数据单元（分组）为单位进行传输。网络层关心的是通信子网的运行控制，主要解决如何使数据分组跨越通信子网从源地传送到目的地的问题，这就需要在通信子网中进行路由选择。另外，为避免通信子网中出现过多的分组而造成网络阻塞，需要对流入的分组数量进行控制。当分组要跨越多个通信子网才能到达目的地时，还要解决网际互联的问题。

④传输层：传输层是 OSI 七层协议的第四层，又称为主机-主机协议层。该层的功能是提供一种独立于通信子网的数据传输服务，使源主机与目标主机像是点对点地简单连接起来一样。

⑤会话层：会话层是 OSI 七层协议的第五层，又称为会晤层或对话层。会话层所提供的会话服务主要分为两大部分，即会话连接管理与会话数据交换。

⑥表示层：表示层是 OSI 七层协议的第六层。表示层的目的是表示出用户看得懂的数据格式，实现与数据表示有关的功能。主要完成数据字符集的转换、数据格式化和文本压缩、数据加密、解密等工作。

⑦应用层：应用层是 OSI 七层中的最高层。应用层为用户提供服务，是 OSI 用户的窗口，并为用户提供一个 OSI 的工作环境。应用层的内容主要取决于用户的需要，因为每个用户可以自行解决运行什么程序和使用什么协议。应用层的功能包括程序执行的功能和操作人员执行的功能。在 OSI 环境下，只有应用层是直接为用户服务的。应用层包括的功能最多，已经制定的应用层协议很多，例如虚拟终端协议（VTP）、电子邮件、事务处理等。

根据七层的功能，又将会话层以上的三层（会话层、表示层、应用层）协议称为高层协议，而将下三层（物理层、数据链路层、网络层）协议称为低层协议，传输层居中，有的将其归入低层协议，有的将其归入高层协议。高层协议是面向信息处理的，完成用户数据处理的功能；低层协议是面向通信的，完成网络功能。这种层次关系如图 4-7 所示。

4. TCP/IP 模型

网络互联是目前网络技术研究的热点之一，并且已经取得了很大的进展。在诸多网络互连协议中，传输控制协议/互联网协议（transmission control protocol/internet protocol，TCP/IP）是一个使用非常普遍的网络互连标准协议。目前，众多的网络产品厂家都支持 TCP/IP，并被广泛用于因特网连接的所有计算机上，所以 TCP/IP 已成为一个事实上的网络工业标准，建立在 TCP/IP 结构体系上的协议也成为应用最广泛的协议。

TCP/IP 协议模型采用四层的分层体系结构，由下向上依次是：网络接口层、网际层、传输层和应用层。TCP/IP 协议模型以及与 OSI 参考模型的对照关系如图 4-8 所示。

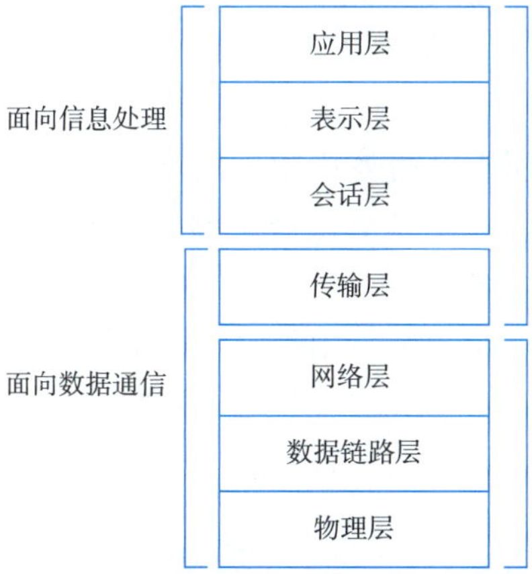

图 4-7　OSI 七层协议关系

图 4-8　TCP/IP 协议模型及与 OSI 参考模型对照关系

各层的主要功能如下：

①网络接口层：网络接口层实际上并不是因特网协议组中的一部分，但是它是数据包从一个设备的网络层传输到另外一个设备的网络层的方法。这个过程能够在网卡的软件驱动程序中控制，也可以在“固件”（firmware）或者专用芯片中控制。这将完成如添加报头准备发送、通过物理媒介实际发送这样一些数据链路功能。另一端，网络接口层将完成数据帧接收、去除报头并且将接收到的包传到网络层。

然而，网络接口层并不经常这样简单。它也可能是一个虚拟专有网络（VPN）或者隧道，在这里从网络层来的包使用隧道协议和其他（或者同样的）协议组发送而不是发送到物理的接口上。VPN 和隧道通常预先建好，并且它们有一些直接发送到物理接口所没有的特殊特点（例如，它可以加密经过它的数据）。由于现在链路“层”是一个完整的网络，这种协议组的递归使用可能引起混淆。但是它是一个实现常见复杂功能的一个优秀方法（尽管需要注意预防一个已经封装并且经隧道发送下去的数据包进行再次封装和发送。）

②网际层：网络层解决在一个单一网络上传输数据包的问题。类似的协议有 X. 25 和 ARPANET 的 Host/IMP 协议。随着因特网思想的出现，在这个层上添加了附加的功能，也就是将数据从源网络传输到目的网络。

在 TCP/IP 协议组中，IP 完成数据从源发送到目的地。IP 能够承载多种不同的高层协议的数据；这些协议使用一个唯一的 IP 协议号进行标识。一些 IP 承载的协议，如 ICMP（用来发送关于 IP 发送的诊断信息）和 IGMP（用来管理多播数据），它们位于 IP 层之上但是完成网络层的功能，这表明了因特网和 OSI 模型之间的不兼容性。所有的路由协议，如 BGP、OSPF 和 RIP，实际上也是网络层的一部分，尽管它们似乎应该属于更高的协议栈。

因特网上的每台主机要进行通信必须有一个地址，这就像邮寄信件必须有发信人和收信人地址一样，这个地址被称为 IP 地址。IP 地址必须能唯一确定主机的身份，因此因特网上不允许有两台主机有相同的 IP 地址。IP 地址有 IPv4 和 IPv6 两个版本，IPv6 版本有许多改进，最大的不同是地址采用 128 位，使得因特网的地址数量大大增加，以满足日益增长的上网计算机地址的需求。以下以 IPv4 为例来讲解。

一个 IP 地址由 4 个字节（二进制 32 位）组成，为便于阅读采用点分十进制表示。如 IP 地址 11001010 10100011 00000001 00000111 表示成点分十进制为 202. 163. 1. 7，即每一字节二进制数换算成对应的十进制数，各字节之间用圆点分隔。

IP 地址由网络号和主机号两部分组成，同一网络内的所有主机使用相同的网络号，主机号是唯一的。按网络规模大小，将网络地址分为 A、B、C 三类，具体规定如下：

A 类：网络号以 0 开头，占 1 个字节长度，主机号占 3 个字节，用于大型网络。

B 类：网络号以 10 开头，占 2 个字节长度，主机号占 2 个字节，用于中型网络。

C 类：网络号以 110 开头，占 3 个字节长度，主机号占 1 个字节，用于小型网络。

除了 A、B、C 三类网络地址外，还有 D、E 两类地址，具体规定如下：

D 类：网络号以 1110 开头，用于多播地址。

E 类：网络号以 11110 开头，用于实验性地址，保留备用。

IP 地址的类型及划分如图 4-9 所示。

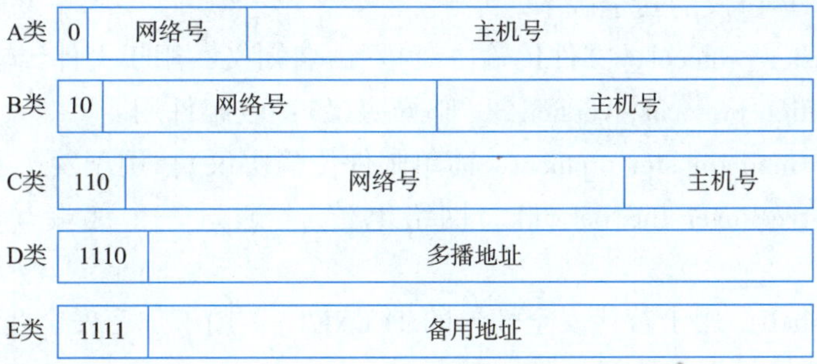

图 4-9　IP 地址类型

③传输层：传输层的协议能够解决诸如端到端可靠性（“数据是否已经到达目的地”）和保证数据按照正确的顺序到达这样的问题。在 TCP/IP 协议组中，传输协议也包括所给数据应该送给哪个应用程序。

TCP 是一个可靠的、面向连接的传输机制，它提供一种可靠的字节流，保证数据完整、无损并且按顺序到达。TCP 尽量连续不断地测试网络的负载并且控制发送数据的速度以避免网络过载。另外，TCP 试图将数据按照规定的顺序发送。这是它与 UDP 不同之处，不过这在实时数据流或高丢包率环境下可能会是一个不足。

UDP 是一个无链接的数据报协议。它是一个不可靠协议——不是因为它特别不可靠，而是因为它不检查数据包是否已经到达目的地，并且不保证它们按顺序到达。如果一个应用程序需要这些特点，它必须自己提供或者使用 TCP。

UDP 的典型性应用如流媒体（音频和视频等）这种按时到达比可靠性更重要的应用，或者如 DNS 查找这样的简单查询/响应应用，如果建立可靠的连接，所做的额外工作将是不成比例的大。

TCP 和 UDP 都用来支持一些高层的应用。任何给定网络地址的应用，通过它们的 TCP 或者 UDP 端口号区分。根据惯例使一些大众所知的端口与特定的应用相联系。

④应用层：该层包括所有和应用程序协同工作、利用基础网络交换应用程序专用数据的协议。应用层是大多数与网络相关的程序为了通过网络与其他程序通信所使用的层。这个层的处理过程是应用特有的；数据从网络相关的程序以应用内部使用的格式进行传送，然后被编码成标准协议的格式。

一些特定的程序被认为运行在这个层上，它们提供服务直接支持用户应用。这些程序和它们对应的协议包括 HTTP（万维网服务）、FTP（文件传输）、SMTP（电子邮件）、SSH（安全远程登录）、DNS（域名服务）以及许多其他协议。

一旦从应用程序来的数据被编码成一个标准的应用层协议数据单元，它将被传送到 IP 栈的下一层。每一个应用层协议一般都会使用到两个传输层协议之一：面向连接的 TCP（传输控制协议）和无连接的 UDP（用户数据报文协议）。

常用的应用层协议包括：

①运行在 TCP 协议上的协议：

HTTP（hypertext transfer protocol，超文本传输协议）：主要用于普通浏览。

HTTPS（hypertext transfer protocol over secure socket layer，or HTTP over SSL，安全超文

本传输协议)：HTTP 协议的安全版本。

FTP（file transfer protocol，文件传输协议)：由名知义，用于文件传输。

POP3（post office protocol，version 3，邮局协议)：收邮件用。

SMTP（simple mail transfer protocol，简单邮件传输协议)：用于发送电子邮件。

TELNET（teletype over the network，网络电传)：通过一个终端（terminal）登录到网络。

SSH（secure shell，用于替代安全性差的 TELNET)：用于加密安全登录用。

②运行在 UDP 协议上的协议：

BOOTP（boot protocol，启动协议)：应用于无盘设备。

NTP（network time protocol，网络时间协议)：用于网络同步。

③其他：

DNS（domain name service，域名服务)：用于完成地址查找、邮件转发等工作（运行在 TCP 和 UDP 协议上)。

ECHO（echo protocol，回绕协议)：用于查错及测量应答时间（运行在 TCP 和 UDP 协议上)。

SNMP（simple network management protocol，简单网络管理协议)：用于网络信息的收集和网络管理。

DHCP（dynamic host configuration protocol，动态主机配置协议)：动态配置 IP 地址。

ARP（address resolution protocol，地址解析协议）和 RARP（逆向地址解析协议)：用于解析以太网的硬件地址。

ICMP（internet control message protocol，因特网控制信息协议)：用于向源主机发送控制信息和错误报告。

4.1.8 局域网

虽然人们使用网络的范围越来越大，但大多还都是直接使用局域网络，并且作为一个企业或单位也都是组建本企业或本单位的企业内部局域网络。掌握局域网的基本概念以及扩展知识，对于学习计算机网络是十分基本也是十分重要的。

1. 局域网所采用的拓扑结构

局域网通常采用总线、星状或环状的网络拓扑结构，而较少使用网状拓扑结构。此外，树状拓扑结构亦颇为普遍，它实际上是星状拓扑结构的一种扩展形式，树状拓扑结构如图 4-10 所示。

2. 局域网的参考模型

由于局域网不采用网状拓扑结构，因此，从源节点到目的节点不存在路由选择问题。而网络层的主要功能是路由选择，因此，局域网的参考模型中，去掉了网络层，而把数据链路层分为介质访问控制（medium access control，MAC）子层和数据链路控制（logical link control，LLC）子层。MAC 子层的主要功能是负责与物理层相关的所有问题，LLC 子层不涉及与物理层的问题，主要功能是负责高层相关的问题。局域网的参考模型及与 OSI 参考模型的对照关系如图 4-11 所示。

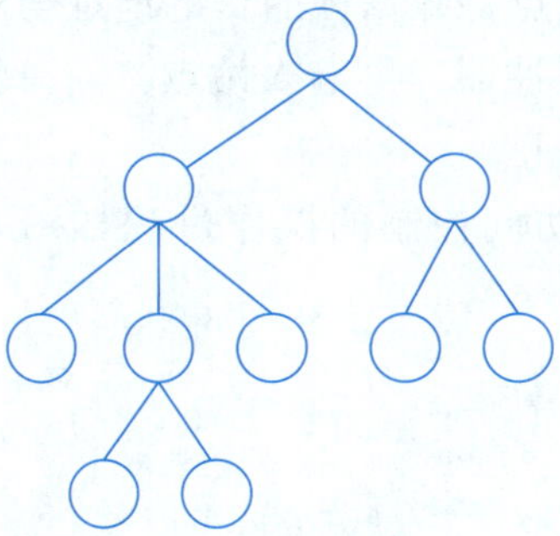

图 4-10　树状拓扑结构

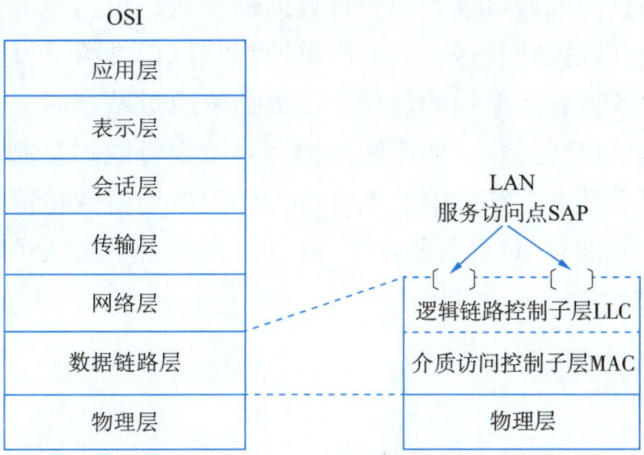

图 4-11　局域网参考模型以及与 OSI 参考模型对照关系

3. 介质访问控制技术

局域网一般都属于信道共享连接的网络。信道共享连接的网络大多是广播网，在这种网络中，基本不存在路由选择问题，而需要解决当信息的使用产生竞争时信道共享的介质访问控制技术的问题。也就是决定谁、什么时间能占用共享的信道传输信息。

针对不同的拓扑结构，采用不同的介质访问控制技术，常用的介质访问控制技术有载波监听多路访问/冲突检测（carrier sense multiple access/collision detection，CSMA/CD）、令牌（标记）环和令牌总线三种。

（1）载波监听多路访问/冲突检测（CSMA/CD）介质访问控制

载波监听多路访问/冲突检测介质访问控制方法属于争用协议，一般用于总线拓扑结构的局域网。

CSMA 的原理是：当一个站点要发送数据前，需要先监听总线。如果总线上没有其他站点的发送信号存在，即总线是空闲的，则该站点发送数据；如果总线上有其他站点的发送信号存在，即总线是忙的，则需要等待一段时间间隔后再重新监听总线，再根据总线的忙、闲情况决定是否发送数据。

由于数据在总线上传播需要传播时间，因此即使采用了 CSMA 算法，仍然会出现冲突。CSMA/CD 协议是 CSMA 协议的改进方案。CD 部分是在每个站点发送数据期间同时检测是否有冲突产生。一旦检测到冲突，就立即停止发送，并向总线上发出一串阻塞信号，通知总线上各站点已经产生冲突。这样，可以不因传送已经冲突的数据而浪费通道容量。

（2）令牌（标记）环介质访问控制

令牌（标记）环介质访问控制方法属于有序的竞争的访问方法，主要用于环状拓扑结构的局域网络上。

①发送数据过程。这种介质访问控制方法是使用一个标记沿着环循环，标记上有一个满/空的标记位。当某个站点要发送数据帧时，必须等待空标记到来，将空标记改为忙标记，紧跟着忙标记把数据帧发送到环上。由于标记是忙状态，所以其他站点不能发送帧，必须等待空标记到来。标记在环上按顺序传送。

②已发送完数据帧移去。发送的数据帧在环上循环一周后再回到发送站点，由发送站点将该数据帧从环上移去。同时将忙标记改为空标记，传到紧挨其后的站点，使其获得发

送数据帧的许可权。如果有数据帧发送，再将空标记改为忙标记，紧跟着发送数据帧；如果没有数据帧发送，只要简单地将空标记交给下一个站点。

③接收数据帧的过程。当数据帧通过站点时，通过的站点将数据帧的目的地址与本站点地址进行比较，如果地址相符合，则将数据复制到接收缓冲器，再输入站点，同时将帧送回至环上。如果地址不符合，则简单地将数据帧送回至环上。

假设有 A 站点要向 C 站点发送数据帧。令牌环介质访问控制的操作过程如图 4-12 所示。

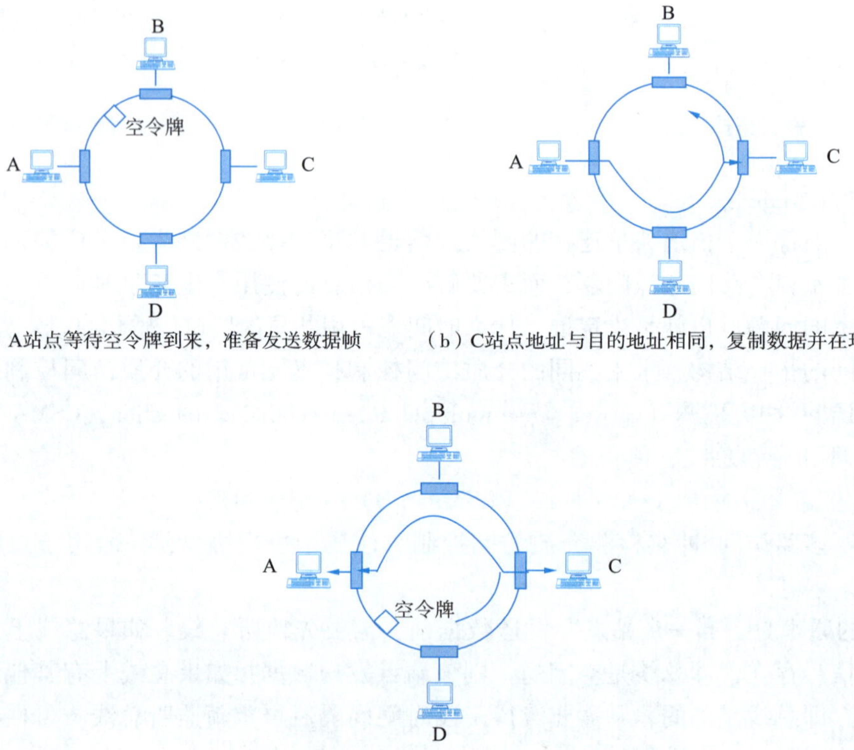

（a）A站点等待空令牌到来，准备发送数据帧　　（b）C站点地址与目的地址相同，复制数据并在环上传输

（c）A站点将数据帧从环上移去，并发送空令牌

图 4-12　令牌环发送数据过程

（3）令牌总线控制访问控制

令牌总线介质访问控制方法是在物理总线上建立一个逻辑环，如图 4-13 所示。从物理上看是一种总线拓扑结构的局域网，但是从逻辑上看这是一种环形结构的局域网，接在总线上的站点组成一个逻辑环。和令牌环介质访问控制一样，只有取得标记的站点才能发送数据帧，标记在环上依次传递。

令牌总线介质访问控制技术主要应用在实时控制系统所使用的网络。因为总线网容易连接和维护，而令牌环介质访问控制能够预测出数据传输的延迟时间。

4. 主要局域网协议

局域网协议是由电气和电子工程师协会（IEEE）下设的 IEEE802 委员会制定，并已得到国际标准化组织 ISO 的采纳。这些标准包括：

IEEE802. 1A—体系结构。

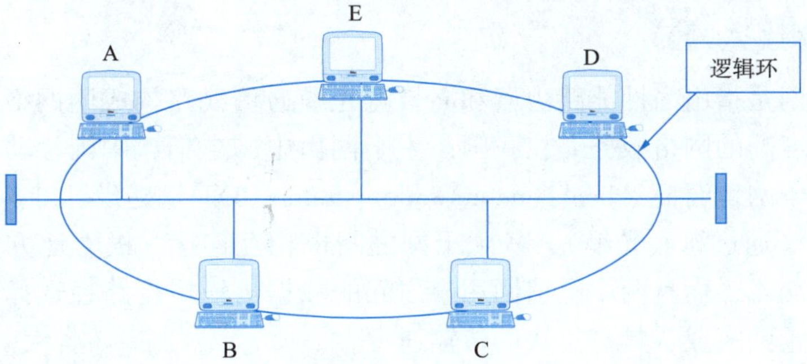

图 4-13　令牌总线网络结构

IEEE802. B—网络互操作。

IEEE802. 2—逻辑链路控制 LLC。

IEEE802. 3—CSMA/CD 访问控制及物理层技术规范。

IEEE802. 4—令牌总线访问控制及物理层技术规范。

IEEE802. 5—令牌环访问控制及物理层技术规范。

IEEE802. 6—城域网访问控制及物理层技术规范。

IEEE802. 7—宽带网访问控制及物理层技术规范。

IEEE802. 8—光纤网访问控制及物理层技术规范。

IEEE802. 9—综合话音数据访问控制及物理层技术规范。

IEEE802. 10—局域网安全技术。

IEEE802. 11—无线局域网访问控制及物理层技术规范。

IEEE802. 12—优先级高速局域网访问控制及物理层技术规范。

IEEE802. 13—100 Mbit/s 高速以太网。

IEEE802. 14—电缆电视网。

5. 以太网

以太网是遵守 IEEE802. 3 标准的局域网，即采用载波监听多路访问/冲突检测介质访问控制技术。

基本以太网的传输速率只是 10 Mbit/s（每秒传输 10 M 二进制位），随着通信与计算机技术的发展，以太网也在不断发展，高速以太网（100 Mbps）和千兆位以太网（1 000 Mbps）甚至更高速的以太网相继出现，都使以太网充满了勃勃生机。

4. 2　互联网连接

互联网是最成功最典型的计算机网络应用实例，在网上浏览新闻、购物、转账付款、收发电子邮件、即时聊天、观看视频等已经成为许多人日常生活的一部分。互联网是目前全球最大的、开放式的、由众多网络互连而成的计算机网络，把全球数以万计的计算机网络、数以亿计的计算机设备连接起来，包含了难以计数的信息资源，向全世界用户提供服务。

4.2.1 互联网接入方式

互联网主干网是指由高性能路由器和高带宽光缆通信线路构成的网络，能够提供范围覆盖大、传输速度高的网络服务。在我国，主干网由中国电信、中国移动、中国联通和科研计算机网等主干网运营商（backbone network operator，BNO）建设和维护。各主干网都与国际互联网连接（通过海底光缆），各主干网之间也相互连接，极大地方便了不同主干网用户之间的线上交流，而且两个电信网用户之间的数据传输根据路径选择可能会经由中国移动网或其他主干网完成，具有更快的传输速度。

主干网运营商可以为大的互联网服务提供商（Internet service provider，ISP）提供互联网连接。ISP 是指向企业、组织机构和个人提供互联网接入服务的公司。中国电信、中国移动、中国联通、中国教育和科研计算机网等本身既是主干网运营商，同时也是互联网服务提供商。

当人们需要使用互联网服务时，可以向 ISP 提出请求，并按月或流量缴纳一定的费用。ISP 一般会提供一种称为调制解调器（modem）的设备，将用户的计算机或无线路由器接入互联网。调制解调器是一种网络硬件设备，可以将计算机存储的数字信号转换成适合在通信信道上传输的模拟信号或光信号等。互联网接入方式不同，所需的调制解调器种类也不同。

早期上网通过电话线进行，电话线上传输的是模拟信号，计算机中存储的是数字信号，当时所用的调制解调器的功能是把计算机中的数字信号转换为可在电话线上传输的模拟信号（调制），或者把电话线上传输的模拟信号转换为可被计算机处理的数字信号（解调）。后来光纤用作网络传输介质，其上传输的是光信号，也需要一个设备把数字信号转换为光信号、把光信号转换为数字信号，借用调制解调器的名字，把光信号与数字信号相互转换的设备称为光调制解调器。

当前，人们通过 ISP 接入互联网主要有如下几种方式：

1. 光纤接入方式

随着光纤技术的不断发展和成本的不断降低，光纤接入已成为目前互联网接入的主要方式，光纤接入能够提供更快的网络传输速度，其中，EPON（ethernet passive optical network，以太网无源光网络）和 GPON（gigabit-capable PON，千兆位无源光网络）技术支持 1 000 Mbit/s 以上的下载速度，而 10GEPON 和 XGPON 技术将下载速度的上限提升到了 10 Gbit/s。目前，中国电信、中国移动、中国联通等 ISP 都能为用户提供光纤到户（fiber to the home，FTTH），甚至光纤到房间（fiber to the room，FTTR）的互联网接入服务。

在 FTTH 模式下，光纤接入家庭或宿舍的光调制解调器，光调制解调器再通过双绞线连接无线路由器，家里或宿舍里的上网设备可通过有线与无线方式与无线路由器连接后上网。

在 FTTR 模式下，光纤接入家庭或公司的光调制解调器，光调制解调器通过光纤与分布在各个房间的若干台子网关连接，各个房间的子网关提供无线接入点及有线设备连接接口。相对于 FTTH，FTTR 提供的网络覆盖信号更强，网络速度更快。光调制解调器自带无线路由器和交换机功能。

2. 蜂窝数据网络接入

只要能使用移动电话的地方，就可以通过蜂窝数据网接入互联网，为用户提供更为灵活的互联网接入。目前我国的中国移动、中国电信、中国联通、中国广电四家运营商都提供了 4G 和 5G 网络（即第四、五代移动通信网络）的互联网接入服务。最新的 5G 网络可以提供更大的接入容量、更高的网速、更低的网络延迟，为虚拟现实、物联网、无人驾驶等新技术的应用提供网络通信支持，将深刻影响工业制造、能源、交通、医疗、教育、娱乐、养老等各个行业。

3. WLAN 热点

除了家庭网络之外，WLAN 网络（俗称 Wi-Fi）也常常用在学校、商店、咖啡厅、宾馆等公共场合。这些 WLAN 一般都提供免费的或收费的互联网接入服务。例如，在国内的各大高校教学楼、图书馆和宿舍楼一般都有学校或通信公司提供的免费或收费 WLAN 热点，为学生提供智能手机、平板计算机或笔记本计算机的无线上网服务。

上述互联网接入方式中，光纤接入是目前家庭和单位用户最常用的固定网络接入方式。在机场、车站、宾馆、商店等人员流动性强且需要网络的地方，WLAN 热点和蜂窝数据网络接入是最适用的。

4.2.2　互联网协议和 IP 地址

互联网使用多种通信协议来提供数据传输和各种网络服务，例如，支持 Web 信息交互的 HTTP 协议（hypertext transfer protocol，超文本传输协议），支持 E-mail 服务的 POP（post office protocol，邮局协议）和 SMTP（simple mail transfer protocol，简单邮件传输协议），用于保证通信和连接可靠性的 TCP（transmission control protocol，传输控制协议），为网络设备分配唯一地址的 IP（Internet protocol，互联网协议）等。在这些网络协议中，TCP/IP 协议簇是互联网中极其重要的一组协议。

1. TCP/IP 协议簇

TCP/IP 是一组协议的集合，故通常称其为 TCP/IP 协议簇或简称 TCP/IP。TCP/IP 是互联网最基本的协议，是互联网工作的基础。TCP 能够将需要经由网络传输的信息或数据分割成 IP 数据包，或者将收集到的经网络传输来需要处理的 IP 数据包校验并按序组合，交由具体的应用使用。IP 负责给各类数据包加上地址（数据包的包头），以便它们能够在互联网中顺利地路由到其目的地。

2. IP 地址

IP 地址起源于互联网，是 TCP/IP 协议的一部分，IP 地址是用来识别网络设备的一串数字。现在几乎每种计算机网络都在使用 TCP/ID 给设备设置 IP 地址。不论在互联网还是在局域网中，IP 地址都被用来唯一确定一台计算机的身份。

IP 地址可以分配给个人计算机、服务器、手机、网络打印机等各种网络设备。目前互联网 IP 地址主要使用的是 IPv4 版本，由 32 个二进制位组成，最多可以提供 42 亿个地址。为了方便人们设置和记忆，IP 地址一般用“点分十进制”标记。将 32 位二进制数字等分为 4 段，每段 8 位，转换为十进制数字表示，4 个十进制数字之间用圆点“.”分隔。例如，IP 地址 11001010110011100000000100001111 用十进制格式表示为 202.206.1.15。

一方面，互联网发展迅猛，大量的网络设备需要使用 IP 地址；另一方面，一些 IP 地址是为特殊用途所保留的，这导致逐渐进入无 IPv4 地址资源可用的状态。

相对于 IPv4 地址，IPv6 地址最大的特点是地址长度达到了 128 个二进制位，可以提供 2^{128} 个地址，约为 3.4×10^{38} 个，可以有效解决 IPv4 地址资源严重不足的问题。由于 IPv6 地址过长，采用冒号分隔的 8 组 4 位十六进制形式书写，例如：240e:821a:534b:b9e0:19f6:135a:c332:d5f3。

如果某组十六进制数字有前导的 0，0 可以省略不写；整组全是 0 时，可以整组省略不写；连续多组全是 0 时，省略 0 的同时还可以省略全 0 组之前的冒号，但全 0 组和非全 0 组之间的冒号不能省略，这样就有了缩写格式，如240e:004c:4808:0000:0000:0000:0000:0001可缩写为240e:4c:4808::1。

IPv6 可以给每台上网设备提供一个全球唯一的 IP 地址，是 IP 地址的发展趋势，但由于涉及互联网底层设备的更换、IPv4 地址到 IPv6 地址如何无缝过渡等多种因素，IPv6 地址的使用仍然处于逐步推进过程中。目前，我国三大网络运营商已基本完成局端设备和软件升级，用户在通过宽带或手机上网时已可获得 IPv6 地址，主流网站和 APP 也已提供 IPv6 的访问方式。

一般用户给自己的网络设备设置 IP 地址时有两种方法：一种是根据网络系统管理员分配的 IP 地址直接设置，例如一些学校的计算机实验室，系统管理员会给每台计算机或网络设备指定 IP 地址；另一种是网络设备通过动态主机配置协议（dynamic host configuration protocol，DHCP）自动获取 IP 地址，例如笔记本计算机和手机通过 WLAN 连接到家庭路由器时就是自动获得 IP 地址。为了网络设备能够自动获得 IP 地址，网络中需要有承担自动分配 IP 地址的 DHCP 服务器或有 DHCP 服务功能的路由器类设备；同时接入网络的设备应该设置为 DHCP 模式，向 DHCP 服务器发送请求获得 IP 地址。

3. DNS 与 URL

如前所述，IP 地址是对 Internet 网络和主机的一种数字标识，这对于计算机网络来说自然是有效的，但对于用户来说，要记住成千上万的主机 IP 地址则是一件十分困难的事情。为了便于使用和记忆，也为了便于网络地址的分层管理和分配，Internet 在 1984 年采用了域名服务系统（domain name system，DNS）。

①域名服务系统的主要功能是定义一套为机器取域名的规则，把域名高效率地转换成 IP 地址。域名服务系统是一个分布式的数据库系统，由域名空间、域名服务器和地址转换请求程序三部分组成。

②域名采用分层次方法命名，每一层都有一个子域名，子域名之间用点号分隔。具体格式为：主机名.网络名.机构名.最高层域名。

例如，public.tpt.tj.cn 的含义是：主机名.数据局.天津.中国。

③凡域名空间中有定义的域名都可以有效地转换成 IP 地址，同样 IP 地址也可以转换成域名。因此，用户可以等价地使用域名地址或 IP 地址。但需要注意的是，域名的每一部分与 IP 地址的每一部分并不是一一对应，而是完全没有关系，就像人的名字和他的电话号码之间没有必然的联系是一样的。

④最高层域名代表建立该网络的部门、机构或者该网络所在的地区、国家等，可以分为以下三类：

- 通用最高层域名：常见的有 edu（教育、科研机构）、com（商业机构）、net（网络服务机构）、info（信息服务机构）、org（专业团体）、gov（政府机构）等；

- 国际最高层域名：ini（国际性组织或机构）；
- 国家或地区最高层域名：cn（中国）、us（美国）、uk（英国）、jp（日本）、de（德国）、it（意大利）、ru（俄罗斯）等。

URL称为统一资源定位器，它是WWW（万维网）中的信息资源统一的地址标识，也是唯一的标识。URL由三部分组成：资源类型、存放资源的主机域名及资源文件名。

例如，http：//www.gnnu.cn/6837/list.htm是一个URL地址，其中http表示该资源的类型是超文本信息，www.gnnu.cn表示是赣南师范大学的主机域名，6837/list.htm为资源的路径和文件名。

4.3 信息浏览与搜索

在多种网络协议的支持下，目前的互联网可以给用户提供很多服务和应用。根据中国互联网信息中心（CNNIC）发布的统计报告，截至2024年12月，国内网民使用的排名前十的网络服务依次为：网络视频/短视频（97.7%）、即时通信（97.0%）、网络支付（87.3%）、网络购物（83.8%）、搜索引擎（75.7%）、网络直播（74.7%）、网络音乐（65.4%）、网上外卖（49.9%）、网约车（48.3%）、网络文学（47.6%）。

1. 信息浏览

Internet中最常见的应用之一就是使用浏览器查看网页。浏览器是一种可以从互联网中获取资源并将资源解析并展示给最终用户的软件。

万维网（world wide web，WWW）以客户/服务器的形式和超链接（hyperlink）的方式传送图形、文字、声音、图像等信息，通过在客户机上进行浏览器的简单直观操作，便可以享用因特网上绝大部分网络资源的信息服务。

用户在使用Web服务时，在浏览器的地址栏中输入URL来访问某个页面。浏览器一般将HTTP协议作为默认的协议名，如果用户没有输入协议名，浏览器将自动在主机地址前加上“http:/”前缀。

浏览器将URL解析后取出其中的Web服务器地址，通过地址与服务器建立链接，并提出请求，要求得到URL中指定的文件。Web服务器接收到请求后，将核对是否存在被请求的文件，以及用户是否有权限访问被请求的文件。如果文件存在且允许访问，服务器将该文件发送给浏览器，浏览器将解释收到的页面文件，使用户能以正确的格式阅读页面。如果文件不存在或是权限不够，Web服务器将给出错误信息。

目前广泛使用的Web浏览器很多，如运行在Windows操作系统上的Microsoft Edge等，其中部分浏览器可以同时在Linux和Windows操作系统上运行。要访问某个网站，必须首先知道它的URL，然后在浏览器的“地址”栏中输入URL。

以Microsoft Edge浏览器为例，如果要访问赣南师范大学官网，那么首先需要启动Microsoft Edge，在Microsoft Edge窗口的“地址”栏中输入www.gnnu.cn，然后按【Enter】键，浏览器会自动在主机地址前加上“http://”，随后显示出赣南师范大学官网的主页。

2. 搜索引擎

搜索是因特网最常用的服务之一。搜索引擎（search engine）是指根据一定的策略、运用特定的计算机程序从互联网上搜集信息，在对信息进行组织和处理后，为用户提供检索服务，将用户检索相关的信息展示给用户的系统。

现代意义上的搜索引擎最早出现于 1994 年 7 月。当时 Michael Mauldin 将 John Leavitt 的蜘蛛程序接入到其索引程序中，创建了 Lycos。同年 4 月，斯坦福（Stanford）大学的两名博士生 David Filo 和美籍华人杨致远（Gerry Yang）共同创办了超级目录索引 Yahoo，并成功地使搜索引擎的概念深入人心，从此搜索引擎进入了高速发展时期。

常用的搜索引擎有百度、微软必应（bing）、搜狗等。下面以百度为例说明搜索引擎的一些使用技巧。

一般情况下，打开百度搜索主页后，只要在搜索框中输入搜索词，之后按【Enter】键或单击“百度一下”按钮，百度就会在网络上搜索与该搜索词相关的内容并显示出来，如图 4-14 所示。

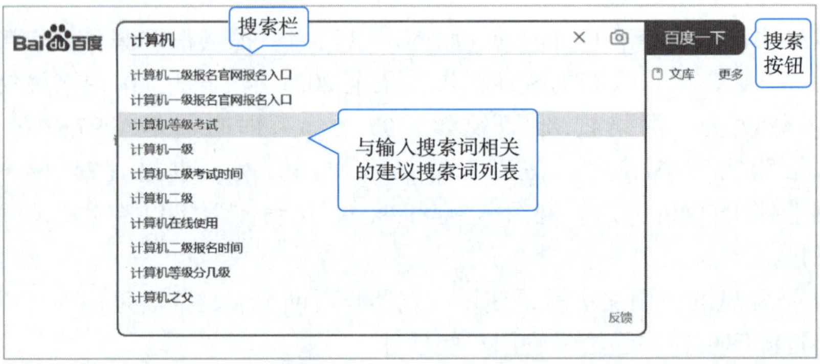

图 4-14　百度搜索界面

完成搜索后的结果如图 4-15 所示（此处以“计算机等级考试”作为搜索关键词）。网页上方有多种搜索辅助工具，可以通过选择“图片”“视频”“新闻”“文库”等选项，查看输入的关键词在该类别下的搜索结果。网页中部以条目的方式显现出对于该关键词的搜索结果，并辅助以简短的摘要，单击该条目标题超链接即可打开结果网页。在页面中，还会针对刚刚搜索过的关键词给出“相关搜索”关键词。

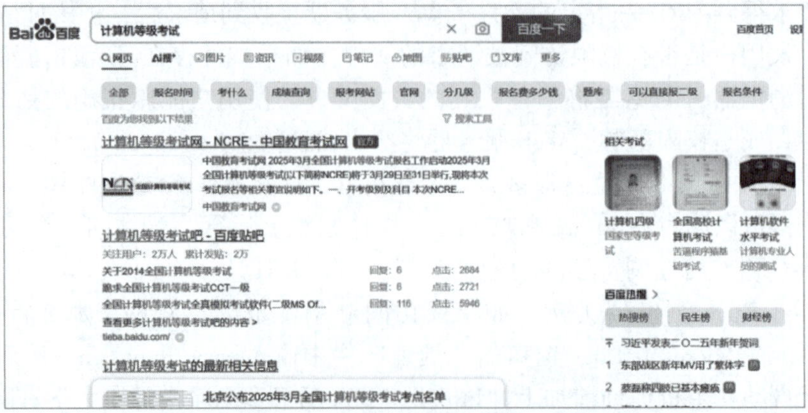

图 4-15　“计算机等级考试”搜索结果

一般情况下，只要选择合适的一个或多个关键词，就可以搜索到用户需要的结果。有时用户为了能够更精确地查询一些信息，会用到搜索引擎的高级功能，下面简要列出常用高级搜索功能。在搜索结果页面上部单击“搜索工具”选项，打开高级搜索工具，如图 4-16 所示。

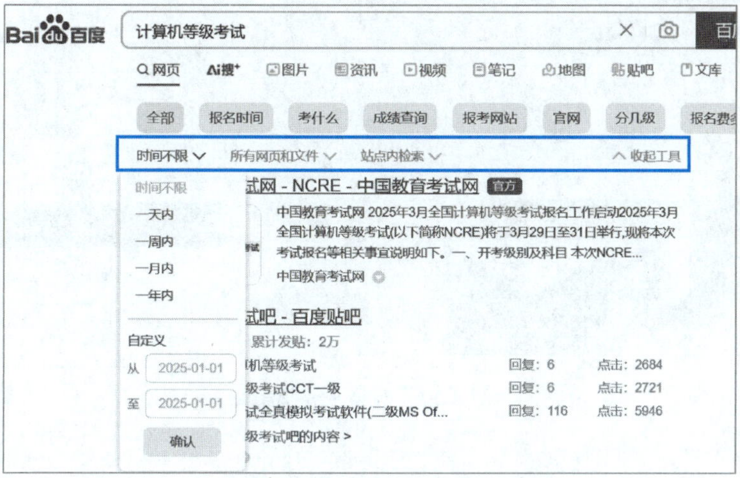

图 4-16　高级搜索工具

①打开“时间不限”下拉列表，可以将搜索结果限定在“一天内”“一周内”“一月内”，或者指定日期内。

②打开“所有网页和文件”下拉列表，可以选择检索的文件类型。

③打开“站点内检索”下拉列表，输入某个网站的域名，可以限定搜索结果只在指定的网站中。

4.4　电子邮件使用

电子邮件（electronic mail，E-mail）是一种利用互联网进行电子信息交换的通信方式。通过电子邮件系统，用户可以用低廉的成本和快速的方式将邮件内容发送至全球所有被互联网覆盖的地方，邮件的内容可以包含文字、声音、图像、动画等多种媒体信息。

要发送和接收 E-mail，首先必须拥有一个属于自己的 E-mail 账号，其次是收信人的 E-mail 账号。就像我们在信封上需要注明寄信人地址一样，对方收到信件之后根据寄信人地址进行回信。电子邮件地址的格式由三部分组成。第一部分“USER”代表用户邮箱的账号，对于同一个邮件接收服务器来说，这个账号必须是唯一的；第二部分“@”是分隔符；第三部分是用户邮箱的邮件接收服务器域名，用以标志其所在的位置。E-mail 地址示例：iemotion@ sohu. com，me@ 163. com，somebody@ mail. whut. edu. cn。

通过网页收发电子邮件，是电子邮件最基本的收发方法。用户通过浏览器使用用户名和密码登录到自己的电子邮箱，如图 4-17 所示，完成电子邮件的发送和接收。

图 4-17　网易 126 邮箱

4.5　文件传输

文件传输是互联网上较早出现并广泛使用的服务之一，使用的是文件传输协议（file transfer protocol，FTP），所以也常称为 FTP 服务。FTP 服务为用户提供一种计算机之间相互传输文件的机制，是用户从网上获取文件、软件、影音资料的一种重要方法。简而言之，FTP 的主要作用就是让用户从远程计算机下载文件到本地计算机，或从本地计算机上传文件到远程计算机。

在互联网上那些用来存储文件的计算机因使用 FTP 协议而被称为 FTP 服务器或 FTP 站点，这些服务器都提供了大量的文件资源供用户下载（download），并提供了巨大的存储空间供用户上传（upload）。文件的下载和上传是 FTP 最基本的两项功能。FTP 服务器分为匿名 FTP 服务器和非匿名 FTP 服务器两种。匿名 FTP 是指任何人都可以直接访问；而使用非匿名 FTP，必须提供用户名和密码才可以访问。

FTP 站点的文件资源会以目录结构形式显示在资源管理器中，就像在本地计算机中打开了一个文件夹窗口一样，此时只需要按照常规的文件管理方法进行操作（例如，从本地计算机拖动或复制粘贴文件到此资源管理器窗口，或从此资源管理器窗口拖动或复制粘贴文件到本地计算机），便可完成文件的上传或下载任务。

通过 Windows 资源管理器或浏览器使用 FTP 的方法尽管简便可行，但是上传和下载速度较慢，还会将密码暴露在浏览器中而不安全。另外，在上传下载过程中一旦出现网络短时中断，就会造成下载失败，需要重新下载，这对于大文件的上传下载是很不利的。因此，一般推荐使用专门的 FTP 客户端程序（简称 FTP 工具）进行 FTP 操作。

4.6　网络安全保障

网络安全是指网络系统的硬件、软件及其系统中的数据受到保护，不因偶然或者恶意的原因而遭受破坏、更改、泄露，系统连续可靠正常地运行，网络服务不中断。

基于维护国家安全、社会稳定及网络安全管理的实际需求，自 20 世纪 90 年代初期起，我国逐步构建了一套较为完备的法律和规章制度体系，用以打击计算机犯罪和惩处违法行为。与计算机网络安全相关的法律主要包括《中华人民共和国刑法》《中华人民共和国治安管理处罚法》《中华人民共和国网络安全法》《中华人民共和国个人信息保护法》《中华人民共和国数据安全法》等。深入学习并严格遵循这些法律规范是至关重要的。

4.6.1　网络安全概述

1. 概念

网络安全，通常指计算机网络的安全，即计算机通信网络的安全，也就是一个网络系统不受任何威胁与侵害，能正常地实现资源共享功能。要使网络能正常地实现资源共享功能，首先要保证网络的硬件、软件能正常运行，然后要保证数据信息交换的安全。

随着计算机技术的飞速发展，信息网络已经成为社会发展的重要保证。有很多是敏感信息，甚至是机密信息。所以难免会吸引来自世界各地的各种人为攻击（如信息窃取、数据篡改、数据删添、计算机病毒等）。同时，网络实体设备还要经受诸如水灾、火灾、地震、电磁辐射等方面的考验。

2. 安全问题的主要成因

现阶段，计算机安全问题主要源于以下几个方面：

（1）个人信息没有得到规范采集

现阶段，虽然生活方式呈现出简单和快捷性，但其背后也伴有诸多信息安全隐患。例如诈骗电话、网贷、推销信息以及人肉搜索等，均对个人信息安全造成影响。不法分子通过各类软件或者程序来盗取个人信息，并利用信息来获利，严重影响了公民生命、财产安全。此类问题多是集中于日常生活，比如无权、过度或者是非法收集等情况。

（2）公民欠缺信息保护意识

公民在个人信息层面的保护意识相对薄弱为信息被盗取创造了条件。比如，有的网站需要填写相关资料，甚至要求精确到身份证号码等信息。很多公民并未意识到上述行为是对信息安全的侵犯。此外，部分网站公然泄露或者是出售相关信息。再者，日常生活中随便填写传单等资料也存在信息被作为违规使用的风险。

3. 网络安全威胁的分类

在互联网时代，对网络安全的威胁大致可以归为以下几类：

（1）恶意软件

网络用户浏览不安全的网站或从网站、电子邮件中下载文件时，可能会在不知情的情况下把恶意软件（如计算机病毒、流氓软件等）带入自己的计算机中。恶意软件，轻则强制安装广告软件、使计算机出现各种广告弹窗，重则开启后门、破坏用户文件、窃取用户重要数据。

（2）非法入侵

非法入侵是指非法用户通过技术手段、欺骗手段或两者结合的方式，以非正常方式侵入计算机系统或网络系统，窃取、篡改、删除系统中的数据或破坏系统的正常运行。合法用户通过非正常手段使用了超出其授权的功能也属于非法入侵。

（3）网络攻击

网络攻击是指通过向网络系统或计算机系统集中发起大量的非正常访问，而使其无法响应正常的服务请求，即由于非正常服务请求的干扰，致使系统拒绝了正常的服务请求，也称为拒绝服务攻击。

（4）电信诈骗

不法分子伪装成特定公务人员，通过电话、短信、即时通信软件、二维码等方式，编造虚假信息，设置骗局，对用户进行远程诈骗，以骗取用户个人敏感信息或钱财。

4.6.2 网络安全的层次

一般认为，网络安全主要分为三个层次：物理安全、安全控制和安全服务。

1. 物理安全

物理安全是指在物理介质层次上对存储和传输的网络信息的安全保护，即保护计算机网络设备和其他的媒体免遭破坏。物理安全是网络信息安全的最基本的保障，是整个安全系统必备的组成部分，它包括了环境安全、设备安全和媒体安全三方面的内容。

在这个层次上可能造成不安全的因素主要是来源于外界的作用，如硬盘的受损、电磁辐射或操作失误等。对应的措施主要是做好辐射屏蔽、状态检测、资料备份（因为有可能硬盘的损坏是不可能修复，那可能丢失重要数据）和应急恢复。

2. 安全控制

安全控制是指在网络信息系统中对信息存储和传输的操作进程进行控制和管理，重点在网络信息管理层次上对信息进行初步的安全保护。安全控制主要在下面三个层次上进行了管理：

①操作系统的安全控制：包括用户身份的核实、对文件读写的控制，主要是保护了存储数据的安全。

②网络接口模块的安全控制：在网络环境下对来自其他计算机网络通信进程的安全控制，包括客户权限设置与判别、审核日记等。

③网络互联设备的安全控制：主要是对子网内所有主机的传输信息和运行状态进行安全监测和控制。

3. 安全服务

安全服务是指在应用程序层对网络信息的完整性、保密性和信源的真实性进行保护和鉴别，以满足用户的安全需求，防止和抵御各种安全威胁和攻击手段。它可以在一定程度上弥补和完善现有操作系统和网络信息系统的安全漏洞。

安全服务主要包括：安全机制、安全连接、安全协议和安全策略。

①安全机制：利用密码算法对重要而敏感的数据进行处理。

②安全连接：这是在安全处理前与网络通信方的连接过程。它为安全处理提供必要的准备工作。主要包括了密钥的生成、分配和身份验证（用于保护信息处理和操作以及双方身份的真实性和合法性）。

③安全协议：在网络环境下互不信任的通信双方通过一系列预先约定的有序步骤而能够相互配合，并通过安全链接和安全机制的实现保证通信过程的安全性、可靠性和公平性。

④安全策略：它是安全机制、安全链接和安全协议的有机组合方式，是网络信息系统安全性的完整解决方案。安全策略决定了网络信息安全系统的整体安全性和实用性。

4.6.3　计算机病毒

计算机病毒是指编制者在计算机程序中插入的破坏计算机功能或者破坏数据、影响计算机使用并且能够自我复制的一组计算机指令或者程序代码。

当今社会，计算机病毒（恶意软件）通常是运行在计算机后台或移动设备，设法获取用户的银行账号、网购账号，以及用户个人信息等数据，从中谋得经济利益。

1. 计算机病毒的特征

①传染性：即自我复制能力（能通过存储器和网络传播），是计算机病毒最根本的特征，也是病毒和正常程序的本质区别。

②隐蔽性：计算机病毒具有很强的隐蔽性，有的可以通过病毒软件检查出来，有的根本就查不出来。

③潜伏性：有些病毒像定时炸弹一样，它什么时间发作是预先设计好的。比如黑色星期五病毒，不到预定时间一点都觉察不出来，等到条件具备的时候一下子就爆炸开来，对系统进行破坏。

④可激发性：在一定条件下，通过外界刺激，可使病毒程序激活。例如在某个时间或日期、特定的用户标识符的出现、特定文件的出现或使用、用户的安全保密等级或者一个文件使用的次数等，都可激活病毒。

⑤破坏性：计算机病毒寄生在其他程序之中，当执行这个程序时，病毒就起破坏作用，使系统资源受到损失、数据遭到破坏、计算机运行受到干扰，甚至使计算机系统瘫痪，造成严重的后果。

⑥变异性：某些病毒可以在传播的过程中自动改变自己的形态，从而衍生出另一种不同于原版病毒的新病毒，这种新病毒称为病毒变种。有变形能力的病毒能更好地在传播过程中隐蔽自己，使之不易被反病毒程序发现及清除。有的病毒能产生几十种变种病毒。

2. 计算机病毒的传播渠道

计算机病毒的传播渠道主要有两种途径：

①通过 U 盘、移动硬盘等移动存储设备传播。

②通过网络传播，有了互联网，大量的信息可以通过计算机网络快速地进行传播。因此，计算机病毒可以附着在正常文件中通过网络进入一个又一个系统。在信息国际化的同时，病毒也在国际化。这种方式已成为计算机病毒的第一传播途径。

3. 防范计算机病毒的措施

防范，就是防止出现。计算机病毒的防范是指人们在平时使用计算机的过程中通过计算机杀毒软件和相应的计算机管理制度，随时发现计算机病毒，随时清除或隔离。对于一般用户，应充分认识到计算机病毒的危害性，了解病毒的传染链，自觉地养成正确使用计算机的好习惯，以避免病毒的感染及发作。例如，至少应注意以下几点：

①不用盗版或来历不明的硬盘、U 盘。对于外来的硬盘、U 盘，一定要先检查，确认安全后再使用。

②不要浏览危险网站或从不可靠的网站下载软件，对收到的电子邮件进行必要的鉴别。

③备份重要资料，定期进行文件（程序及数据）的备份。

④对所有不需写入数据的磁盘进行写保护。

⑤做好密码管理工作，注意观察计算机系统的运行情况，对于任何异常现象都应高度警惕，及时采取消毒措施。

⑥使用防火墙。防火墙是在内部网络与外部网络之间实施安全防范的系统。可以认为它是一种访问控制机制，作用是确定哪些内部服务允许外部访问，以及允许哪些外部服务可被内部访问。从逻辑上说，防火墙充当了分离器、限制器、分析器的作用，它有效地监控了内部网络和外部网络之间的活动，从而保证了内部网络的安全。

⑦安装杀毒软件并及时更新病毒库，定期查杀病毒。

⑧经常用杀毒软件检查硬盘（U 盘）。一旦发现计算机感染了病毒，要立即采用有效措施将病毒清除。清除病毒的方法有很多，目前最常用、最有效的方法是采用杀毒软件来杀灭病毒。用户可根据自己的需求选择一种合适的杀毒的软件。

4. 防范黑客的攻击

通过如下措施可在一定程度上防范黑客的攻击：

①使用安全级别比较高的操作系统、数据库管理系统，并注意给软件系统及时升级，修补软件漏洞，安装入侵检测系统、防火墙和防病毒软件。

②不要轻易打开和相信来路不明的电子邮件；不要从不明网址下载软件；在进行网上交易时要认真核对网址，看是否与真正网址一致；不要轻易输入账号、密码、身份证号等个人信息；尽量避免在网吧等公共场所进行网上电子商务交易。

③不要选择诸如身份证号码、出生日期、电话号码、吉祥数等作为密码，这样的密码很容易破译，建议设置由一定长度的由字母、数字和特殊符号组成的混合密码。

4.6.4 信息系统安全技术

1. 加密技术

在信息系统中，要获取对系统资源的访问，就会被要求输入密码。但在网络系统中，这样的口令方式在传输线路上很容易被窃听或篡改。因此，从用户终端向网络服务器传输的数据必须加密。

信息加密涉及密码学的内容。密码学包括两个方面的内容：密码编码学（cryptography）及密码分析学（cryptanalysis）。数据加密属于密码编码学范畴。密码技术的基本思想是伪装信息，伪装就是对数据实施一种可逆的数学变换。

伪装前的报文和数据称为明文。伪装后的报文和数据称为密文。伪装明文的过程称为加密。去掉伪装恢复明文的过程称为解密。加密所采取的变换方法称为加密算法。与加密变换相逆的变换算法称为解密算法。在加密和解密算法中所选用的参数称为密钥。加密时所用的密钥和解密时所用的密钥可以相同，也可以不同。

传统加密技术（古典密码）：虽然传统的加密方法多种多样，但用得较多的主要是置换法和代替法。置换法是把明文中的字母重新排列，字母本身不变，但其位置改变了。代替法首先构造一个或多个密文字母表，然后用密文字母表中的字母或字母组来代替明文字母或字母组，各字母或字母组的相对位置不变，但其本身改变了。传统的加密方法在快速的计算机面前不堪一击，而且密钥的安全传送较为困难或根本无法完成。

现代加密共同的特点是公开加密的算法，保密的是密钥。现代加密是建立在算法复杂性的基础上的。现代密码学主要有两种基于密钥的加密算法——对称加密算法和公开密钥算法。

①对称加密算法：加密和解密使用相同密钥，并且密钥是保密的，不向外公布。比较典型的加密算法是数据加密标准（data encryption standard，DES）算法。这种加密技术的特点是加解密密钥相同或可以相互推导出，发送方用密钥对数据（明文）进行加密，接收方收到数据后，用同一个密钥进行解密。实现容易，速度快。算法的安全性完全依赖密钥的安全性，如果密钥丢失，就意味着任何人都可以解密加密信息。为了保证双方拥有相同的密钥，在数据发送接收之前，必须通过安全通道来传递密钥。所以，这种加密方法在网络环境中实现较为困难．因为通信双方无论以何种方式交换密钥都有可能发生失密。

②公开密钥算法：也称非对称密码加密技术。它有两个不同的密钥：一个公布于众，谁都可以使用公开密钥（称为公钥）；一个只有解密人自己知道的私人密钥（称为私钥）。在进行数据加密时，发送方用接收方公开密钥将数据加密，接收方收到数据后使用私人密钥进行解密。根据公开的加密密钥在计算上不能够推算出解密密钥。

公开密钥加密技术与对称密钥加密技术相比，其优点是比较明显的。

用户可以把用于加密的密钥公开地分发给任何需要的其他用户。谁都可以使用这把公共的加密密钥与该用户秘密通信。除了持有解密密钥的合法用户以外．没有人能够解开密文。

公开密钥加密系统允许用户事先把公共密钥公布出来，让任何人都可以查找并使用。这就使得公开密钥应用的范围不再局限于数据加密，还可以应用于身份鉴别、权限区分、数字签名等各种领域。

公开密钥加密技术能适应网络的开放性要求，是一种适合于计算机网络的安全加密方法。由于密钥是公开的，密钥可以随着密文一起在网络中传递，而不必再使用专门的秘密通道。

公钥密钥加密方法的缺点是：算法复杂，加密数据的效率较低。

RSA 体制是 1978 年由 Rivest、Shamir 和 Adleman 提出的公钥密码体制，也是迄今为止理论上最为成熟完善的一种公钥密码体制。RSA 的基础是数论的欧拉定理，它的安全性是基于大整数的因数分解的困难性。

2. 防火墙技术

防火墙是一个实施访问控制策略的系统，它是一种计算机硬件和软件的组合，使互联网与内部网之间建立起一个安全网关（scurity gateway），从而保护内部网免受非法用户的侵入。它其实就是一个把互联网与内部网隔开的屏障，如图 4-18 所示。

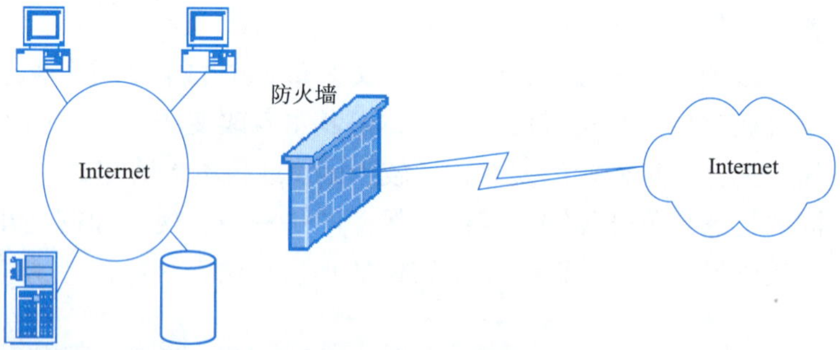

图 4-18　防火墙

实现防火墙的网络安全策略有两条可遵循的规则：①未被明确允许的都将被禁止；②未被明确禁止的都将被允许。两种策略各有利弊，前者过“严”，而后者过“宽”。

防火墙的主要技术有：包过滤技术，应用网关技术，代理服务技术。防火墙能够较为有效地防止黑客利用不安全的服务对内部网络的攻击，并且能够实现数据流的监控、过滤、记录和报告功能，较好地隔断内部网络与外部网络的连接。但它本身可能存在安全问题，也可能会是一个潜在的瓶颈。

防火墙如果从实现方式上来分，又分为硬件防火墙和软件防火墙两类，硬件防火墙，是通过硬件和软件的结合来达到隔离内、外部网络的目的，价格较贵，但效果较好，一般小型企业和个人很难实现；软件防火墙是通过纯软件的方式来达到隔离内、外部网络的目的，价格便宜，但这类防火墙只能通过一定的规则来限制一些非法用户访问内部网络。

防火墙的局限性：①不能防范网络内部的攻击；②不能防范那些伪装成超级用户或诈称新雇员的黑客们劝说没有防范心理的用户公开其口令，并授予其临时的网络访问权限；③不能防止传送已感染病毒的软件或文件，不能期望防火墙去对每一个文件进行扫描，查出潜在的病毒。

3. 安全认证技术

数字签名（digital signature）也称为电子签名，是通过密码技术对电子文档形成的签名，它类似现实生活中的手写签名，但数字签名并不是手写签名图像的数字化，而是加密后得到的一串数据。数字签名的目的是保证发送数据的真实性和完整性，解决网络通信中双方身份的确认，防止欺骗和抵赖行为的发生。

简单来说，数字签名就是只有信息的发送者才能产生的，与发送信息密切相关的、他人无法伪造的一个数字串，它同时也是对发送者发送信息的真实性的一个证明。

假设企业有一封重要的邮件要发送给代理经销商，邮件内容是对代理经销商的授权，可是在网络上有如此多的威胁下，如何让代理经销商相信这封邮件是来自企业呢？这就是数字签名所要面对的问题。创建数字签名的整个过程要经过的步骤如图 4-19 所示。

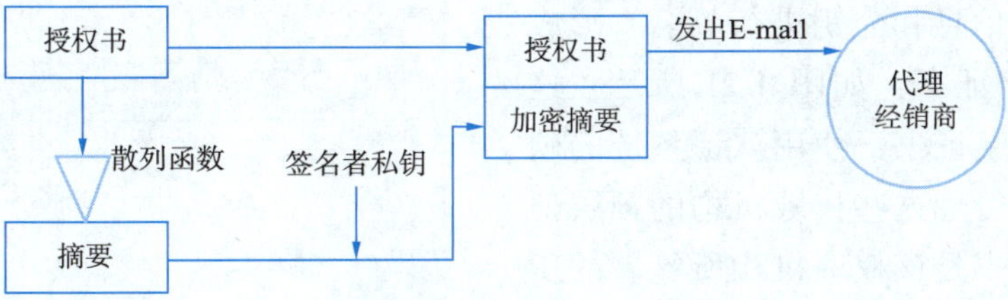

图 4-19　创建数字签名

①若企业和代理经销商各自拥有一对密钥中的一把，这是由公开密钥算法生成的两把钥匙，企业所持有的称为签名者私钥，代理经销商所持有的称为签名者公钥。

②授权书经过散列函数生成摘要。散列函数是将长长的授权书压缩成一小段数据的函数，最后生成出来的一小段数据称为摘要，这种函数确保无法从摘要恢复出授权书，也无法从摘要中得到授权书的任何信息，摘要由于具有代表授权书的唯一性，也被称为指纹。目前安全性比较好的散列算法有 SHA-1 等算法。

③摘要被企业自己的私钥加密，产生加密摘要，然后将加密摘要放在授权书之后，一起通过 E-mail 发给代理经销商。

④代理经销商收到邮件后，先将授权书和加密摘要分开。

⑤代理经销商再次使用散列函数生成授权书的新的摘要。

⑥代理经销商将加密摘要用企业的公钥进行解密，得到摘要。

⑦对摘要和摘要进行对比，看看是否一致，如果一致，代理经销商就可以确定授权书是由企业发出的，因为只有用签名者私钥加密的摘要才能用签名者公钥解密得到原始摘要，而签名者私钥只有企业才有；如果不一致，则说明授权书在传输过程中被人改动过，这份授权书不是由企业发出的原始授权书。

验证数字签名的过程如图 4-20 所示。数字签名确实可以解决判断一个信息是否被修改过，但是这个过程却有一个漏洞，如果黑客将签名者公钥替换成自己的公钥，那么代理经销商会认为来自黑客的授权书才是真正的授权书，这会导致整个数字签名的失败。这就需要认证系统的建立来解决这个问题，对于参与者的鉴别由权威机构提供一个担保文件完成，这个担保文件就是数字证书，数字证书就是希望向公钥的使用者证明，这个公钥确实是由某个公司或个人发出的，权威机构将参与者的公钥和证明信息用权威机构自己的私钥进行数字签名，这些信息一起形成的文件就是数字证书了。

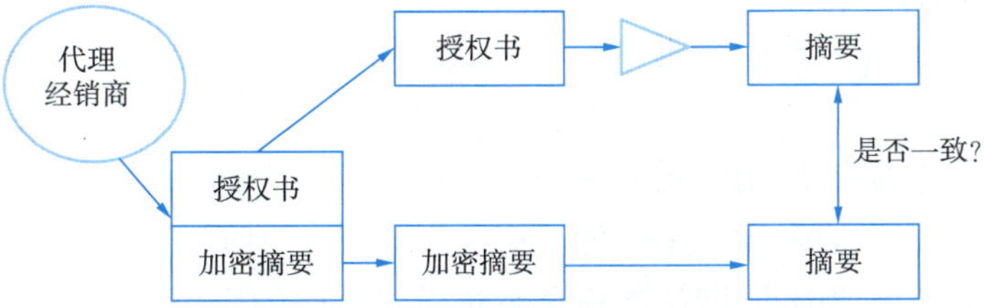

图 4-20　验证数字签名

然而，如何验证数字证书呢？这需要权威机构将自己的信息和公钥进行签名，形成一个特殊的数字证书，如图 4-21 所示，这种证书称为自签名证书，使用认证系统的软件需要很小心地管理这些权威机构的顶层证书，这些顶层证书是该权威机构所签署的所有数字证书的信任基础。如果要认证某证书是否可信，只需要用签发该证书的顶层证书中的公钥进行验证即可，这就是认证系统的基本工作方式。在我们使用的浏览器中已经存储了一张长长的列表，包含了已经知道的权威认证机构的顶层证书，浏览器厂商在验证了这些权威机构是可信的之后，就会将这些证书加载到浏览器中，进行认证使用。

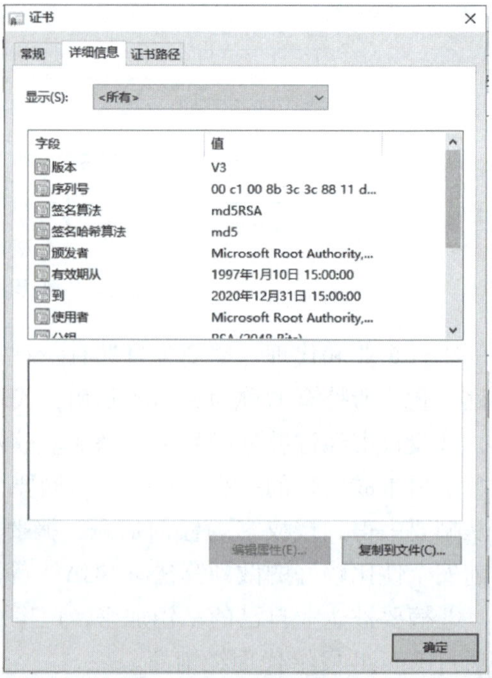

图 4-21　数字证书

4. 身份认证技术

身份认证技术是信息系统中用于鉴别用户身份的技术，是信息系统确认操作者身份的过程，同时确定操作者对不同资源的访问权限，从而保证系统和数据的安全。

目前身份认证的方式主要包括以下三种：

（1）基于秘密信息的身份认证

用户通过只有自己知道的秘密信息进行身份认证，最简单通用的是用户名（账号）和密码（口令）的组合。密码是一个用于身份认证的保密的符号串。优点是方便、速度快、成本低，用户不需要专门的设备即可输入密码进行身份认证。缺点是安全性差，输入密码时可能被偷窥，存储密码时可能被手机或计算机中的病毒窃取，传输密码时可能被监听，也可能遭受穷举法、字典法等方式的暴力破解。若要增加密码的安全性需要做到以下几点：

①增加密码的复杂度：设置一个包含大小写字母、数字、特殊符号的较长的混合密码，使穷举法很难猜出密码。

②避免使用生日数字、常用词汇作为密码：由于穷举法破解密码效率太低，又出现了字典法，也就是在破解密码时优先尝试日期数字组合以及常用词汇，因此不要使用生日数字或常用词汇作为密码。

③定期更换密码：经常使用密码，很难保证密码不被偷窥或病毒窃取，因此应定期更换密码。

④不同网站或信息系统使用不同的密码：网站或信息系统由于自身安全性问题或管理漏洞，造成密码泄露的事情多次发生，为了避免一个网站泄露了密码，造成在所有网站注册的账户都受到影响，应为不同网站或信息系统设置不同的密码。

（2）基于信任设备的身份认证

通过用户所拥有的安全设备进行身份认证，主要包括手机验证码、密码器、IC 卡、U

盾等。

①手机验证码：通过手机接收服务器下发的短时间内有效的一次性短信密码进行身份认证。只要做到手机不离身，手机上收到的验证码短信就只有手机机主本人能看到，这时手机可以被认为是信任设备。但如果手机遗失，将造成极大的安全风险。因此手机应设置屏幕解锁密码、SIM 卡启动密码，并在发现手机遗失的第一时间对手机号进行挂失停机。

②密码器：一种内置电池、运算芯片和密码生成程序的便携设备，密码器的内置时钟出厂时经过校准，靠电池维持运行，保证时间与服务器时间相同或接近，按照预置的算法和参数脱机生成短时间内有效的验证码。

③IC 卡：内嵌有集成电路芯片的塑料卡或纽扣卡，有接触卡和非接触卡两种形式，通过读写器与计算机进行数据交互。IC 卡分为 ID 卡、CPU 卡等形式。ID 卡能存储一个唯一的卡号和少量的用户数据，成本低，已广泛使用在各类门禁设备中。但因其技术简单，可轻易破解和复制，安全性很差。CPU 卡内置处理器和存储器，相当于一台微型计算机，不仅具有数据存储功能，同时具有命令处理和数据安全保护等功能，广泛应用于金融、保险、交通、政务等多个领域。

④U 盾：U 盾是用于网上银行电子签名和数字认证的工具，它内置微型智能卡处理器，采用 1 024 位非对称密钥加密算法对网上数据进行加密、解密和数字签名，确保网上交易的保密性、真实性、完整性和不可否认性。

以上信任设备中，由于手机验证码和密码器有一个获得密码后手工写入网站的过程，有被钓鱼网站骗走验证码的可能，安全性较低，不可过于信赖。

(3) 基于生物特征的身份认证

通过用户自己独有的生物特征进行身份认证，例如指纹、虹膜、面部识别等。

①指纹：人手指末端指肚上有凹凸的皮肤形成的纹路，每个人的指纹不同，同一个人的不同手指的指纹也不一样，因此可以作为进行身份认证的生物特征。通过指纹传感器可获得指纹图像，然后对指纹图像进行处理，提取指纹特征并进行比对，即可完成指纹识别身份认证。大多数笔记本计算机和智能手机都以此作为基本身份识别方式。

②虹膜：人眼的虹膜内含有许多相互交错的条纹和斑点，细节的复杂度远超指纹，人与人的差异非常大，并且在人的一生中基本不会发生变化，因此是比较理想的个人身份识别特征。

③面部识别：是基于人的脸部特征信息进行身份识别的一种生物识别技术。用摄像机或摄像头采集含有人脸的图像或视频，并自动在图像中检测和跟踪人脸，进而对检测到的人脸进行脸部识别，具有操作自然、非接触等优点，但人脸外形并不稳定，识别准确率低于其他生物特征。

由于人的指纹、面部特征等存在可以被复制、难以修改的特点，因此不宜作为有高安全性要求时的身份认证手段。

4.6.5　网络安全趋势与展望

近年来，人们的日常生活和工作越来越依赖计算机和网络技术，计算机技术和网络技术的快速发展，一方面为人们带来了极大的便捷性，另一方面也产生了一些网络安全问题。倘若对于网络安全问题没有足够的重视，则可能造成数据的泄露和缺失，而当这些数据信息被不法分子所使用，那么便有可能对个人以及企业造成一定的经济损失。

据统计，全球大约有4%的移动设备被恶意软件感染，另外大约有一半的设备处在暴露敏感数据的高风险中。许多用户仍然无视安全威胁，到非官方的App商店下载装有恶意软件的移动应用程序。即使是信誉良好的应用商店也可能被恶意软件开发商所欺骗，因为这些软件至少表面上看起来是安全的。除了复杂的网络环境和黑客攻击带来的外部威胁，在企业内网中，各种企业内员工的违规操作或恶意窃取事件也不断被曝光，成为另一类重大安全隐患。目前，大部分的网络安全事件是由信息泄露引起的，数据安全已成为信息安全领域的核心问题之一。针对这些影响恶劣的网络攻击事件，包括微软、思科、Facebook和Oracle在内的34家全球知名科技公司签署了一项具有重要意义的网络安全技术协议，这些科技公司将就网络安全问题展开深入合作，并考虑研发新的安全工具和产品来保护客户。

1. 网络安全的发展趋势

随着网络安全领域的攻击与反攻击、渗透与反渗透的愈演愈烈，网络安全呈现出以下显著特点和演变趋势：

（1）网络安全产业的发展生态多样化

目前，全球网络安全产业发展态势良好，就全球安全产业而言，其生态圈呈现多样化格局，包括技术研发公司、安全产品公司和技术咨询公司等，分工越来越细，专业性越来越强。

（2）网络安全技术逐渐回归安全本源

从技术层面看，网络安全研究回归安全本源的态势日益明显。尽管新概念和新技术层出不穷，更多的安全科技公司更加重视安全基础理论和原始创新。值得关注的是，安全技术的叠加演进态势日益明显，新的安全技术并不摒弃原有的安全措施，而倾向使用新的技术手段来补足加强原有的安全方案。例如，端点检测与响应（EDR）技术就是在原有终端安全技术基础上的叠加演进，通过叠加基于数据的威胁态势分析，可以弥补传统终端安全技术对未知威胁检测和响应能力上的不足，提高终端安全系统的主动防御能力。

（3）逐渐放弃网络安全的“银弹”思维

当前，业界对网络安全有了更加清晰一致的认知，安全业务正变得更加务实。当前，安全威胁愈演愈烈，但网络空间安全形势却日益变好，因为越来越多的机构和个人已抛弃传统的“银弹”思维，不再追求一劳永逸解决安全问题的终极方案，而是非常务实地实施安全技术创新和协同防御策略，持续改进和优化安全技术与产品。企业正采取商业驱动的安全方法来管理数字风险。风险本身并不是威胁，太多或者太少的风险才容易带来问题。在应对风险过程中，企业通过引入大数据、机器学习、人工智能等热门且已日趋成熟的新技术来减少安全事件带来的负面影响。当前，在企业开发的生命周期中应用安全实践的增长趋势日益明显，越来越多的公司意识到将安全纳入开发运营的重要性。另一方面，政府部门不断完善安全监管政策，推出了许多行之有效的奖惩措施。

2. 安全技术展望

（1）物联网与工控安全问题日益增多

由于物联网与人们的生活息息相关，长期以来物联网安全一直在安全领域占据着重要地位。小到家庭温度计、智能电视，大到智能汽车、工业控制系统，由于联网设备缺乏统一的安全标准，凸显出的安全问题不仅数量庞大而且类型众多，如安全加密固件的升级问题、未加密的视频流、密码存储未有效保护、过度分享数据带来的隐私问题等。对于这些问题，需要物联网设备制造商和终端用户联合采取措施，并注重系统每一个环节的安全。

此外，由于工业领域的设备数量庞大、组成复杂，操作系统更新和危险防护措施都难以及时落地，一旦其中一项遭遇攻击，将造成严重威胁，特别是对工业系统最后一层保障的安全辅助控制系统的攻击被视为最危险的网络攻击行为之一。针对工控安全，各大厂商均建议工业企业要制定行之有效的整体安全策略，从架构和配置上整体考虑安全防护、综合网络运营中心和安全运营中心进行网络管理和危险探测，建立一体化的安全团队等。

（2）数据安全与隐私保护问题日益突出

一些安全专家认为，当今的软件构建方式依托于庞大的在线代码库，通过代码库协作、云存储数据，并托管关键应用程序，这种方式在带来便利的同时也暴露出严重的安全隐患。在数据为王的时代，攻击者的攻击目标逐渐从终端转变到数据，即通过收集不同来源的数据并将其融合在一起，达到识别用户身份、查找业务弱点和攻击机会的目的。攻击者一旦成功对数据库和云存储基础架构实施攻击，将会窃取大量的企业和用户敏感数据。

因此，企业不仅需要采取必要的防护措施，还要分析其数据可能遭遇的风险。企业应考虑配备专门的“数据管理员”来跟踪和管理数据资产，特别是保护云中的数据资产。企业应当采取多种工具，定期审查存储在云中的数据资产相关的访问日志，检测并预防通过代码库导致的数据泄露。

（3）信息新技术在网络安全领域的快速应用

大数据作为监测网络状态、分析网络行为和诊断网络故障的关键技术手段，得到包括安全领域在内的许多行业的高度重视。基于大数据的网络安全态势感知是未来网络安全发展的一个重要方向。网络安全态势感知旨在对网络安全当前态势进行充分了解并对未来态势进行科学预测，以便有效应对当前新的网络安全威胁。态势感知以大数据为基础，全面洞悉网络及应用运行健康状态，识别安全风险漏洞，从全局视角提升对安全威胁发现、理解、分析和响应能力，并通过全流量分析技术实现完整的网络攻击溯源取证，帮助信息安全人员采取针对性响应处置措施。

人工智能（artificial intelligence，AI）在安全领域已做了多年探索，但整体实现效果并不尽如人意。基于 AI 的安全产品最大的问题是存在较高的误报率，并且这一问题至今没有得到较好解决。最近，基于群体智能的恶意软件检测和安全防御产品彰显出强大的群体效应。另外，值得关注的是，基于大数据和人工智能的安全运维自动化引起了业界极大关注，将会成为未来安全系统的内嵌特征之一。与此同时，区块链技术也逐步从理论走向实践。企业应用区块链技术时，往往要涉及信任模型、管理、身份和保密等内容。区块链只是一个工具，并非一项业务。企业厂商需要摆正态度，不能把区块链当作灵丹妙药，而应当从实际应用角度来思考其在安全领域的发展。

另外，随着云计算的不断发展与进步，云化应用逐渐走向成熟，基于云的防护服务已成为安全厂商的标配。云安全系统越来越注重用户实体行为分析技术的集成。最后，云端交付的自动化防护和响应的趋势日益明显，将安全防护和安全响应能力上云，通过云端处理来加强终端的安全防护能力的做法变得越来越流行。

拓展阅读 >>>>>>

网上支付及其安全性

通常情况下，当人们在互联网上进行购物活动，或者在现实生活中的超市、大型商场以及各类餐饮店进行消费时，无论是支付一些小额的费用，还是进行其他金额的交易，都可以便捷地通过支付宝或微信提供的扫一扫功能，或者是它们内置的收付款功能，轻松而快速地完成支付过程。这些移动支付方式因其高效、便捷的特点，已经深入人们的日常生活，成为不可或缺的支付手段。那么，在享受这些便捷服务的同时，支付安全问题也随之而来，成为大家普遍关注的重要议题。接下来，就针对这一与每个人息息相关的支付安全问题进行探讨。

1．短信身份认证

在手机上使用支付宝或者微信应用程序进行银行卡绑定的步骤如下：

首先，需要在支付宝或微信 App 中选择“添加银行卡”的功能，然后按要求填写姓名、银行卡号等一些必要的信息。其中很重要的一点是需要正确填写“银行预留手机号码”（否则 App 会提示预留号码不正确，无法完成添加银行卡操作）。然后，点击“下一步”或“确定”按钮。接下来，手机 App 会提示“绑定银行卡需要短信确认，验证码已经发送到你的手机”。同时，手机会收到一条短信验证码（一般 5 min 内有效）。将此验证码在 App 中输入并点击“下一步”或“确定”按钮即可完成银行卡绑定操作。之后，当使用支付宝或微信进行小额支付时，就可以直接从绑定的银行卡扣款了。

由上面的内容可以看到，在支付宝或微信绑定银行卡过程中，手机号码承担着个人身份认证的功能。只要在 App 中正确地输入了手机号码接收到的验证码，就认为此操作是本人进行的。重置支付宝或微信登录密码、支付密码，注册或修改京东、淘宝、12306 等网上商城或票务公司账号，修改网上银行信息等，人们会发现越来越多的网络服务的个人身份验证是通过手机验证码来实现的。能够通过手机短信认证个人信息，一方面是因为人们在办理银行卡时预留了自己真实的手机号码，以及手机号码实名制带来的便利。但是人们也会发现，如果别人获得了自己的手机 SIM 卡，就有可能以接收短信验证码的方式假冒身份、执行重置支付宝或微信密码、完成购物支付、转出银行账号中的余额等操作。为了避免这些情况的发生，要尽可能地保管好自己的手机。常用方法包括设置 SIM 卡的开机密码，设置手机的锁屏密码，不把手机交给陌生人使用等；如果手机不慎丢失，应第一时间联系手机号码服务运营商，冻结该手机号码的所有功能，并尽快完成 SIM 卡的补卡操作。

2. 扫一扫二维码支付，究竟做了什么

在日常的支付场景中，当人们选择使用支付宝或微信来进行支付操作时，通常会根据具体的情况和需求，采取不同的支付方式。一种常见的方式是，消费者主动打开支付宝或微信的“扫一扫”功能，对准商家提供的二维码进行扫描，通过这一系列动作来完成支付过程。这种方式下，消费者需要主动操作，确保扫描准确无误，从而顺利完成支付。而另一种方式则是，消费者向商家出示自己手机上的“付款码”，由商家使用扫码设备对消费者的付款码进行扫描，进而完成支付。这种方式下，消费者只需展示付款码，操作相对简单，主要由商家来完成扫码和支付确认的步骤。那么，这两种支付方式之间究竟存在哪些具体的差异？它们各自的优势和适用场景又是什么呢？

（1）主动读取二维码时的支付流程

在主动读取方式中，付款方使用支付客户端 App 内置的二维码识别工具扫描包含支付链接的二维码进行支付，二维码中包含的是支付接入系统 URL 和访问参数，支付指令是付款人主动发起的。当用户开始进行二维码支付的时候，用户使用支付客户端 App 对支付二维码进行扫描、识读，用户在手机界面上对支付金额等信息进行确认（后台会进行数字签名操作），确认后支付指令将被支付接入系统接收、处理，支付系统处理完支付请求后，支付客户端 App 上显示支付结果，同时支付结果会反馈给收款方。

（2）被动读取二维码时的支付流程

在被动读取方式中，付款人使用支付客户端 App 请求支付系统发送支付信息，生成二维码支付凭证，收款方扫描二维码获取支付凭证，向支付接入系统发出要求付款人进行支付的支付指令，支付指令由收款人主动发起，二维码中包含的是支付凭证。付款用户使用支付客户端 App 向支付系统请求发送支付信息，支付系统向支付客户端 App 发送支付信息，收款方扫描付款方手机上的支付二维码，支付二维码被识别、读取，收款方向支付系统提交支付请求，支付接入系统要求付款方对支付请求进行确认。付款方确认后（后台会进行数字签名操作），支付客户端 App 向支付接入系统确认支付，支付系统处理完支付请求后，将支付结果反馈给付款方和收款方。

二维码支付，作为当前移动支付领域广泛应用的一种便捷支付方式，从整个交易过程的视角出发，其所需满足的基本安全需求涵盖了多个重要方面。具体而言，这些基本安全需求不仅包括交易双方的可认证性，确保参与交易的各方身份真实可靠，还包括交易信息的私密性，防止敏感信息被非法截获或泄露。此外，交易数据的完整性也是不可或缺的，确保数据在传输过程中不被篡改或损坏。最后，交易的不可否认性同样至关重要，保证交易一旦完成，任何一方都无法否认其参与或发生的既定事实。

举例来说，为了确保交易的安全性，用户生成的被动读取二维码中，必须包含用户不可否认的身份确认信息，这样可以在交易发生争议时，提供有力的证据支持。同时，在数据传输过程中，必须采用加密技术确保传输数据的私密性和完整性不被破坏。而这些安全需求的实现，依赖于非对称加密技术、数字签名技术及公钥基础设施（PKI）技术。这些技术通过各自独特的工作原理和协同作用，共同构建起一个稳固的安全防护体系。

当然，需要注意的是，尽管这些基本安全需求和实现技术是通用的，但不同的公司在具体应用时，会根据自身的业务特点和安全策略采用不同的技术细节和实施方案。因此，在实际应用中，各公司会根据实际情况进行灵活调整和优化，以确保支付过程的安全性和可靠性。

思考与练习

1. 计算机网络的主要目标是实现（　　）。
   A. 数据处理　　B. 文献检索
   C. 资源共享和数据通信　　D. 信息传输
2. （　　）拓扑结构具有中心节点，其他节点都与中心节点相连。
   A. 总线　　B. 星状　　C. 环状　　D. 网状
3. IP 地址是一个 32 位的二进制数，通常采用（　　）表示。
   A. 十进制　　B. 十六进制　　C. 八进制　　D. 二进制
4. OSI 参考模型中，负责处理语法表示问题的是（　　）。
   A. 应用层　　B. 表示层　　C. 会话层　　D. 传输层
5. （　　）不是局域网的特点。
   A. 覆盖范围小　　B. 传输速率高　　C. 误码率高　　D. 结构简单
6. 网络中的数据传输速率通常用（　　）来表示。
   A. 字节/秒　　B. 位/秒　　C. 帧/秒　　D. 包/秒
7. 在计算机网络中，DNS 服务器的作用是（　　）。
   A. 分配 IP 地址　　B. 解析域名
   C. 存储网页内容　　D. 进行数据加密
8. （　　）传输介质的传输速度最快。
   A. 双绞线　　B. 同轴电缆　　C. 光纤　　D. 无线
9. （　　）网络攻击方式是通过发送大量请求来耗尽目标系统资源。
   A. 病毒攻击　　B. 木马攻击
   C. 拒绝服务攻击　　D. 黑客攻击
10. 以下关于防火墙的说法，错误的是（　　）。
   A. 防火墙可以防止内部网络的攻击
   B. 防火墙可以限制外部对内部网络的访问
   C. 防火墙可以检测和阻止病毒
   D. 防火墙可以记录网络访问情况
11. 网络安全的基本目标不包括（　　）。
   A. 保密性　　B. 完整性　　C. 可用性　　D. 可扩展性
12. （　　）可以防止外部网络对内部网络的非法访问。
   A. 加密技术　　B. 防火墙技术
   C. 入侵检测技术　　D. 防病毒技术

13. 计算机病毒的主要特点不包括（　　）。

A. 传染性　　B. 隐蔽性　　C. 自生性　　D. 破坏性

14. 为了保护计算机系统的安全，（　　）措施是最有效的。

A. 定期清理磁盘

B. 安装杀毒软件和防火墙

C. 定期更新操作系统和软件

D. 以上都是

15. （　　）攻击方式是通过欺骗用户输入敏感信息来获取用户账号和密码。

A. 暴力破解　　B. 网络钓鱼　　C. 拒绝服务　　D. 中间人

第 5 章 让计算机来解决难题吧

【本章导读】

人工智能的三大重要基础分别是算力、大数据和算法。近几年人工智能得以快速发展和广泛应用，高性能算法发挥了非常重要的作用。杨立昆开发的卷积神经网络算法、杰弗里·辛顿提出的深度学习算法、约书亚·本吉奥提出的语言模型与注意力机制算法等，有力地促进了深度学习模型的实用化，为此三位科学家共同获得了 2018 年度图灵奖。本章介绍算法与程序设计，有了好的算法，才能编写出高性能的程序，才能在计算机上实现各种功能，包括智能化功能。

【学习目标】

1. 理解算法特性及评价标准。
2. 了解 Python 基础语法及数据类型。
3. 了解数据结构（线性结构、树状结构、图状结构）的特点与应用。

5.1 计算机语言

人和人交流需要借助于双方都能理解的某种语言，人和计算机交流也需要借助于某种合适的语言。程序设计语言就是一种人与计算机进行交流，让计算机理解人的意图并按照人的意图完成工作的语言。针对要完成任务的工作步骤，程序员基于某种程序设计语言编写出程序，提交给计算机执行，从而完成该项任务。

程序设计语言的发展经历了机器语言、汇编语言和高级语言三个阶段，机器语言和汇编语言都称为低级语言。程序设计语言有几百种，但常用的不过十多种。

1. 机器语言

机器语言是由 0 或 1 二进制代码按一定规则组成的、能被机器直接理解和执行的指令集合。机器语言中的每一条语句实际上是一条二进制形式的指令代码，一般指令格式如下：

```
操作码  操作数
```

其中操作码是指要完成的操作，操作数是要操作的数本身或它在内存中的地址。

例如，计算 A = 10+8 的机器语言如下：

```
10110000 00001010：把 10 放入累加器 A 中
00101100 00001000：8 与累加器 A 的值相加，结果仍放入 A 中
11110100：结束，停机
```

用机器语言写的程序代码不需要翻译，所占空间少，执行速度快。但用机器语言来编写程序工作量太大，而且机器指令难学、难记、难修改。

由于不同的计算机，其指令系统不同，机器语言随机器而异，因此机器语言编写的程序通用性差。所以机器语言是一种面向机器的语言，现在没有人会用机器语言直接编写程序。

2. 汇编语言

为了克服机器语言的缺点，汇编语言采用助记符来表示机器指令代码或地址。比如，汇编语言用 ADD 表示加、SUB 表示减、JMP 表示程序跳转等，上述计算 A = 10+8 的汇编程序如下：

```
MOV A,10:把 10 放入累加器 A 中
ADD A,8:8 与累加器 A 相加，结果存入 A 中
HLT:结束，停机
```

可以看出，汇编语言在一定程度上克服了机器语言难读、难修改的缺点，但仍然比较冗长、复杂、容易出错，而且使用汇编语言编程需要有很多的计算机专业知识。但汇编语言的优点也是显而易见的，用汇编语言所能完成的操作不是一般高级语言所能实现的，而且源程序经汇编生成的可执行文件不仅比较小，而且执行速度很快。目前对实时性要求较高的地方，如过程控制等还会选择使用汇编语言来编程。

汇编语言的实质和机器语言是相同的，虽然对机器语言进行了符号化处理，但它仍然是直接对硬件操作，是面向机器的语言，通用性差、不具有可移植性。

3. 高级语言

不管是用机器语言还是汇编语言来写程序，都要求编程人员对机器的指令系统非常了解。而高级语言是一种接近自然语言和数学公式的程序设计语言，这样程序员就可以不用再与计算机的硬件打交道，能将精力集中在问题的解决上，极大地提高了编程效率。

比如，上述计算 A = 10+8，用 Python 语言（3.0 以上版本）实现代码如下：

```
A=10+8        #10 与 8 相加的结果放入 A 中
print(A)      # 输出 A
```

一般将用高级语言编写的程序称为源程序。对于源程序，计算机是不能识别和执行的，必须先将它翻译成计算机能识别和执行的二进制机器指令，然后才能让计算机执行。

（1）计算机将源程序翻译成机器指令

计算机将源程序翻译成机器指令时，通常有编译、解释两种翻译方式。

①编译方式。

编译程序对源程序进行编译处理，会产生一个与源程序同名的目标程序（＊.obj），但目标程序还不能直接执行，因为程序中可能调用一些系统提供的库函数或其他语言编写的程序，所以这些库函数或程序需要通过连接程序将目标程序和相关的程序连接成一个完整的可执行程序（＊.exe），如图 5-1 所示。

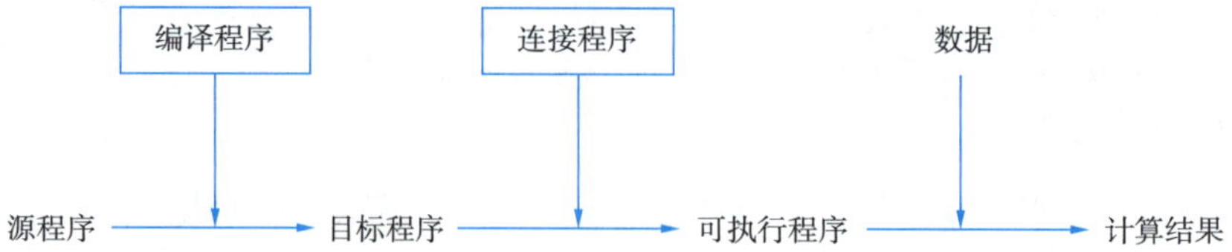

图 5-1　编译方式的工作过程

最后产生的可执行程序可以脱离编译程序和源程序而独立使用，因此执行速度快。但如果对源程序中的代码进行修改，就必须重新对源程序进行编译。大多数的高级语言都采用编译方式。

②解释方式。

解释方式是对源程序进行逐句分析，翻译一句执行一句，边翻译边执行。若没有错误，将语句翻译成一个或多个机器语言指令，然后立即执行这些指令。若翻译时发现错误，会立即停止，报错并要求用户修改代码。解释方式不生成目标程序。

采用解释方式时，每次运行程序就必须重新解释，解释一条语句就执行一条语句，故程序执行速度比较慢。

（2）高级语言的发展

从 1954 年第一个完全脱离机器硬件的高级语言 FORTRAN 问世以来，共有二百多种高级语言出现，影响较大、使用较普遍的只有几十种，有 FORTRAN、ALGOL、COBOL、BASIC、LISP、SNOBOL、PL/1、Pascal、C、PROLOG、Ada、C + +、VC、VB、Delphi、Java 等。这么多种语言，每一种语言的出现都带有某些新特征，而且编程语言也还在不断革新中。

独立评估机构 TIOBE 每年都会发布编程语言的排行榜。它反映了编程语言的流行趋势，反映了某个编程语言的热门程度，但它并不能说明一门编程语言的好坏，或者一门语言所编写的代码数量的多少。表 5-1 列举了 TIOBE 发布的 2024 年 12 月最新统计数据。

表 5-1　2024 年 12 月编程语言的排行榜

2024 年 12 月	2023 年 12 月	变化	编程语言	评分	变化
1	1	↑	Python	23. 84%	+9. 98%
2	3	↑	C++	10. 82%	+0. 81%
3	4	↑	Java	9. 72%	+1. 73%
4	2	↓	C	9. 10%	-2. 34%
5	5	↓	C#	4. 87%	-2. 43%
6	6	↑	JavaScript	4. 61%	+1. 72%
7	13	↑↑	Go	2. 17%	+1. 44%
8	9	↑	SQL	1. 99%	+0. 37%
9	8	↓	Visual Basic	1. 79%	+0. 14%
10	12	↑	Fortran	1. 44%	+0. 72%
11	16	↑↑	Delphi/Object Pascal	1. 39%	+0. 52%
12	7	↓↓	PHP	1. 33%	-0. 62%

续表

2024 年 12 月	2023 年 12 月	变化	编程语言	评分	变化
13	11	↓	Scratch	1. 29%	+0. 26%
14	18	↑↑	Rust	1. 09%	+0. 48%
15	14	↓	MATLAB	1. 05%	+0. 16%
16	20	↑↑	R	1. 04%	+0. 33%
17	10	↓↓	Assembly language	1. 03%	-0. 17%
18	19	↑	Ruby	0. 96%	+0. 26%
19	23	↑↑	COBOL	0. 98%	+0. 30%
20	17	↓	Swift	0. 98%	+0. 16%

下面介绍几种最常见的程序设计语言。

①Python 语言。

自从 20 世纪 90 年代初 Python 语言诞生，现今已经成为最受欢迎的程序设计语言之一。Python 的使用率一直呈快速增长趋势，它多次被评为年度编程语言。

Python 是一种面向对象的程序设计语言。语法简洁清晰，特别是有意设计了限制性很强的语法，如强制用空白符作为语句缩进，使得不好的编程习惯（例如 if 语句的下一行不向右缩进）都不能通过编译。

同时，Python 有着丰富、强大的扩展库，可以轻易完成各种高级任务，开发者可以用 Python 实现完整应用程序所需的各种功能。它能够把用其他语言编写的各种模块（尤其是 C/C++）很轻松地联结在一起。如，使用 Python 快速生成程序的原型（有时甚至是程序的最终界面），然后对其中有特别要求的部分用更合适的语言改写，比如 3D 游戏中的图形渲染模块，性能要求特别高，就可以用 C/C++重写，而后封装为 Python 可以调用的扩展类库。

②C/C++/C#语言

1972 年，美国 Bell 实验室 Kenneth L. Thompson 和 Dennis M. Ritchie 设计开发了 C 语言，并用它完成 UNIX 操作系统开发。虽然 C 语言是高级语言，但它具有与计算机硬件打交道的底层处理能力，而且编译产生的代码短，执行速度快，同时还具有强大的移植性，保持着良好的跨平台特性，可以使用在任意架构的处理器上，只要那种架构的处理器具有对应的 C 语言编译器和库就可以。C 语言的表达式简洁，具有丰富的运算符，是一种面向过程的结构化程序设计语言。C 语言已不限于系统软件的开发，而成为当前最流行的程序设计语言之一。

C++是在 C 语言的基础上加入了面向对象的概念，是一种面向对象的程序设计语言。由于 C++对 C 语言完全兼容，因此应用极为广泛。

C#语言是微软公司发布的一种面向对象的、运行于 . NET Framework 之上的高级程序设计语言。C#在语法规则与系统结构上与 Java 有着很多的相似之处，比如它包括了单继承机制、界面以及与 Java 几乎相同的语法，是微软公司基于 . NET 网络框架进行系统开发的主角。

③Java 语言。

Java 是 SUN 公司（已被甲骨文公司收购）于 1995 年推出的面向对象的程序设计语言，主要用于网络应用开发。Java 语言在语法上类似于 C++，但简化并去除了 C++语言中一些不安全因素，把 C 程序员推崇备至的指针也取消了，并提供了诸多安全保障机制，例如异常处理、代码检查等，这使得 Java 程序更加严谨、可靠。

Java 是一种与平台无关的语言，它既有解释性语言的特征，也有编译性语言的特征。先将 Java 程序进行编译生成字节代码（byte-code），然后字节代码通过解释方式在 Java 虚拟机上执行，其执行过程如图 5-2 所示。

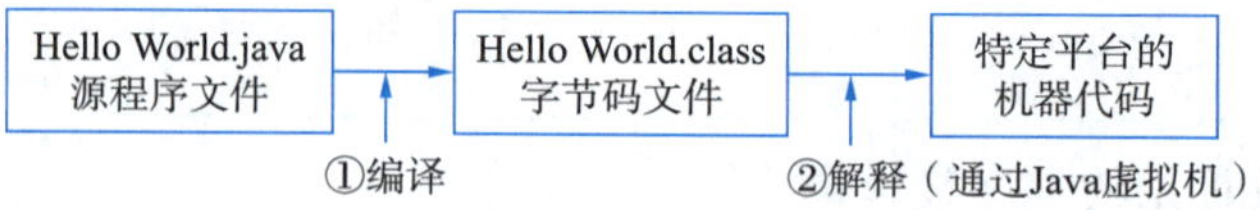

图 5-2　Java 程序的执行过程

这样，一个操作系统平台只要提供 Java 虚拟机，Java 程序就可以在上面运行，具有良好的跨平台优点。其次，Java 采用了可移动代码技术，在网络上不仅可以进行无格式的数据信息交换，而且可以进行程序交换。

5.2 算　　法

算法（algorithm）是计算机科学的重要组成，一旦确定了求解问题的算法，就可以用程序设计语言来编写程序。算法是计算的核心，即将问题分解为计算机可以进行处理的步骤，也是程序设计的重要内容。

5.2.1　算法的概念

用计算机解决问题时，必须先确定解决问题的方法和步骤，然后根据确定的步骤编写程序，最后由计算机来执行程序。这里，解决问题的方法和步骤就是算法，而解决问题的过程就是算法实现的过程。

算法具有以下五个基本特征：

①输入（input）：一个算法有零个或多个输入（即算法可以没有输入），这些输入通常取自某个特定的对象集合。

②输出（output）：一个算法有一个或多个输出（即算法必须有输出），通常输出与输入之间有着某种特定的关系。

③可行性（effectiveness）：也称为有效性，即算法中的每一步操作都应该是有效的、可行的。

④确定性（definiteness）：算法中的每一条指令必须有确切的含义，不存在二义性。

⑤有穷性（finiteness）：一个算法必须总是（对任何合法的输入）在执行有限步之后结束，且每一步都在有限的时间内完成。

算法的执行与数据的输入/输出密切相关，不同的输入将会产生不同的输出结果。如果输入不够或输入错误时，算法本身也就无法执行或会导致执行有错误。因此，当算法拥有足够的输入数据时，此算法才是有效的，当输入的数据不够时，算法可能会是无效的。

5.2.2　算法的表示

通过对问题的分析，我们可以提出问题的求解方法，但如果要与他人分享算法就必须正确、有效地描述算法。表示算法的方法很多，如自然语言法、传统流程图法、N-S 流程图法、伪代码法等。

1. 自然语言法

自然语言法就是用我们日常中用到的、大家都能理解的语言来表示，这个语言可以是英文，也可以是中文，没有标准格式的要求，只要写出来的算法能看懂就行。但这种表示方法可能比较啰唆，而且可能会存在二义性问题，因此并不常用。

2. 传统流程图法

传统流程图法就是使用几何图形、流程线、文字说明来描述一个算法，它的好处是直观、易懂，便于初学者掌握。表 5-2 是传统流程图中用到的基本图形及具体含义说明。

表 5-2　传统流程图基本图形及其含义

图　形	名　称	说　　明
	处理框	表示算法中的各种处理操作，又称矩形框
	判断框	表示算法中的条件判断操作
	输入输出框	表示算法的输入或输出操作
	起始结束框	表示算法的开始或结束
	连接点	用于将不同的流程线连接起来
	功能调用框	表示调用一个处理过程
	流程线	表示算法中流程的执行方向
	注释框	用于书写注释或说明信息

然而，由于在使用传统流程图描述算法时，可以根据需要不受限制地使用流程线，使得设计出来的算法结构性不好，导致相应编制出来的程序结构性也会不好，而且会导致阅读和编程的困难，也不利于后期的使用和维护。

3. N-S 流程图

N-S 流程图是用于取代传统流程图的一种描述方式。因为在传统流程图的使用过程中，人们发现流程线不一定是必需的，随着结构化程序设计方法的出现，1973 年，美国学者 I. Nassi 和 B. Shneiderman 提出了一种新的流程图形式，这种流程图完全去掉了流程线，算法的每一步都用一个矩形框来描述，把一个个矩形框按执行的次序连接起来就是一个完整的算法描述。这种流程图用两位学者名字的第一个字母来命名，称为 N-S 流程图。

在 N-S 流程图中，每个处理步骤是用一个盒子表示的，所谓处理步骤可以是语句或语句序列。需要时，盒子中还可以嵌套另一个盒子，嵌套深度一般没有限制。由于只能从上边进入盒子然后从下边走出，除此之外没有其他的入口和出口，所以，N-S 图限制了随意地控制转移，保证了程序的良好结构。

N-S 流程图形象直观，具有良好的可读性。例如循环的范围、条件语句的范围都是一目了然的，所以容易理解设计意图，而且 N-S 图简单、易学易用，但手工修改比较麻烦。

4. 伪代码法

伪代码（pseudocode）是一种算法描述语言，它用介于自然语言和计算机语言之间的文字和符号（包括数学符号）来描述算法。用伪代码描述的算法结构清晰、表达简单、可读性好，而且相比程序语言来说它更类似于自然语言。

【例 5-1】 问题描述：从键盘输入 3 个数，打印输出其中最大的数。

下面分别用四种算法表示方法来描述解决这个问题的算法。

<table>
<tr><th>自然语言</th><th>伪代码</th></tr>
<tr><td>①输入三个数，分别给变量 A，B，C。
②比较变量 A 和变量 B，如果 A>B，则将 A 值赋给变量 Max，否则将变量 B 值赋给 Max。
③比较变量 C 与 Max，如果 C>Max，则将 C 值赋给 Max。
④输出最大值 Max 的值。</td><td>Begin（算法开始）
输入 A，B，C
If A>B 则 Max=A
否则 Max=B
If C>Max 则 Max=C
Print Max
End（算法结束）</td></tr>
<tr><th>传统流程图</th><th>N-S 结构化流程图</th></tr>
<tr><td>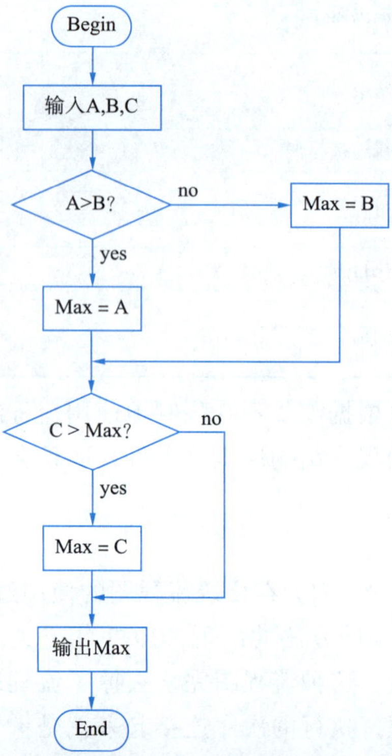
</td><td>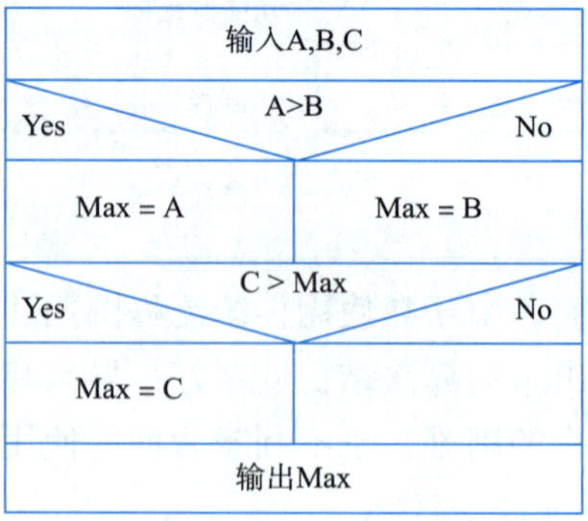
</td></tr>
</table>

不管是哪种算法的表示方法，描述算法只是用在程序设计的初期，帮助写出程序流程。简单的程序一般都不用写流程、写思路，但是复杂的代码，最好还是把流程写下来，总体上考虑整个功能如何实现。写完以后不仅可以用来作为以后测试、维护的基础，还可用来与他人交流。

5.2.3　算法的评价

同一问题可能有多种不同的解法，也就对应有多种不同的算法，而一个算法的质量优劣将影响到算法乃至程序的效率。因此，我们当然想用一种最优的算法来进行具体实现，那么如何评价算法的优劣呢？

算法复杂度的高低体现在运行该算法所需要的计算机资源的多少上。如果所需要的资源越多，算法的复杂度就越高；反之，所需资源越少，该算法的复杂度就越低。计算机最重要的资源是 CPU 和内存，CPU 的利用体现在占用时间的多少，内存的利用体现在占用内存空间的大小。因此，在算法正确的前提下，对一个算法的评价主要从时间复杂度和空间复杂度两方面来考虑。

1. 时间复杂度

时间复杂度是指一个算法执行所耗费的时间。执行程序时的耗时只有上机运行测试才能得到，但不可能将每个算法都编写成程序，然后上机运行来进行测试。事实上只需要知道哪个算法花费的时间多、哪个算法花费的时间少就可以了。在算法实现时，一个算法的耗时与算法中语句的执行次数成正比例，哪个算法中语句执行次数多，它花费时间就多。

一个算法所耗费的时间 = 算法中每条语句的执行时间之和

每条语句的执行时间 = 语句的执行次数 × 语句执行一次所需时间

但每条语句执行一次所需的时间取决于多种因素，比如：程序运行时输入的数据量、对源程序编译所需要的时间、执行每条指令所需的时间及程序中语句执行的次数等。

我们对算法的评价不应与执行它的人或计算机有关，而应仅依赖于算法本身，即仅与问题的规模有关。因此，算法的时间复杂度 $T(n)$ 实际上是表示当问题的规模 n 充分大时该程序所占用时间的一个数量级，记作 $T(n)=O(f(n))$，其中，$f(n)$ 是问题规模的函数，一般情况下，随着 n 的增大，$T(n)$ 增长最慢的算法为最优算法。

【例 5-2】 求 $s=1+2+\cdots+100$。

```
int sum=0,n=100;     /* 执行1次 */
sum=(1+n)* n/2;      /* 执行1次 */
printf("% d",sum);   /* 执行1次 */
```

算法 1：

分析：对于等差数列求和，可以直接利用公式完成。

这样，不管 n 多大，语句只执行 3(1+1+1) 次，即执行次数 $f(n)=3$，这表明程序运行所需要的时间与 n 无关，称为时间复杂度 $T(n)=O(1)$。

```
int i,sum=0,n=100;        /* 执行1次 */
for(i=1;i<=n;i++)         /* 执行n+1次 */
{
   sum=sum+i;             /* 执行n次 */
}
printf("% d",sum);        /* 执行1次 */
```

算法2：

分析：利用计算机最擅长的重复操作来实现，循环语句会执行 n 次。

这样，语句执行了 $2n+3=(1+(n+1)+n+1)$ 次，即执行次数 $f(n)=2n+3$，表明程序运行所需要的时间与 n 成正比，因此时间复杂度 $T(n)=O(n)$。

如果算法的时间复杂度与 n^2 线性相关，则时间复杂度 $T(n)=O(n^2)$。依此类推，还有 $O(n^3)$、$O(2^n)$、$O(n!)$、$O(n^n)$、$O(\log n)$、$O(n\log n)$ 等。

显然，对于处理同样问题的算法来说，时间复杂度为 $O(1)$ 的算法优于时间复杂度为 $O(n)$ 的算法，时间复杂度为 $O(n)$ 的算法优于时间复杂度为 $O(n^2)$ 的算法，时间复杂度为 $O(n^2)$ 的算法优于时间复杂度为 $O(2^n)$ 的算法。

2. 空间复杂度

空间复杂度是指算法在计算机内执行时所需存储空间的大小。而算法执行期间所需要的存储空间一般包括三个部分：①算法程序所占的空间；②输入的初始数据所占的存储空间；③算法执行过程中所需要的额外空间。

一个程序在计算机上运行所占用的空间同样也是 n 的一个函数，称为算法的空间复杂度，记为 $S(n)$。

算法的空间复杂度一般也是以数量级的形式给出。当一个算法的空间复杂度不随问题规模 n 的大小而改变时，则表示空间复杂度 $S(n)=O(1)$；当一个算法的空间复杂度与 n 呈线性关系，则表示空间复杂度 $S(n)=O(n)$；当一个算法的空间复杂度与 n^2 成正比，则表示空间复杂度 $S(n)=O(n^2)$。

根据时间复杂度和空间复杂度的定义可知，两者并不相关。在实际应用中常常会对算法进行分析，即指对一个算法的运行时间和占用空间做定量的分析，其目的是要降低算法的时间复杂度和空间复杂度，提高算法的执行效率，但是，在许多情况下各种因素是互相制约的，比如：如果要求算法的可读性好，则其效率就不一定理想；如果要求执行时间短，则所需的存储量就可能比较大，这种场合是以空间为代价来换取时间；如果要求使用的存储量较小，则执行时间就可能较大，这种场合是以时间为代价来换取空间的。

5.3 Python 程序设计

5.3.1 Python 简介

1. Python 语言的起源及发展

Python 的创始人为 Guido van Rossum。Python 本身也是由诸多其他语言发展而来的，这包括 ABC、Modula-3、C、C++、Algol-68、SmallTalk、Unixshell 和其他的脚本语言等。

像 Perl 语言一样，Python 源代码同样遵循 GPL（general public license）协议。现在 Python 是由一个核心开发团队在维护，Guido van Rossum 仍然占据着至关重要的作用，指导其进展。Python 从诞生一直到现在，经历了多个版本。截至目前，官网仍保留的版本主要是基于 Python 2. x 和 Python 3. x 系列。

Python 2. 7 是 Python 2. x 系列的最后一个版本，已经停止开发，在 2020 年 1 月 1 日正式停止支持。Guido 决定清理 Python 2. x 系列，并将所有最新标准库的更新改进体现在 Python 3. x 系列中。Python 3. x 系列的一个最大改变就是使用 UTF-8 作为默认编码，从此在 Python 3. x 系列中就可以直接编写中文程序了。

另外，Python 3. x 系列在语法和设计上比 Python 2. x 系列更加规范和一致。为了简化语言设计和提高一致性，Python 3. x 移除了一些关键字和语句。由于 Python 3. x 系列支持的库越来越多，开源项目支持 Python 3. x 的比例已大大提高。鉴于以上理由，本书推荐读者直接学习 Python 3. x 系列。

在 Windows 上安装 Python 和安装普通软件一样简单，下载安装包后，单击“下一步”按钮即可。

2. Python 语言的优点

①易于学习：Python 有相对较少的关键字，结构简单，语法定义明确，学习起来更加简单。

②易于阅读：Python 代码定义更清晰。

③易于维护：Python 的成功在于它的源代码是相当容易维护的。

④一个广泛的标准库：Python 的最大的优势之一是丰富的库，跨平台的，在 UNIX，Windows 和 Macintosh 中兼容很好。

⑤互动模式：互动模式的支持，用户可以从终端输入执行代码并获得结果，互动地测试和调试代码片段。

⑥可移植可扩展：基于其开放源代码的特性，Python 已经被移植到许多平台。如果需要一段运行很快的关键代码，或者是想要编写一些不愿开放的算法，可以使用 C 或 C++完成那部分程序，然后从 Python 程序中调用。

⑦数据库：Python 提供所有主要的商业数据库的接口。

⑧GUI 编程：Python 支持 GUI，可以创建和移植到许多系统调用。

⑨可嵌入：可以将 Python 嵌入到 C/C++程序，让程序的用户获得" 脚本化" 的能力。

⑩免费、开源：Python 是 FLOSS（自由/开放源码软件）之一。任何人可以自由地发布某软件的副本、阅读它的源代码、对它做改动、把它的一部分用于新的自由软件中。这也是为什么 Python 如此优秀的原因之一——它是由一群希望看到一个更加优秀的 Python 的人创造并经常改进着的。

3. 重要的 Python 库

（1）Scipy

SciPy 是一款方便、易于使用、专为科学和工程设计的 Python 工具包。它包括统计、优化、整合、线性代数模块、傅里叶变换、信号和图像处理、常微分方程求解器等，可以处理插值、积分、优化、图像处理、常微分方程数值解的求解、信号处理等问题。它还可以用于有效计算 Numpy 矩阵，使 Numpy 和 Scipy 协同工作，高效解决问题。

（2） Pillow

Pillow 是在 PIL（Python imaging library）的基础上创建的图像处理标准库。由于 PIL 仅支持到 Python 2.7，加上年久失修，于是一群志愿者在 PIL 的基础上又加入了许多新特性创建了支持最新 Python 3.x 的版本，起名为 Pillow。

（3） cv2

cv2 即 OpenCV2，是一个基于 BSD 许可（开源）发行的跨平台计算机视觉库，实现了图像处理和计算机视觉方面的很多通用算法，可以运行在 Linux、Windows、Android 和 MacOS 操作系统上。它轻量级而且高效——由一系列 C 函数和少量 C++类构成，同时提供了 Python、Java、Ruby、Matlab 等语言的接口，实现了图像处理和计算机视觉方面的很多通用算法，从而使得图像处理和图像分析变得更加易于上手，让开发人员更多的精力花在算法的设计上。

（4） Matplotlib

Matplotlib 是一款命令式、较底层、可定制性强、图表资源丰富、简单易用、出版质量级别的 Python 2D 绘图库。它能让使用者很轻松地将数据图形化，并且提供多样化的输出格式。

（5） Numpy

Numpy 是高性能科学计算和数据分析的基础包。Numpy 系统是 Python 的一种开源的数值计算扩展。Numpy（numeric Python）提供了许多高级的数值编程工具，如矩阵数据类型、矢量处理，以及精密的运算库，专为进行严格的数字处理而产生。

（6） Pandas

Pandas 是 Python 的一个数据分析包，最初由 AQR Capital Management 于 2008 年 4 月开发，并于 2009 年底开源出来，目前由专注于 Python 数据包开发的 PyData 开发团队继续开发和维护，属于 PyData 项目的一部分。Pandas 纳入了大量库和一些标准的数据模型，提供了高效地操作大型数据集所需的工具，能为我们轻松解决数据分析任务。Pandas 最初被作为金融数据分析工具而开发出来，因此，Pandas 为时间序列分析提供了很好的支持。Pandas 的名称来自面板数据（panel data）和 Python 数据分析（data analysis）。panel data 是经济学中关于多维数据集的一个术语，在 Pandas 中也提供了 panel 的数据类型。

4. Python 的主要应用领域

（1） Web 开发

随着 Python 的 Web 开发框架逐渐成熟，Web 开发可以使用 Python 快速地开发功能强大的 Web 应用。目前有四种主流 Python 网络框架：Django、Tornado、Flask、Twisted，其中 Django 定义了服务发布、路由映射、模板编程、数据处理的一整套功能，是当前 Python 世界里最负盛名且最成熟的网络框架。

（2） 网络爬虫

爬虫的真正作用是从网络上获取有用的数据或信息，可以节省大量人工时间。能够编写网络爬虫的编程语言有不少，但 Python 绝对是其中的主流之一。Python 自带的 urllib 库，第三方的 requests 库和 Scrapy 框架让开发爬虫变得非常容易。

（3）科学计算与数据分析

自 1997 年开始，美国国家航空航天局（NASA）就在大量使用 Python 在进行各种复杂的科学运算。随着 Numpy，SciPy、Matplotlib、Enthought librarys 等众多程序库的开发，使得 Python 越来越适合做科学计算、绘制高质量的 2D 和 3D 图像。与科学计算领域最流行的商业软件 Matlab 相比，Python 是一门通用的程序设计语言，比 Matlab 所采用的脚本语言的应用范围更广泛。

（4）人工智能

Python 在人工智能大范畴领域内的机器学习、神经网络、深度学习等方面都是主流的编程语言，得到广泛的支持和应用。最流行的神经网络框架如 PyTorch 和 TensorFlow 都采用了 Python 语言。

（5）自动化运维

在很多操作系统里，Python 是标准的系统组件。Python 标准库包含了多个调用操作系统功能的库。通过 pywin32 这个第三方软件包，Python 能够访问 Windows 的 COM 服务及其他 WindowsAPI。使用 IronPython，Python 程序能够直接调用 .NetFramework。一般说来，Python 编写的系统管理脚本在可读性、性能、代码重用度、扩展性几方面都优于普通的 shell 脚本。

（6）云计算

Python 的最强大之处在于模块化和灵活性，而目前最知名的构建云计算平台 IaaS（基础即服务）服务的 OpenStack 云计算框架就是采用 Python 的。

（7）金融分析

金融公司使用的很多分析程序、高频交易软件就是用的 Python，目前，Python 是金融分析、量化交易领域里用得最多的语言。

（8）网络编程

Python 提供了丰富的模块支持 sockets 编程，能方便快速地开发分布式应用程序。很多大规模软件开发计划如 Zope、Mnet、BitTorrent 和 Google 都在广泛地使用它。

（9）游戏开发

很多游戏使用 C++编写图形显示等高性能模块，而使用 Python 或者 Lua 编写游戏的逻辑、服务器。相较于 Python，Lua 的功能更简单、体积更小，然而 Python 则支持更多的特性和数据类型，有更高阶的抽象能力，可以用更少的代码描述游戏业务逻辑。Python 的 PyGame 库也可用于直接开发一些简单游戏。

5.3.2　Python 编程环境

Python 是一种解释型的脚本编程语言，这样的编程语言一般支持交互式编程和编写源文件两种代码运行方式。

1. 交互式编程

在命令行窗口中直接输入代码，按下【Enter】键就可以运行代码，并立即看到输出结果；执行完一行代码，可以继续输入下一行代码，再次按下【Enter】键并查看结果。整个过程就像在和计算机对话，所以称为交互式编程。

进入 Python 交互式编程环境一般有下面两种方法：

①在命令行工具或者终端（Terminal）窗口中输入 Python 命令，看到>>>提示符就可以开始输入代码了，如图 5-3 所示。

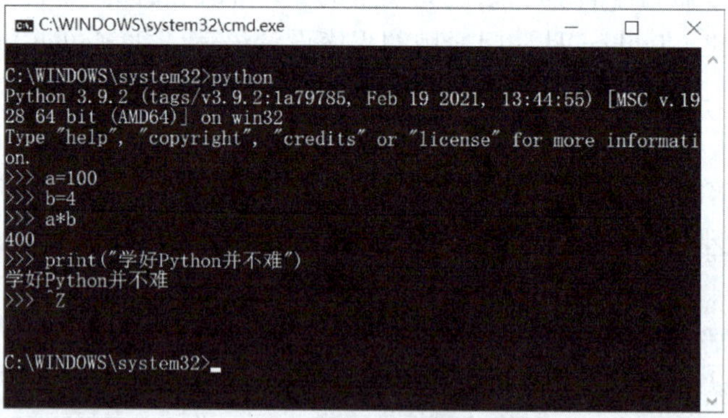

图 5-3　命令行编程环境

②打开 Python 自带的 IDLE 工具，默认进入交互式编程环境，如图 5-4 所示。

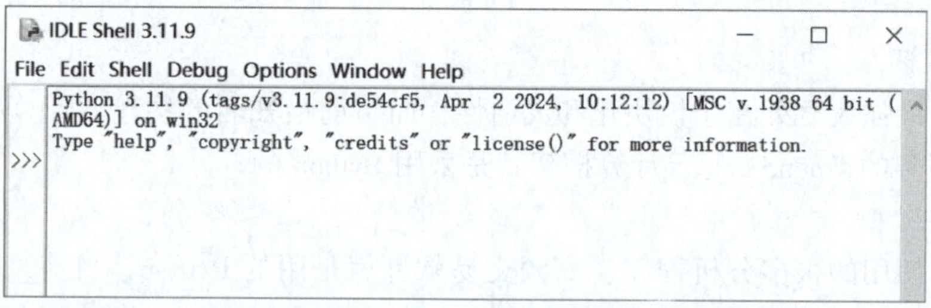

图 5-4　Python 自带的 IDLE

IDLE 支持代码高亮，看起来更加清爽，所以推荐使用 IDLE 编程。实际上，用户可以在交互式编程环境中输入任何复杂的表达式（包括数学计算、逻辑运算、循环语句、函数调用等），Python 总能得到正确的结果。这也是很多非专业程序员喜欢 Python 的重要原因之一：即使不是程序员，只要输入需执行的运算，Python 就能给出正确的答案。

从这个角度来看，Python 的交互式编程环境相当于一个功能无比强大的“计算器”，比 Windows、Mac OS X 系统自带的计算器的功能强大多了。

2. 编写源文件

创建一个源文件，将所有代码放在源文件中，让解释器逐行读取并执行源文件中的代码，直到文件末尾，也就是批量执行代码。这是最常见的编程方式，也是我们要重点学习的。

Python 源文件是一种纯文本文件，内部没有任何特殊格式，可以使用任何文本编辑器打开它，比如 Windows 下的记事本程序，Linux 下的 Vim、gedit 等，Mac OS 下的 TextEdit 工具，跨平台的 Notepad++、EditPlus、UltraEdit 等，以及更加专业和现代化的 VS Code 和 Sublime Text（也支持多种平台）。

注意

不能使用写字板、Word、WPS 等排版工具编写 Python 源文件，因为排版工具一般都有内置的特殊格式或者特殊字符，这些会让代码变得“乱七八糟”，不能被 Python 解释器识别。

Python 源文件的后缀为 . py。

5.3.3　Python 基础语法

首先体验一个简单的 Python 编程示例。

【例 5-3】 已知圆的半径，求圆的面积。

提示：假设圆的半径为 r，则圆的面积 $s=\pi r^2$。求圆的面积的 Python 源程序如下：

```
import math                    # 引入 math 包
r = 1.0                        # 圆的半径
s = math.pi*r*r                # 计算圆的面积
print(s)                       # 输出圆的面积
```

程序运行结果：

```
3.141592653589793
```

Python 程序可以分解为模块、语句、表达式和对象等多个部分。

Python 程序由模块组成。模块对应扩展名为 . py 的源文件。一个 Python 程序由一个或多个模块构成。本 Python 源程序由模块 * . py 和内置模块 math 组成。

模块由语句组成。模块即 Python 源文件。在运行 Python 程序时按顺序依次执行模块中的语句。在例 5-3 的程序中，import math 为导入模块语句，print(s)为调用函数表达式语句，其余的为赋值语句。

语句是 Python 程序的过程构造块，用于创建对象、变量赋值、调用函数、控制分支、创建循环、增加注释等。语句包含表达式。

在语句“r = 1.0”中，字面量 1.0 创建一个值为 1.0 的 float 型对象，并将变量 r 绑定到该对象。

在语句“s = math. pi * r * r”中，算术表达式“math. pi * r * r”的运算结果为一个新的 float 型对象，并将变量 s 绑定到该新对象。

在语句 print(s)中，调用内置函数 print()，输出对象 s 的值。

Python 语句分为简单语句和复合语句。

简单语句包括表达式语句、赋值语句、assert 语句、pass 语句、del 语句、return 语句、yield 语句、raise 语句、break 语句、continue 语句、import 语句、global 语句、nonlocal 语句等。

复合语句包括 if 语句、while 语句、for 语句、try 语句、with 语句、函数定义、类定义等，这些复合类型的语句在编写时，要遵循 Python 的语法风格。

表达式用于创建和处理对象。在例 5-3 的语句“s = math. pi * r * r”中，表达式“math. pi * r * r”的运算结果为一个新的 float 型对象，math. pi 调用模块 math 中的常量 pi。

Python 支持两种形式的注释，即单行注释与多行注释。单行注释以“#”开始，到该行末尾结束；多行注释以 3 个引号作为开始和结束符号，其中 3 个引号可以是 3 个单引号'''或 3 个双引号"""。

5.3.4 数据类型与运算

任何编程语言都需要处理数据，比如数字、字符串、字符等，用户可以直接使用数据，也可以将数据保存到变量中，方便以后使用。每个变量都拥有独一无二的名字，通过变量的名字就能找到变量中的数据。从底层看，程序中的数据最终都要放到内存中，变量其实就是这块内存的名字。和变量相对应的是常量，变量保存的数据可以被多次修改，而常量一旦保存某个数据之后就不能修改了。

每个变量在使用前都必须赋值，变量赋值以后该变量才会被创建。等号 = 给变量赋值。注意，变量是标识符的一种，它的名字不能随便起，要遵守 Python 标识符命名规范，还要避免和 Python 内置函数以及 Python 保留字重名。

Python 标识符的命名要遵守一定的规则：

- 标识符是由字符、下划线和数字组成，但第一个字符不能是数字。
- 标识符不能和 Python 中的保留字相同。
- 不能包含空格、@ 、% 以及 $ 等特殊字符。
- 标识符中的字母是严格区分大小写的，也就是说，两个同样的单词，如果大小格式不一样，所代表的意义也是完全不同的。
- 以下划线开头的标识符有特殊含义。

在不同场景中，标识符的命名也有一定的规范可循：当标识符用作模块名时，应尽量短小，并且全部使用小写字母，可用下划线分隔。当标识符用作包的名称时，应尽量短小，也全部使用小写字母，不推荐使用下划线。当标识符用作类名时，应采用单词首字母大写的形式。模块内部的类名，可以采用“下划线+首字母大写”的形式。函数名、类中的属性名和方法名，应全部使用小写字母，可用下划线分割。常量名应全部使用大写字母，单词之间可用下划线分割。

1. 数据类型

不同类型数据占据的空间大小不同，为更充分地利用内存空间，可为不同的数据指定不同的数据类型。Python 的数据类型如图 5-5 所示。

在图 5-5 中，Python 的数据类型分为数值类型（int、float、complex、bool）、字符串类型、列表类型、元组类型、字典类型和集合类型。

在 Python 中，变量赋值不需要声明类型，可以直接赋值，对一个不存在的变量赋值就相当于定义了一个新变量。变量的数据类型也可以随时改变，同一

- Python的数据类型
  - 数值类型（numbers）
    - 整型（int）
    - 浮点型（float）
    - 复数型（complex）
    - 布尔型（boolean）
  - 字符类型（string）
  - 列表类型（list）
  - 元组类型（tuple）
  - 字典类型（dictionary）
  - 集合类型（set）

图 5-5 Python 的数据类型

个变量可以被赋值为整数，也可以被赋值为字符串。

用户可以使用 type( ) 内置函数类检测某个变量或者表达式的类型。

2. 运算符

Python 包括算术运算符、比较（关系）运算符、赋值运算符、逻辑运算符、位运算符、成员运算符和身份运算符等。Python 运算符优先级见表 5-3。

表 5-3　Python 运算符优先级

运算符	描　述	运算符	描　述
**	指数（最高优先级）	<=、<、>、>=	比较运算符
~、+、-	按位翻转，一元加号和减号	<>、==、!=	等于运算符
*、/、%、//	乘、除、取模和取整除	=、%=、/=、//=、-= +=、*=、**=	赋值运算符
+、-	加法减法		
>>、<<	右移、左移运算符	is is not	身份运算符
&	位 'AND'	in not in	成员运算符
^、|	位运算符	not and or	逻辑运算符

注：Python 版本不同，运算符优先级可能会有所差异。

3. 表达式

表达式是将各种类型的数据用运算符连接起来的式子，由操作数和运算符构成。表达式通过运算后产生运算结果，返回结果对象。运算结果对象的类型由操作数和运算符共同决定。

表达式既可以非常简单，也可以非常复杂。当表达式包含多个运算符时，运算符的优先级与结合性控制各个运算符的计算顺序。

4. 关键字

关键字是预先保留的标识符，每个关键字都有其特殊含义。Python 常用的关键字及其含义见表 5-4。

表 5-4　Python 关键字及含义

关键字	含　义
False	布尔类型的值，表示假，与 True 相对
None	表示什么也没有，自己的数据类型 NoneType
True	布尔类型的值，表示真，与 False 相反
and	用于表达式运算，逻辑与操作
as	用于创建别名
assert	断言，用于判断变量或者条件表达式的值是否为真
break	中断循环语句的执行
class	用于定义类
continue	跳出本次循环，继续执行下一次循环
def	用于定义函数或方法
del	删除变量或序列的值

续表

关键字	含　义
elif	条件语句，与 if、else 结合使用
else	条件语句，与 if、else 结合使用，也可用于异常和循环语句
except	包含捕获异常后的操作代码块，与 try、finally 结合使用
finally	用于异常语句，出现异常后，始终要执行 finally 包含的代码块。与 try、except 结合使用
for	for 循环语句
from	用于导入模块，与 import 结合使用
global	定义全局变量
if	条件语句，与 elif、else 结合使用
import	用于导入模块，与 from 结合使用
in	判断变量是否在序列中
is	判断变量是否为某个类的实例
lambda	定义匿名函数
nonlocal	用于标识外部作用域的函数
not	用于表达式运算，逻辑非操作
or	用于表达式运算，逻辑或操作
pass	空的类、方法或函数的占位符
raise	异常抛出操作
return	用于从函数返回计算结果
try	包含可能会出现异常的语句，与 except、finally 结合使用
while	while 循环语句
with	简化 Python 的语句
yield	用于从函数依次返回值

5.3.5 Python 程序基础

本节介绍 Python 程序设计的三种结构：顺序结构、选择结构、循环结构。

1. 顺序结构

若程序中的语句按各语句出现位置的先后次序执行，称之为顺序结构，如图 5-6 所示。

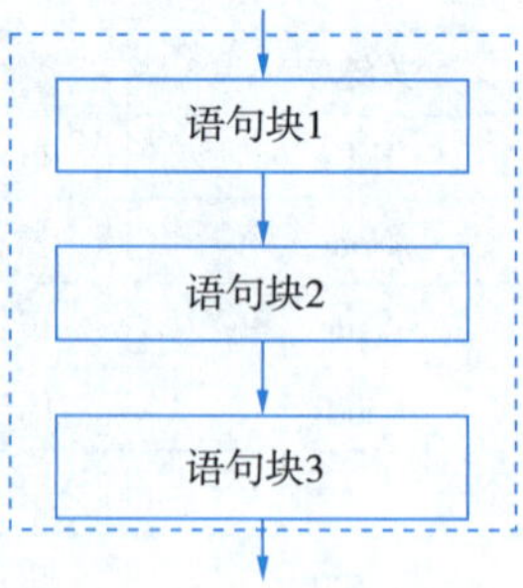

图 5-6　顺序结构

（1）输入函数：input( )

input( )函数是 Python 的内置函数，用于从控制台读取用户输入的内容，并以字符串的形式来处理用户输入的内容，所以用户输入的内容可以包含任何字符。其常见格式为：

```
变量名=input("提示语")
```

因函数输入时获得的数据类型是字符串，若要用输入的数据进行计算或者其他数值操作，则需要先进行数据转换。

(2) 输出函数：print( )

print( )用于打印输出，是 Python 中最常见的一个函数，其基本格式为：

```
print(* objects, sep='', end='\n')
```

参数的具体含义：

①objects：表示输出的对象。输出多个对象时，需要用，(逗号) 分隔。

②sep：用来间隔多个对象。

③end：用来设定以什么作为输出行的结尾。默认值是换行符 \n，也可以换成其他字符。

2. 选择结构 (条件语句)

条件语句可以给定一个判断条件，并在程序执行过程中判断该条件是否成立。程序根据判断结果执行不同的操作，这样就可以改变代码的执行顺序，从而实现不同的功能。

Python 中的条件语句有 if 语句、if... else 语句和 if... elif 语句。

(1) 单分支结构 if 语句

if 语句用于在程序中有条件地执行某些语句，其语法格式如下：

```
if 条件表达式
    语句块                          # 当条件表达式为 True 时，执行语句块
```

如果条件表达式的值为 True，则执行其后的语句块，否则不执行该语句块。其中：

①条件表达式：可以是关系表达式、逻辑表达式、算术表达式等。

②语句/语句块：可以是单个语句，也可以是多个语句。多个语句的缩进必须一致。

条件表达式最后被评价为 bool 值 True (真) 或 False (假)。如果表达式的结果为数值类型 (0)、空字符串("")、空元组()、空列表([ ])、空字典({ })，其 bool 值为 False (假)，否则其 bool 值为 True (真)。例如，123、"abc"、(1,2)的值均为 True。当条件表达式的值为真 (True) 时，执行 if 后的语句 (块)，否则不做任何操作，控制将转到 if 语句的结束点。if 语句执行流程如图 5-7 所示。

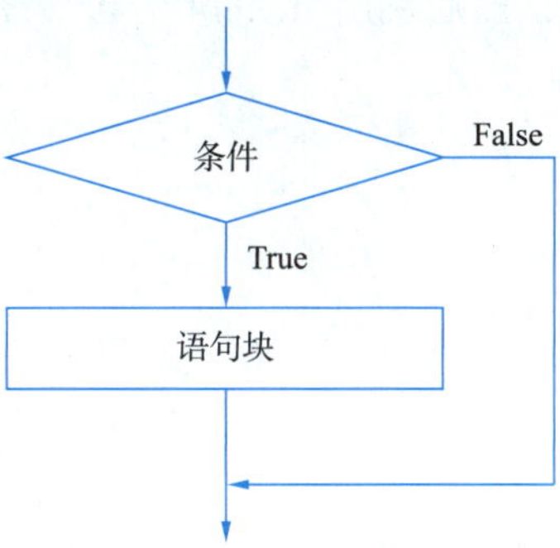

图 5-7　if 语句流程图

(2) 双分支结构 if...else 语句

在使用单分支结构 if 语句时，它只能做到满足条件时执行其后的语句块。如果需要在不满足条件时执行其他语句块，则可以使用 if...else 语句。

if...else 语句用于根据条件表达式的值决定执行哪块代码，其语法格式如下：

```
if 条件表达式:
    语句块 1                    # 当条件表达式为 True，则执行其后的语句块 1
else:
    语句块 2                    # 当条件表达式为 False 时，则执行语句块 2
```

Python 提供了下列条件表达式来实现等价于其他语言的三元条件运算符的功能：

```
(条件)? 语句 1:语句 2
```

例如，如果 x>0，则 y=x，否则 y=0，可以表述为：

```
y = x if (x >= 0) else 0
```

if…else 语句执行流程如图 5-8 所示。

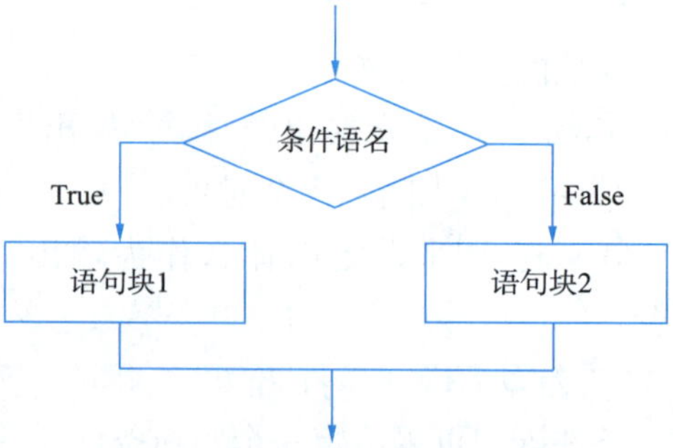

图 5-8　if. . . else 语句流程图

(3) 多分支结构 if…elif 语句

在现实生活中经常需要进行多重判断。例如，考试成绩在 90～100 分区间内，为成绩优秀；在 80～90 分区间内，为成绩良好；在 70～80 分区间内，为成绩中等；在 60～70 分区间，为成绩及格：低于 60 分的为成绩不及格。

在程序中，多重判断可以通过 if. . . elif 语句实现，其语法格式如下：

```
if 条件表达式 1:
    语句块 1                    # 当条件表达式 1 为 True 时,执行语句块 1
elif 条件表达式 2:
    语句块 2                    # 当条件表达式 2 为 True 时,执行语句块 2
…
elif 条件表达式 n-1:
    语句块 n-1                  # 当条件表达式 n-1 为 True 时,执行语句块 n-1
[else:
    语句块 n]                   # 当所有条件都为 False 时,执行语句块 n
```

该语句的作用是根据不同条件表达式的值确定执行哪个语句（块）。当执行该语句时，程序依次判断条件表达式的值，当出现某个表达式的值为 True 时，则执行其对应的语句块，然后跳出 if…elif 语句继续执行其后的代码。if…elif 语句的执行流程如图 5-9 所示。

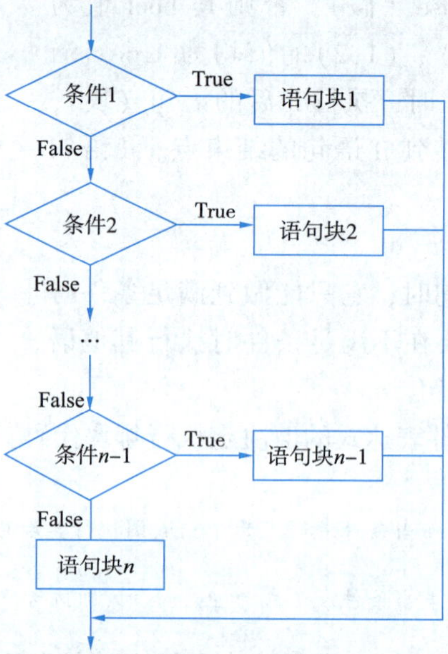

图 5-9　if…elif 语句流程图

【例 5-4】 用分支结构实现百分制转换。

方法一：

```
score = int(input"请输入 0~100 间的整数")
if 90 <= score <= 100:
    print("成绩优秀!")
elif 80 <= score < 90:
    print("成绩良好!")
elif 70 <= score < 80:
    print("成绩中等!")
elif 60 <= score < 70:
    print("成绩及格!")
elif 0 <= score < 60:
    print("成绩不及格!")
```

注意

首先判断表达式 90<=score<=100 的结果为 False，然后判断表达式 80<=score<90 的结果为 True，则执行其后的语句块。最后，程序跳出 if...elif 语句，执行该语句后面的代码。

此外，if...elif 语句后还可以使用 else 语句，用来表示 if...elif 语句所有条件不满足时执行的语句块。

方法二：

```
score = int(input"请输入 0~100 间的整数")
if 90 <= score <= 100
    print("成绩优秀!")
elif 80 <= score < 90:
    print("成绩良好!")
elif 70 <= score < 80:
    print("成绩中等!")
elif  60<= score <70:
    print("成绩及格!")
elif  0<= score <60:
    print("成绩堪忧!")
else:
    print("成绩有误!")
```

注意

当 if...elif 语句中所有的条件表达式结果都为 False，程序将执行 else 语句块。

3. 循环结构

循环即让程序重复地执行某些语句。在实际应用中，当碰到需要多次重复地执行一个或多个任务时，可考虑使用循环语句来解决。循环语句的特点是在给定条件成立时，重复执行某个程序段。通常称给定条件为循环条件，称为反复执行的程序段为循环体。Python 使用 for 语句和 while 语句来实现循环结构。

（1）可迭代对象

可迭代对象（iterable）一次返回一个元素，因此适用于循环。Python 包括以下几种可迭代对象：序列（sequence），例如字符串（str）、列表（list）、元组（tuple）等；字典（dict）；文件对象；迭代器对象（iterator）；生成器函数（generator）。

迭代器是一个对象，表示可迭代的数据集合，包括方法__iter__()和__next__()，可以实现迭代功能。生成器是一个函数，使用 yield 语句，每次产生一个值，也可以用于循环迭代。

（2）range 对象

Python 3 中的内置对象 range 是一个迭代器对象，在迭代时产生指定范围的数字序列，其格式如下：

```
range(start, stop[, step])
```

range 返回的数字序列从 start 开始，至 stop 结束（不包含 stop）。如果指定了可选的步长 step，则序列按步长 step 增长。例如：

```
for i in range(1,11): print(i,end='')      # 输出:1 2 3 4 5 6 7 8 9 10
for i in range(1,11,3): print(i,end='')    # 输出:1 4 7 10
```

注意

Python 2 中 range 的类型为函数，是一个生成器；Python 3 中 range 的类型为类，是一个迭代器。

（3）while 语句

在 while 语句中，当条件表达式为 True 时，就重复执行语句块；当条件表达式为 False 时，就结束执行语句块。while 语句的语法格式如下：

```
while 条件表达式:
    循环体          # 此处语句块也称循环体
```

while 语句中循环体是否执行，取决于条件表达式是否为 True，当条件表达式为 True 时，循环体就会被执行，循环体执行完毕后继续判断条件表达式，如果条件表达式为 True，则会继续执行，直到条件表达式为 False 时，整个循环过程才会执行结束。

while 语句的执行流程如图 5-10 所示。

while 循环语句的执行过程如下：

①计算条件表达式。

②如果条件表达式的结果为 True，控制将转到循环语句（块），即进入循环体。当到达循环语句序列的结束点时转到步骤①，即控制转到 while 语句的开始，继续循环。

③如果条件表达式的结果为 False，退出 while 循环，即控制转到 while 循环语句的后继语句。

条件表达式是每次进入循环体之前进行判断的条件，可以为关系表达式或逻辑表达式，其运算结果为 True（真）或 False（假）。在条件表达式中一般包含控制循环的变量。

循环语句序列可以是一条语句，也可以是多条语句。

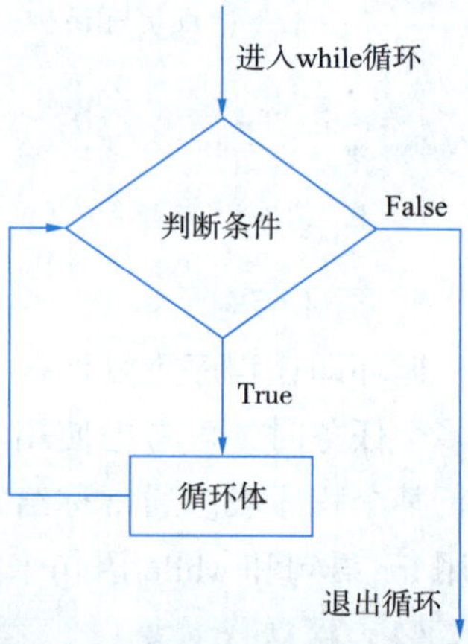

图 5-10　while 循环语句执行流程

在循环语句序列中通常应包含改变循环条件的语句，以使循环趋于结束，避免“死循环”。

【例 5-5】 使用 while 语句编程求解 $s=1+2+\cdots+100$。

```
i=1                          # 定义循环变量 i,并初始化
sumN=0                       # 定义累加和变量 sumN,并初始化
while i < 101:               # 循环变量 i 小于 101 则继续进行累加
    sumN += i
    i += 1
print("1 + 2 + … + 100 = ",sumN)
```

运行结果如下：

```
1 + 2 + … + 100 = 5050
```

注意

程序功能是实现 1~100 的累加和。当 i=1 时，i<101，此时执行循环体语句块，执行循环体后，sum 为 1，i 为 2。当 i=2 时，i<101，此时执行循环体语句块，执行完循环体后，sum 为 3，i 为 3。依此类推，直到 i=101 时间，条件式“i < 101”的结果为 False，不满足循环条件，此时程序执行第 6 行代码。

【例 5-6】 利用 while 循环求 1~100 中所有奇数的和、所有偶数的和。

```
i = 1; sum_odd = 0; sum_even = 0
while ( i <= 100):
    if (i % 2 == 0):           # 偶数
        sum_even += i          # 偶数和
    else:                      # 奇数
        sum_odd += i           # 奇数和
    i += 1
print("奇数和={}、偶数和={}".format(sum_odd, sum_even))
```

运行结果如下：

```
奇数和=2500、偶数和=2550
```

（4） for 语句

for 语句用于遍历可迭代对象集合中的元素，并对集合中的每个元素执行一次相关的嵌入语句。当集合中的所有元素完成迭代后，控制传递给 for 之后的下一个语句。for 语句可以循环遍历任何序列中的元素，如列表、元组、字符串等，其语法格式如下：

```
for 变量/元素 in 对象集合/序列:
    循环体/语句块
```

语句中循环体是否执行，取决于对象集合/序列中是否还有元素未被遍历，有则循环体就会被执行，循环体执行完毕后继续判断对象集合/序列中是否还有元素未被遍历，若有则会继续执行，直到对象集合/序列中所有元素均已被遍历，整个循环过程才会结束。

其中，for、in 为关键字，for 后面是每次从序列中取出的一个元素。如代码：

```
for i in (1,2,3): print(i,i* * 2,i* * 3)
```

结果为

```
1 1 1
2 4 8
3 9 27
```

【例 5-7】 使用 for 语句分行输出"Python"。

```
for word in "Python":
    print(word)
```

运行结果如下：

```
P
y
t
h
o
n
```

注意

for 语句将字符串中的每个字符逐个赋值给 word，然后通过 print( ) 函数输出。

当需要遍历数字序列时，可以使用 range( ) 函数，它会生成一个数列。

【例 5-8】 编程求解 $s=1+2+\ldots+100$，使用 range( ) 产生等差数列 1,2,3,…,100。

```
sumN= 0
for i in range(1, 101):
    sumN+= i
print("1 + 2 + … + 100 = {}".format(sumN)
```

运行结果如下：

```
1 + 2 + …+ 100 = 5050
```

注意

通过 range( ) 函数可以生成一个 1～100 组成的数字序列，当使用 for 遍历时，依次从这个数字序列中取值。

【例 5-9】 利用 for 循环求 1～100 中所有奇数的和以及所有偶数的和。

```
sum_odd = 0
sum_even = 0
for i in range(1, 101):
    if i % 2 != 0:        # 奇数
        sum_odd += i      # 奇数和
    else:                 # 偶数
        sum_even += i     # 偶数和
print("1~100 中所有奇数的和:",sum_odd)
print("1~100 中所有偶数的和:",sum_even)
```

运行结果如下：

```
1~100 中所有奇数的和:2500
1~100 中所有偶数的和:2550
```

5.4　数据结构与程序设计

在计算机发展的早期，编写程序的主要目的是完成数值计算任务。随着计算机技术的不断发展和应用范围的拓展，数据处理成为计算机的一个重要应用领域，此时的数据既包括数值数据，也包括非数值数据（如字符串、文本、图像、声音等），数据处理既可以是算术运算，也可以是插入、删除、查找、排序、编辑等操作。

程序要处理的数据需要存储在内存单元中，计算机的整个内存空间是由连续编址的一个个内存单元组成的，也就是说，多么复杂的数据也只能存放在这样的一个线性空间内，这是数据存储的物理结构。编程人员直接面对这种存储方式，对于一些简单的运算是可行的，实际上在机器语言和汇编语言编程阶段，程序员就是直接使用这种物理存储结构。这种方式数据处理能力有限、编程复杂，对于矩阵、家族的族谱、社会机构的组织形式、交通运输网这样的数据就会大大增加编程人员的编程难度和工作量。能否找到一种机制，使得数据的内部存储结构（物理结构）是线性连续的，而其逻辑结构更符合人们习惯的方式，编写程序时面对的是逻辑结构（如二维的矩阵），程序执行时，由支持相应数据结构的编译程序自动把逻辑结构映射成物理结构，从而简化程序的编写，减轻编程人员的工作量，这就是数据结构要解决的主要问题之一。

5.4.1　数据结构概念

数据（data）是信息的载体，它能够被计算机识别、存储和加工处理。在计算机科学中，所谓数据就是计算机加工处理的对象，它可以是数值数据，也可以是非数值数据，如图像、声音、文本等。

数据项（data item）是数据不可分割的最小单位。数据项有名和值之分，数据项名是数据项的标识，用变量名表示，而数据项值是它的一个可能取值。年龄就是一个数据项，在 Python 语言中可以定义为变量 age，其取值可以是 19、20、21 等。

数据元素（data element）是数据的基本单位，具有完整、确定的实际意义。在不同的条件下，数据元素又可称为元素、顶点、记录等。数据元素一般由若干数据项组成。学生的基本情况就是一个数据元素，由学号、姓名、性别、年龄等数据项组成。

数据对象（data object）或称数据元素类，是具有相同性质的数据元素的集合，是数据的一个子集。在某个具体问题中，数据元素都具有相同的性质，属于同一数据对象，数据元素是数据元素类的一个实例。对于一个学生管理系统来说，某大学所有学生的基本情况就是数据，所有本科生的基本情况、所有硕士研究生的基本情况都可以视为不同的数据对象。

数据结构（data structure）指互相之间存在着一种或多种关系的数据元素的集合。在任何问题中，数据元素都不是孤立的，它们之间存在着这样或那样的关系（联系），这种数据元素之间的关系称为结构。

数据结构包括数据的逻辑结构和数据的物理结构。数据的逻辑结构可以看作是从具体问题抽象出来的数学模型，描述的是数据元素之间的逻辑关系。根据数据元素间关系的不同特性，数据的逻辑结构通常可以分成如下三类基本结构。

①线性结构（linear structure）：数据元素之间存在着一对一的关系，如线性表、栈、队列和数组等。按学号排列的学生数据可以看作是一个线性表，每个学生有一个且只有一个前驱（第一个学生除外），每个学生有一个且只有一个后继（最后一个学生除外）。

②树状结构（tree structure）：数据元素之间存在着一对多的关系，如树、二叉树和森林。一个单位的工作人员之间的关系就可以表示成一棵树，每个人只有一个直接领导（单位的最高领导除外），有多个直接下属（最基层的工作人员除外）。

③图状结构（graph structure）：数据元素之间存在着多对多的关系，图状结构也称网状结构，如无向图和有向图等。铁路交通图是一种典型的图状结构，任意两个城市之间可能存在多条路径连通。

数据在计算机中的表示称为数据的物理结构或存储结构，它研究数据结构在计算机中的实现方法，包括数据结构中数据元素的表示及数据元素间关系的表示。

数据的存储结构可采用顺序存储或链式存储的方法。

顺序存储方法是把逻辑上相邻的元素存储在物理位置也相邻的存储单元中，由此得到的存储表示称为顺序存储结构。顺序存储结构常借助于程序设计语言中的数组或列表等来实现。

链式存储方法对逻辑上相邻的元素不要求其物理位置相邻，元素间的逻辑关系通过附设的指针字段来表示，由此得到的存储表示称为链式存储结构。链式存储结构通常借助于程序设计语言中的指针等来实现。

5.4.2 线性结构

线性结构是最常用、最简单的数据结构，包括线性表、队列、栈等，Python 语言中的列表和元组都是线性结构。线性表、队列、栈可以用数组或列表来实现，本节以 Python 语言中的列表为例介绍线性结构的使用。

【例 5-10】 计算列表 ListA 中所有元素之和并输出。

```
ListA=[78,62,96,81,85]
Total=0
for x in ListA:
    Total=Total+x
print(Total)
```

运行结果如下：

```
402
```

5.4.3 树状结构

线性结构的特点是逻辑结构简单，易于进行查找、插入和删除等操作，主要用于对具有单一的前驱和后继的数据关系进行描述，而现实环境中数据元素之间的关系也有很多是非线性的，如人类社会的家族族谱、各种社会机构的组织形式等具有明显的层次关系，这时用非线性的树状结构描述更为合适。

树（tree）是 $n(n \geqslant 0)$ 个节点的有限集合。当 $n=0$ 时，称为空树。在一棵非空树 T 中：

①有且仅有一个特定的节点称为树的根节点。

②当 $n>1$ 时，除根节点之外的其余节点被分成 $m(m \geqslant 1)$ 个互不相交的集合 $T_1, T_2, \cdots, T_m$，其中每一个集合 $T_i(1 \leqslant i \leqslant m)$ 本身又是一棵树，并且称为根节点的子树。

在树中，一个节点可以视为一个数据元素。图 5-11 是一棵具有 5 个节点的树。

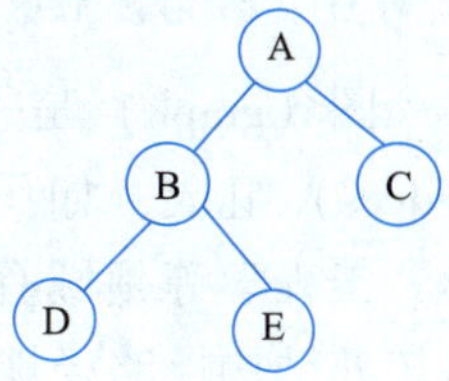

图 5-11　具有 5 个节点的树

节点所拥有的子树的个数称为该节点的度，度为 0 的节点称为叶节点，度不为 0 的节点称为分支节点。一棵树的节点除叶节点外，其余的都是分支节点。树中一个节点的子树的根节点称为这个节点的孩子（子节点），这个节点称为它的子节点的父节点，具有同一个父节点的子节点互称为兄弟节点。

【例 5-11】 遍历输出图 5-11 对应树的所有节点。

```
class TreeNode:
    def __init__(self, value):
        self.value = value
        self.children = []
def insert_node(root, value, parent_value):
    if root is None:
        return TreeNode(value)
    if root.value == parent_value:
        new_node = TreeNode(value)
        root.children.append(new_node)
        return root
    for child in root.children:
        child = insert_node(child, value, parent_value)
    return root
from collections import deque
def bfs(root):
    if root is None:
        return
    queue = deque([root])
    while queue:
        node = queue.popleft()
        print(node.value, end='')
        for child in node.children:
            queue.append(child)
# 创建树
root = TreeNode('A')
root = insert_node(root, 'B', 'A')
root = insert_node(root, 'C', 'A')
root = insert_node(root, 'D','B')
```

```
root = insert_node(root, 'E', 'B')
#遍历输出树中所有节点
print("遍历结果:")
bfs(root)
```

运行结果如下：

```
遍历结果:
A B C D E
```

5.4.4 图状结构

图（graph）是一种用于表示对象之间关系的数据结构，由顶点（vertices）和边（edges）组成，如图 5-12 所示。图在计算机科学、数学、工程学等领域有广泛的应用，如社交网络分析、网络拓扑结构、路径规划等。

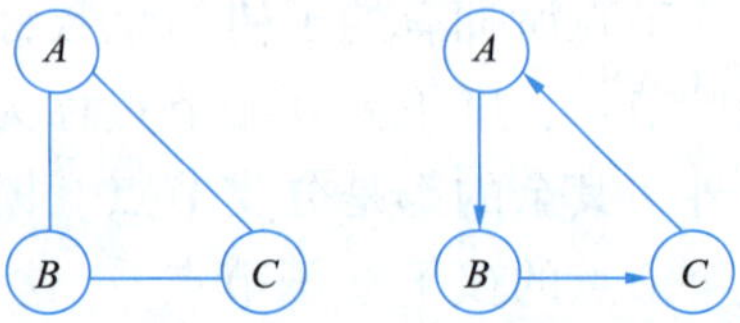

图 5-12 图状结构

1. 图的基本定义

①顶点（vertex）：图中的一个节点，表示一个对象或实体。顶点通常用一个唯一的标识符表示，如数字、字符串等。

②边（edge）：连接两个顶点的线段，表示顶点之间的关系或连接。

- 有向边（directed edge）：边有方向，从一个顶点指向另一个顶点，表示一种单向的关系。例如，从顶点 A 指向顶点 B 的边表示 A 到 B 的关系，但不表示 B 到 A 的关系。
- 无向边（undirected edge）：边无方向，表示两个顶点之间的双向关系。例如，顶点 A 和顶点 B 之间有一条无向边，表示 A 与 B 之间有关系，且关系是双向的。

③权重（weight）：边可以带有权重，表示边的某种属性或代价，如距离、成本、时间等。带有权重的图称为加权图（weighted graph）。

④邻接（adjacency）：如果两个顶点之间有一条边连接，则称这两个顶点是邻接的。

⑤度（degree）：对于无向图，一个顶点的度是与该顶点相连的边的数量。

- 入度（in-degree）：对于有向图，一个顶点的入度是进入该顶点的边的数量。
- 出度（out-degree）：对于有向图，一个顶点的出度是从该顶点出发的边的数量。

2. 图的存储

在 Python 中，图可以通过多种方式表示，常见的有邻接矩阵和邻接表两种方法。

（1）邻接矩阵表示法

邻接矩阵是一个二维数组，其中 matrix[i][j] 表示顶点 i 和顶点 j 之间是否有边。对于有权图，矩阵的元素可以表示边的权重。这种方法适合表示稠密图，因为每个顶点对都需要存储一个值。

【例 5-12】 输出图 5-12 左图的邻接矩阵。

```
class GraphAdjacencyMatrix:
    def __init__(self, num_vertices):
        self.num_vertices = num_vertices
        self.matrix = [[0]*num_vertices for _ in range(num_vertices)]
```

```
    def add_edge(self, start, end, weight=1):
        self.matrix[start][end] = weight
        self.matrix[end][start] = weight  # 无向图需要考虑反向
    def print_matrix(self):
        for row in self.matrix:
            print(row)
# 示例
graph_matrix = GraphAdjacencyMatrix(3)
graph_matrix.add_edge(0, 1)
graph_matrix.add_edge(1, 2)
graph_matrix.add_edge(2, 1)                      # 此语句可去掉
graph_matrix.print_matrix()
```

输出：

```
[0, 1, 0]
[1, 0, 1]
[0, 1, 0]
```

（2）邻接表表示法

邻接表使用字典或哈希表来表示图，其中每个节点对应一个链表，存储与该节点相邻的节点及边的信息。这种方法适合表示稀疏图，因为它只存储实际存在的边。

【例 5-13】 输出图 5-12 左图的邻接表。

```
class Graph:
    def __init__(self):
        self.graph = {}
    def add_edge(self, u, v):
        if u not in self.graph:
            self.graph[u] = []
        if v not in self.graph:
            self.graph[v] = []
        self.graph[u].append(v)
        self.graph[v].append(u)  # 因为是无向图,所以要添加两次
    def print_graph(self):
        for vertex in self.graph:
            print(f'{vertex} -> {", ".join(map(str, self.graph[vertex]))}')
# 创建图实例
g = Graph()
# 添加边
g.add_edge('A', 'B')
g.add_edge('A', 'C')
g.add_edge('B', 'C')
# 打印图的邻接表
g.print_graph()
```

输出：

```
A -> B, C
B -> A, C
C -> A, B
```

拓展阅读 >>>>>>

日常生活中的应用程序与算法

1. 外卖骑手为什么总能找到最短路径

当你点完外卖，是否好奇骑手如何在复杂的街道和电梯间快速找到你的位置?

背后的算法：

导航程序在运行过程中，会实时进行复杂而高效的计算，处理成千上万条可能的路径选择，这一过程仿佛就像是使用了一柄神奇的魔法扫帚，迅速而细致地扫描整个城市地图的每一个角落，以确保找到最为合适的路线。经典的Dijkstra算法，这种被誉为“最短路径探测器”的算法，其核心机制在于优先筛选出时间成本最低的路线，智能地避开那些交通拥堵区域和等待红灯的路段，从而极大提升通行效率。而对于经验丰富的老骑手来说，他们凭借多年累积的骑行经验，能够熟练地记住那些不为人知的“抄近道”，轻松穿梭于城市的大街小巷。相较之下，新手骑手则更多地依赖于导航算法的指引，这种依赖关系恰似一场人类大脑与电子脑之间的默契接力赛，两者相辅相成，共同助力骑手们高效、安全地抵达目的地。

2. 游戏中的NPC为什么能“聪明”地追击玩家

在《王者荣耀》或《原神》中，怪物总能绕过障碍物对你围追堵截，这背后是程序在“作弊”吗?

背后的算法：

A*寻路算法（可以形象地比喻为“迷宫中的智能指南针”）为NPC提供了高效计算追击路线的能力。首先，该算法将游戏地图细分为一个个网格，类似于棋盘上的格子，并清晰标记出哪些区域是NPC可以安全通行的。在追击过程中，NPC能够实时识别并避开墙壁、陷阱以及其他各种障碍物，确保行进路线的顺畅。通过精确的计算，NPC会选择一条耗时最短的路径，迅速逼近玩家，增加追击的成功率。在类似《狼人杀》这样的游戏中，如果NPC发现玩家利用“卡墙bug”来躲避追击，系统会立即触发备用路线，就像现实生活中人类迷路时打开手机导航寻找新的路径一样。值得一提的是，早期的游戏中，怪物往往只会进行简单的直线追击，结果常常被机智的玩家利用“绕柱战术”轻松戏耍，这也从侧面反映了现代寻路算法在游戏设计中的重要性。

3. 音乐平台的“每日推荐”是如何生成的

网易云音乐的“每日推荐”总能让你发现没听过却莫名喜欢的歌曲，这是算法的魔法吗?

背后的算法：

协同过滤算法，我们可以形象地将其比喻为“音乐品味匹配器”：该算法的核心功能在于寻找并识别出与你听歌习惯高度相似的用户群体，我们可以亲切地称这些用户为“音乐双胞胎”。通过深入分析这些“音乐双胞胎”所喜爱的歌曲列表，算法能够精准地筛选出那些他们喜欢但你尚未有机会聆听的曲目。在此过程中，算法还会智能地剔除那些你曾经明确表示过“不喜欢”的音乐类型，以确保推荐结果的个性化和精准度。然而，面对冷启动难题，即新用户第一次使用该算法时，由于缺乏足够的历史数据支撑，算法通常会采取一种保守策略，推荐当前大众热门的歌曲，这就像是餐厅在迎接新顾客时，首先端上自家口碑极佳的招牌菜，以赢得顾客的初步好感。

思考与练习

1. 世界上第一种高级程序设计语言是（　　）。

A. Fortran　　B. COBOL　　C. BASIC　　D. ALGOL

2. （　　）语言开启了面向对象编程的时代。

A. C　　B. Smalltalk　　C. Pascal　　D. Ada

3. 算法的有穷性是指（　　）。

A. 算法的执行时间是有限的

B. 算法所处理的数据量是有限的

C. 算法的程序代码行数是有限的

D. 算法只能被有限次调用

4. 算法的时间复杂度是指（　　）。

A. 算法执行过程中所需要的基本运算次数

B. 算法程序的长度

C. 算法执行时所需要的时间

D. 算法程序中的指令条数

5. 下列关于算法空间复杂度的说法，正确的是（　　）。

A. 算法空间复杂度是指算法程序中指令（或语句）的条数

B. 算法空间复杂度是指算法程序所占的存储空间

C. 算法空间复杂度是指算法执行过程中所需要的存储空间

D. 算法空间复杂度是指算法执行时所需要的时间

6. 一个算法应具有“确定性”等五个特性，下面对另外四个特性的描述中错误的是（　　）。

A. 有零个或多个输入　　B. 有零个或多个输出

C. 可行性　　D. 有穷性

7. （　　）设计方法是通过将问题分解为规模更小的子问题来求解。

A. 贪心算法　　B. 分治法　　C. 动态规划算法　　D. 回溯算法

8. 以下关于算法的描述，错误的是（　　）。

A. 算法可以没有输入，但必须有输出

B. 算法的每一步骤必须有确切的定义

C. 算法可以有无限个步骤

D. 算法可以使用自然语言、伪代码、程序设计语言等多种方式来描述

9. 在 Python 中，（　　）是整数类型的关键字。

A. float　　B. int　　C. str　　D. bool

10. Python 里，用于表示浮点数的类型是（　　）。

A. float　　B. double　　C. real　　D. decimal

11. 代码（　　）能正确创建一个字符串。

A. str = 123　　B. str = 'Hello'　　C. str = {Hello}　　D. str = [Hello]

12. Python 中布尔类型的取值有（　　）。

A. True 和 False　　B. Yes 和 No　　C. 1 和 0　　D. On 和 Off

13. 若要把一个字符串转换为整数，可以使用的函数是（　　）。

A. float()　　B. str()　　C. int()　　D. bool()

14. Python 中，代码“x = 3.14”中，变量“x”的数据类型是（　　）。

A. 整数　　B. 浮点数　　C. 字符串　　D. 布尔值

15. 代码“my_list = [1,2,3]”中，“my_list”的数据类型是（　　）。

A. 元组　　B. 列表　　C. 集合　　D. 字典

第6章 与人工智能火花碰撞

【本章导读】

自1956年正式提出人工智能这一术语，经过近70年的演进，特别是在移动互联网、大数据、超级计算、物联网、脑科学等新理论新技术以及经济社会发展强烈需求的共同驱动下，人工智能加速发展，呈现出深度学习、跨界融合、人机协同、群智开放、自主操控等新特征。近几年，人工智能在教育、新闻、医疗、养老、机械制造、建筑工程、金融、管理、环境保护、城市运行、司法服务等领域得到广泛应用。人工智能深刻改变着人类的生产生活方式和思维模式，深刻影响着人类的经济社会发展。

当前，我国人工智能产业在技术创新、产品创造和行业应用等方面实现快速发展，形成庞大市场规模。中国互联网络信息中心发布的《生成式人工智能应用发展报告（2024）》显示，我国初步构建了较为全面的人工智能产业体系，相关企业超过4 500家，核心产业规模接近6 000亿元，产业链覆盖芯片、算法、数据、平台等上下游关键环节。截至2024年6月，我国已有2.3亿人使用过生成式人工智能产品，占整体人口的16.4%。

【学习目标】

1. 掌握人工智能的定义、三大学派及发展历程。
2. 了解机器学习与深度学习的基本概念。
3. 了解生成式AI、大模型及自然语言处理的技术原理。
4. 认识AI伦理问题及社会影响。

6.1 人工智能的定义

1950年，图灵在发表的论文中，预言了创造出具有真正智能的机器的可能性。他提出了著名的图灵测试：如果一台机器能够与人类展开对话（通过电传设备）而不能被辨别出其机器身份，那么称这台机器具有智能。这一简化使得图灵能够令人信服地说明“思考的机器”是可能的。图灵试图解决长久以来关于如何定义思考的哲学争论，他提出一个虽然主观但可操作的标准：如果一台计算机表现（act）、反应（react）和互相作用（interact）都和有意识的个体一样，那么它就应该被认为是有意识的。

什么是“智能”？斯洛曼认为：人工智能有三种，第一种是通常所认为的那样，试图让机器做你所做的事情；第二种是接受不同大量的科学训练及日常生活的训练，使机器有可以理解不同种类的事情、语言、制订计划、测试计划、解决问题等的能力；第三种是包括动机、情感、情绪等能力的机器，如感到孤独、自豪、窘迫等。

目前，人工智能发展迅速，而其中的发展多是第一种和第二种的发展，统称为弱人工智能；第三种人工智能称为强人工智能，目前研究基本停滞不前而且颇有争议。弱人工智能可以简单理解为是没有感情的机器人，受人类支配，为人类所控制。而强人工智能从某些层面上说是指比人类更具有“智能”且具有无限发展潜力的“大脑”：一个人工智能被允许教导输入人类的成长历程，可以模仿人类的语言、文字甚至思考方法，换言之，强人工智能是人类在培养另一种“人类”，一项成熟的强人工智能可以做到批量生产这样的“人类”，因为智能不再是人类所独有，人类分享了自己的智能给另一种可以超越人类智能的、人类自己制造的生物。

中国电子技术标准化研究院编写的《人工智能标准化白皮书（2018）》给出的定义是：人工智能是利用数字计算机或者数字计算机控制的机器模拟、延伸和扩展人的智能，感知环境、获取知识并使用知识获得最佳结果的理论、方法、技术及应用系统。这个定义强调人工智能是在计算机上实现对人的智能的模拟、延伸和扩展。

6.2 人工智能的发展史

学术界把1956年达特茅斯会议视为人工智能的正式开始，其间经历了推理期、知识期和学习期三个发展时期。

1. 推理期

1956年达特茅斯会议之后，人工智能有一段长达10多年的快速发展期，这一时期的人工智能研究称为“推理期”。研究者认为只要能赋予计算机逻辑推理能力，计算机就具有智能。在达特茅斯研讨会上，西蒙和纽厄尔展示了他们开发的能进行定理自动证明的“逻辑理论家”（logic theorist）程序。1958年，美籍华人数理逻辑学家王浩在IBM-704计算机上证明了由英国著名的哲学家、数学家、逻辑学家伯特兰·罗素（Bertrand Russell，1872—1970）和他的老师阿尔弗雷德·怀特海（Alfred North Whitehead，1861—1947）合著的《数学原理》一书中的一阶逻辑及命题逻辑定理。1965年，鲁滨逊提出了归结原理，推动了定理自动证明的突破性进展。除此之外，人工智能在机器翻译、下棋程序、人机对话等方面也有在当时看来不错的进展，让很多研究者对人工智能发展充满信心，甚至在当时有学者认为：“二十年内，机器将能完成人能做到的一切。”

随着研究的深入，人们逐渐认识到，实现人工智能仅靠逻辑推理能力是远远不够的。到20世纪70年代中期，人工智能进入第一次发展低谷期。当时，人工智能面临的技术瓶颈主要是两个方面：一是计算机性能的不足，导致很多程序无法在人工智能领域得到应用；二是数学模型不足以应对实际问题的复杂性，初期的人工智能程序主要是解决复杂性较低的特定问题（俗称玩具问题），可一旦实际问题的复杂度增加，原有程序性能急剧下降，变得不再可用。

2. 知识期

到 20 世纪 80 年代初，人工智能的发展出现转机，迎来称为“知识期”的第二个快速发展期，把知识应用于人工智能系统的开发，出现了一大批应用于各领域的专家系统。

专家系统（expert system）是一种智能的计算机程序，它运用知识和推理来解决只有人类专家才能解决的复杂问题。1965 年，爱德华·费根鲍姆（Edward Albert Feigenbaum，1936—2019）与乔舒亚·莱德伯格（Joshua Lederberg，1925—2008）、翟若适（Carl Djerassi，1923—2015）等人合作开发出世界上第一个专家系统 DENDRAL，该专家系统的输入是质谱仪的数据，输出是给定物质的化学结构。费根鲍姆的专长是机器学习，他是 1994 年度图灵奖获得者。莱德伯格是遗传学家，33 岁时获得 1958 年度诺贝尔生理学或医学奖。翟若适是化学家，曾获得美国国家科学奖和国家技术与创新奖。将化学分析知识提炼成规则应用于专家系统，DENDRAL 给出的结果有时比翟若适的学生做得都准。

1980 年，卡内基-梅隆大学为数字设备公司（DEC）设计了一套名为 XCON 的专家系统。这个系统有 1 000 多条人工整理的规则（后来扩展到了 3 000 多条规则），可以简单地理解为“知识库+推理机”的组合，其功能是为客户订购 DEC 的 VAX 系列计算机时自动配置零部件，有文献说每年能为公司节省约 4 000 万美元。也就是在这一时期，日本、美国等国家组织力量研发基于“知识库+推理机”的智能计算机（也称为第五代计算机）。

由于知识获取、知识表示以及基于知识的推理机制等问题没有得到有效解决，即以人工方式把知识（规则）总结出来存入计算机并交给计算机使用是困难的，专家系统在取得了一些初步成效后，性能无法进一步提升，到 20 世纪 80 年代末，人工智能再次进入发展的低谷期，智能计算机（第五代计算机）的研制也没有达到预期目标，现在使用的计算机仍然属于第四代计算机。

3. 学习期

人工智能的第三个快速发展期开始于 21 世纪初，人工智能进入“学习期”，这一时期深度学习模型取得重大突破，得到快速发展并应用于多个领域。

深度学习模型就是有很多层的人工神经网络，而人工神经网络可以追溯到 1943 年。

1943 年，美国神经心理学家沃伦·麦卡洛克（Warren McCulloch，1898—1969）和数学家沃尔特·皮茨（Walter Pitts，1923—1969）在《数学生物物理》期刊上合作发表了论文《神经活动中内在思想的逻辑计算》（*A Logical Calculus of Ideas Immanent in Nervous Activity*），论文的核心内容是用数学模型来描述人脑的神经活动。这是第一篇研究人工神经网络的论文，其中提出的神经元数学模型（M-P 模型，取自两人名字的首字母）奠定了人工神经网络研究的基础。

神经网络研究的一个重大突破出现在 1957 年，美国康奈尔大学心理学教授弗兰克·罗森布拉特（Frank Rosenblatt，1928—1971）在 M-P 模型的基础上，在一台 IBM704 计算机上模拟实现了一个他自己称之为“感知器”（perceptron）的神经网络模型，这个模型可以完成图片分类等简单的视觉处理任务。感知器模型第一次把神经网络研究从纯理论推向实际应用，主要用于图片分类。

1986 年，大卫·鲁梅哈特（David Rumelhart，1942—2011）、杰弗里·辛顿、罗纳德·威廉姆斯（Ronald Williams）合作发表了题目为《通过误差传播学习内部表示》（*Learning*

Internal Representations by Error Propagation）和《通过反向传播误差学习表示》（*Learning Repre- sentations by Backpropagating Errors*）两篇论文，论文中设计的反向传播（back propagation，BP）算法系统地解决了多层神经网络中隐层单元连接权重值的学习问题，并在数学层面上给出了完整的推导。

随着计算机应用的不断深入和拓展，积累的数字化数据越来越多，基于计算机技术自动高效处理图片、语音、文本等信息的需求越来越大，人们尝试用增加神经网络层数的方法来解决这些问题。实际上早在 1965 年，阿列克谢·伊瓦赫年科（Alexey G. Ivakhnenko，1913—2007）就提出了建立多层神经网络的设想，只不过当时由于计算机性能、用于训练神经网络的大数据、合适的学习算法等因素的限制，深度学习一直没有具体实现。直到 21 世纪初，在高性能计算机、大数据的支持下出现了有效的深度学习算法，使深度学习得以快速发展。

杨立昆在 1989 年提出了卷积神经网络 LeNet，1998 年提出了 LeNet 的改进版 LeNet-5。LeNet-5 曾广泛应用于美国银行支票、邮政信件上的手写数字识别。

2006 年，杰弗里·辛顿给出了训练多层神经网络的有效方法。2012 年，辛顿和他的学生把深度学习方法与卷积神经网络结合，设计出深度卷积神经网络，参加当年的 ImageNet 对抗赛并以遥遥领先的成绩一举夺冠，让研究者看到了深度学习方法的巨大威力，之后各种改进、优化的深度学习方法迅速发展并在多个领域得到实际应用。

6.3 人工智能研究的不同学派

在几十年的人工智能研究中，研究人员对于如何实现人工智能也有一些不同的认识和实现方法，形成了人工智能研究的三个学派：符号主义、连接主义和行为主义。

1. 符号主义

符号主义（symbolism）认为人的认知基元是符号，而且认知过程即符号操作过程。它认为人是一个物理符号系统，计算机也是一个物理符号系统，因此，能够用计算机来模拟人的智能行为，即用计算机的符号操作来模拟人的认知过程。也就是说，人的思维是可操作的。符号主义还认为，知识是信息的一种形式，是构成智能的基础。人工智能的核心问题是知识表示、知识推理和知识运用。西蒙和纽厄尔是符号主义学派的代表人物，两人在 1956 年发布的“逻辑理论家”（logic theorist）程序及其改进版证明了《数学原理》一书中第 2 章的全部 52 个定理。符号主义在定理的自动证明领域有着重要影响。符号主义强调的是计算机与人在功能上的相同。

2. 连接主义

从医学角度来说，人的大脑就是一个生物神经网络，由大约 860 亿个神经元组成，每个神经元与其他神经元之间大约有 2 000 个连接，所以人的大脑的所有神经元之间大约有 150 万亿个连接，这个生物神经网络接收全身各器官感觉到的视觉信息、听觉信息、触觉信息、味觉信息等各类信息，经它整合加工后成为协调的动作（奔跑、说话、思考等），或者存储在中枢神经系统内成为学习、记忆的神经基础，人类的思维活动也是生物神经网络的功能。简而言之，人类的智能就产生于这众多的神经元和神经元之间的连接。

连接主义（connectionism）又称为仿生学派（bionicsism），它认为人的思维基元是神经元，而不是符号处理过程。连接主义对物理符号系统假设持反对意见，认为人脑不同于计算机，并提出连接主义的大脑工作模式，用于取代符号操作的计算机工作模式。主张人工智能应着重于结构模拟，即模拟人的大脑生物神经网络结构，并认为功能、结构和智能行为是密切相关的。不同的结构表现出不同的功能和行为。该学派提出了多种人工神经网络结构和众多的学习算法。连接主义强调的是计算机与人脑在结构上的相似或相同。

人工智能领域所说的神经网络是指人工神经网络（artificial neural network，ANN），是模拟生物神经网络在计算机上人工构建的神经网络，从结构上模拟人脑，期望人工神经网络能产生类似于生物神经网络的智能。近几年人工智能应用主要得益于深度神经网络（多层神经网络）模型的实用化。为叙述简便，后面的人工神经网络一般简称为神经网络。

连接主义的代表性人物有最早提出神经元数学模型（M-P 模型）的麦卡洛克和皮茨、提出“感知器”模型的罗森布拉特、提出误差反向传播算法的鲁梅哈特、提出卷积神经网络的杨立昆、提出深度学习算法的辛顿等。代表性成果包括围棋程序 AlphaGo、人脸识别、语音识别、机器翻译等。

3. 行为主义

行为主义（actionism）认为智能取决于感知和行动，提出智能行为的“感知-动作”模式。行为主义认为智能不需要知识，不需要表示，不需要推理。智能行为只能在现实世界中与周围环境交互作用而表现出来。行为主义学派的代表人物是罗德尼·布鲁克斯（Rodney Brooks）。在布鲁克斯看来，机器人只需要两个步骤就可以实现，即感知和行动，并据此设计了六足行走机器人，机器人感知环境并做出适当的反应。行为主义强调的是对环境的感知和反应。

在几十年的发展过程中，三个学派都有很大的理论和技术进步，但单独的每一个学派都有其局限性，只有多种技术的融合才能更好地实现人工智能。围棋程序 AlphaGo 就是融合了三个学派的技术：连接主义的深度学习、符号主义的蒙特卡洛树搜索和行为主义的强化学习，这种融合大大提高了围棋程序的智能化程度。

6.4 机 器 人

近年来，机器人得到了快速发展和广泛应用，机器人（特别是人形机器人）的一大特点是能够形象直观地展示智能特性。机器人既是先进制造业的关键支撑装备，也是改善人类生活方式的重要工具。机器人的研发及产业化应用是衡量一个国家科技创新、高端制造发展水平的重要标志。

机器人通常分为三类：工业机器人、服务机器人和特种机器人。

①工业机器人：是面向工业生产领域的多关节机械手或多自由度机器人，主要包括焊接机器人、喷涂机器人、装配机器人、搬运机器人、码垛机器人、自动牵引车、清洁机器人等。

②服务机器人：应用于人类的非生产性场合，主要包括家庭机器人、教育机器人、娱乐休闲机器人、医用机器人、残障辅助机器人、物流机器人、住宅安全和监视机器人等，

主要承担维护保养、修理、拣货、运输、配送、清洗、保安、救援、监护以及教育、娱乐、医疗、养老、康复、助残等工作。

③特种机器人：是用于特殊环境的机器人，主要包括抢险救灾机器人、消防机器人、空间探测机器人、水下探测机器人、危险环境作业机器人和反恐防暴机器人等。

智能机器人（intelligent robot）是一种能够半自主或全自主工作的智能机器，具有感知、决策、执行等基本特征，可以辅助甚至替代人类完成危险、繁重、复杂的工作，提高工作效率与质量，服务人类生活，扩大或延伸人的活动及能力范围。

自1954年世界上第一台机器人诞生以来，机器人经历了由一般机器人向智能机器人的逐步发展过程。一般机器人是指只具有一般编程能力和操作功能的机器人。多数专家认为，智能机器人至少要具备以下几个功能特征：

①具备对不确定作业条件的适应能力。

②具备复杂对象的灵活操作能力。

③具备与人紧密协调合作的能力。

④具备与人自然交互的能力。

⑤具备人机合作安全特征。

目前所说的机器人一般是指智能机器人。

在70多年的机器人发展历史中，科学家、工程师研发了多种样式、多种功能的机器人，在很多领域都有机器人的身影出现。

1988年日本东京电力公司研制出具有自动跨越障碍能力的巡检机器人。1994年中国科学院沈阳自动化所研制出中国第一台无缆水下机器人“探索者”。1997年，美国研制的“探路者”空间移动机器人，完成了对火星表面的实地探测，取得了大量有价值的火星资料。

1999年美国直觉外科公司研制出达·芬奇机器人手术系统，现在已迭代更新至第五代产品，在多个国家的多家医院得到应用。2000年，日本本田技研公司推出第一代人形机器人阿莫西；国防科技大学研制出我国第一个人形机器人“先行者”，具有与人类似的躯体、头部、眼睛、双臂和双足，可以步行，也有一定的语言功能。

2005年，美国波士顿动力公司研制出四腿机器人“大狗”（Bigdog）；日本研制出“村田男孩”机器人，能够骑行普通的双轮自行车。2008年，深圳大疆创新科技公司研制出无人机；日本研制出一款名为“村田女孩”的机器人，该机器人可以骑独轮车，相当于一个杂技演员；北京奥运会期间，由中国民航大学研制的5个奥运福娃机器人亮相北京首都国际机场，迎送奥运大家庭成员和国内外宾客。

2013年12月2日，伴随“嫦娥三号”探测器发射入轨，并于15日与着陆器成功分离的“玉兔”号月球车也是一个高智能的机器人。2015年日本软银集团和法国Aldebaran Robotics公司联合研发出能够识别人的情绪的人形机器人“Pepper”，通过对“观察”到的面部表情和“听”到的语音语调的分析，“Pepper”能够知晓人当时的情绪状态并给予相应的语言或动作应对。

2018年，美国波士顿动力公司研制出能轻松完成奔跑、跨越障碍、旋转、跳跃、后空翻等一连串高难度动作的人形机器人。2020年12月29日，美国波士顿动力公司发布了旗下大狗机器人 Spot、人形机器人 Atlas 和搬运机器人 Handle 辞旧迎新的“集体舞”。2023 年，波士顿动力公司对 Atlas 机器人进行了重大更新，完全退役了液压驱动版本，转而使用全电动版本，大幅提升了机器人的力量与灵活性。2024 年，波士顿动力公司和丰田研究所宣布合作，利用丰田研究院的大型行为模型和波士顿动力公司的 Atlas 机器人，加快通用仿人机器人的开发。

2017 年，宇树科技发布的首款四足机器人 Laikago 标志着公司在四足机器人领域的起步。2018 年，四足机器人 XDog 亮相，开创性地使用了外转子无刷电机直驱的传动方式，并采用直接力控技术，实现了较好的运动能力，展示了宇树科技在四足机器人领域的技术实力。2022 年 6 月，宇树科技推出了工业级四足机器人 B1，被应用在农业、工业领域，以及特定的安防巡检、勘测探索、公共救援、警用排爆侦测、医疗防疫陪护等行业级全场景中。2023 年 7 月，宇树科技发布了 Unitree Go2 四足机器人，采用了自研的 4D 激光雷达 L1，具备强大的环境感知能力和复杂动作执行能力。2023 年 8 月，宇树科技发布了首款通用人形机器人 H1，能够完成原地后空翻和快速行走等高难度动作。2023 年 11 月，宇树科技推出全新版本的工业四足机器人 Unitree B2，具备更高的性能和更强的适应能力，成功应用于电力巡检等领域。2024 年 5 月，宇树科技发布了第二代人形机器人 G1，性能显著提升。2024 年 12 月，宇树科技更新了 Unitree B2-W 机器狗（见图 6-1）视频，展示了其托马斯全旋、侧空翻、360°跳跃转体等高难度动作。

图 6-1　Unitree B2-W 机器狗

6.5　机器学习与深度学习

6.5.1　机器学习

机器学习（machine learning）是一种让计算机在没有事先明确的编程的情况下做出正确反应的科学。在过去的十年中，机器学习已经在自动驾驶汽车、实用语音识别、有效网络搜索及提高人类基因组的认识方面带来大量帮助。

机器学习，简单地说就是让机器学习人思维的过程。机器学习的宗旨就是让机器学会“人识别事物的方法”，我们希望人从事物中了解到的东西和机器从事物中了解到的东西一样，这就是机器学习的过程。

在机器学习中有一个很经典的问题：“假设有一张色彩丰富的油画，画中画了一片茂密的森林，在森林远处的一棵歪脖树上，有一只猴子坐在树上吃东西。如果我们让一个人找出猴子的位置，正常情况下不到一秒就可以指出猴子，甚至有的人第一眼就能看到那只猴子。”

那么问题就来了，为什么人能在上千种颜色混合而成的图像中一下就能识别出猴子呢？在我们的生活中，各种事物随处可见，我们是如何识别出各种不同的内容呢？也许你可能想到了——经验。没错，就是经验。我们认识的所有东西都是通过学习得到的。比如，提起猴子，我们脑海里立刻就会浮现出我们见过的各种猴子，只要画中的猴子的特征与我们意识中的猴子相同，我们就会认定画中画的是猴子。有时候，当画中猴子的特征与我们所认识某一类猴子的特征完全相同，我们就会认定画中的猴子是哪一类。

另一种情况是我们认错的时候。其实人识别事物的错误率有的时候也是很高的。比如，当我们遇见不认识的字的时候会潜意识地念字中我们认识的部分。比如，“如火如荼”这个词，可能有同学曾经念过“如火如茶（chá）”？我们之所以犯错，就是因为在我们没有见过这个字的前提下，我们会潜意识地使用经验来解释未知。

目前科技如此发达，就有研究人员考虑可不可以让机器模仿人的这种识别方法来达到机器识别的效果，机器学习也就应运而生了。

从根本上说，识别，是一个分类的结果。看到四条腿的生物，我们可能会立即把该生物归为动物一类，因为我们常常见到的四条腿的、活的东西，九成以上是动物。这里，就牵扯出了概率的问题。我们对身边的事物往往识别率很高，是因为人的潜意识几乎记录了肉眼看到的事物的所有特征。比如，我们进入一个新的集体，刚开始大家都不认识，有的时候人和名字都对不上，主要原因就是我们对事物的特征把握不够，还不能通过现有特征对身边的人进行分类。这个时候，我们常常会有这种意识：哎，你好像叫张三来着？哦，不对，你好像是李四。这就是分类中的概率问题，有可能是 A 结果，有可能是 B 结果，甚至是更多结果，主要原因就是我们的大脑收集的特征不够多，还无法进行准确分类。当大家都彼此熟悉了之后，一眼就能识别出谁是谁来，甚至有时候，只听声音不见人都能进行识别，这说明我们已经对该事物的特征把握相当精确。

所以人识别事物有四个基本步骤：学习、提取特征、识别、分类。那么机器可不可以模仿这个过程来实现识别呢？答案是肯定的，但是没有那么容易。

难题有三：第一，人的大脑有无数神经元进行数据交换和处理，在目前的机器中还达不到同等的处理条件；第二，人对事物特征的提取是潜意识的，提取无意识情况下的信息，误差很大；第三，也是最重要的一点，人的经验来自人每时每刻的生活中，也就是人时时刻刻都处在学习中。如何让机器进行各个方面的自主学习？因此，目前在人工智能领域始终还没达到类人的水平，主要原因就是机器没有潜意识。人的潜意识其实并不完全受人的意识支配，但却可以提高人类识别事物的概率。我们无法给机器加载潜意识，因为主动加载的意识就是主观意识，在机器里无法完成人类潜意识的功能。所以，以目前的发展情况来看，要达到完全类人，还有不短的路要走。但即便如此，与人的思维差别很大的机器依然可以为我们的生活带来帮助。比如，我们常用的在线翻译、搜索系统、专家系统等，都是机器学习的产物。

那么，如何实现机器学习呢？

整体上看，机器学习就是模仿人识别事物的过程，即：学习、提取特征、识别、分类。由于机器不能跟人类思维一样根据事物特征自然而然地选择分类方法，所以机器学习方法的选择依然还需要人工选择。目前，机器学习的方法主要有三种：监督学习、半监督学习和无监督学习。监督学习是利用一组已知类别的样本调整分类器的参数，使其达到所要求性能的过程。就是根据已知的，推断未知的。代表方法有 Nave Bayes、SVM、决策树、KNN、神经网络以及 Logistic 分析等；半监督方法主要考虑如何利用少量的标注样本和大量的未标注样本进行训练和分类的问题，也就是根据少量已知的和大量未知的内容进行分类。代表方法有最大期望、生成模型和图算法等。无监督学习是利用一组已知类别的样本调整分类器的参数，使其达到所要求性能的过程。也就是其自学。代表方法有 Apriori、FP 树、K-means 以及深度学习。从这三方面看，无监督学习是最智能的，有能实现机器主动意识的潜质，但发展还比较缓慢；监督学习是不太可靠的，从已知的推断未知的，就必须把事物所有可能性全都学到，这在现实中是不可能的，人也做不到；半监督学习是“没办法中的办法”，既然无监督学习很难，监督学习不可靠，就取个折中，各取所长。目前的发展是，监督学习技术已然成熟，无监督学习还在起步，所以对监督学习方法进行修改，实现半监督学习是目前的主流。但这些方法基本只能提取信息，还不能进行有效预测。人们就想，既然没法得到更多，就先看看手里有什么，于是数据挖掘出现了。

6.5.2　深度学习

深度学习是机器学习领域中对模式（声音、图像等）进行建模的一种方法，它也是一种基于统计的概率模型。在对各种模式进行建模之后，便可以对各种模式进行识别了，例如待建模的模式是声音的话，那么这种识别便可以理解为语音识别。而类比来理解，如果说将机器学习算法类比为排序算法，那么深度学习算法便是众多排序算法当中的一种（例如冒泡排序），这种算法在某些应用场景中会具有一定的优势。

深度学习的优点：为了进行某种模式的识别，通常的做法首先是以某种方式提取这个模式中的特征。这个特征的提取方式有时候是人工设计或指定的，有时候是在给定相对较多数据的前提下，由计算机自己总结出来的。深度学习提出了一种让计算机自动学习出模式特征的方法，并将特征学习融入了建立模型的过程中，从而减少了人为设计特征造成的不完备性。而目前以深度学习为核心的某些机器学习应用，在满足特定条件的应用场景下，已经达到了超越现有算法的识别或分类性能。

深度学习的缺点：深度学习虽然能够自动地学习模式的特征，并可以达到很好的识别精度，但这种算法工作的前提是，使用者能够提供“相当大”量级的数据。也就是说在只能提供有限数据量的应用场景下，深度学习算法便不能够对数据的规律进行无偏差的估计了，因此在识别效果上可能不如一些已有的简单算法。另外，由于深度学习中，图模型的复杂化导致了这个算法的时间复杂度急剧提升，为了保证算法的实时性，需要更高的并行编程技巧以及更好更多的硬件支持。所以，目前也只有一些经济实力比较强大的科研机构或企业，才能够用深度学习算法，来做一些比较前沿而又实用的应用。

6.6　生成式人工智能和大模型

生成式人工智能系统运用深度学习模型，以机器学习技术为基础，致力于创造新的数据或内容。该系统通过深入分析大量现有数据，能够仿效人类的创造性活动，产出文本、图像、音频等多种形式的产出。在这一过程中，大型模型发挥着至关重要的作用，它是实现数据生成功能的基础和关键。具体而言，大型模型通过深入学习数据中的模式和规律，构建起输入与输出之间的复杂映射关系，从而在给定输入的情况下，能够生成符合预期的新数据。

6.6.1 生成式人工智能

生成式人工智能（artificial intelligence generated content，AIGC）是指具有文本、图片、音频、视频、程序代码等内容生成能力的模型及相关技术。生成式人工智能是一类非常重要的人工智能，将会在各行各业、各个领域得到广泛应用，并深刻改变人们的工作方式、学习方式和生活方式。构建和训练通用或专用人工智能大模型是生成文本、图片、音频、视频、程序代码等内容的基础。

2022 年 11 月，美国 OpenAI 公司发布了聊天机器人程序 ChatGPT。ChatGPT 的全称为“聊天生成式预训练模型”（chat generative pre-trained transformer），它是一个基于（预训练好的）人工智能大模型的聊天程序。ChatGPT 是在 GPT-3 模型基础上的升级和优化，GPT-3 模型是一个 96 层的神经网络，参数约为 1 750 亿个。2023 年 3 月，OpenAI 又发布了 GPT-4 模型 。GPT-4 相对于 GPT-3，性能又有了大幅度提高，例如，可以处理更长的文本、可以接收图片作为提问时的输入数据、具有更好的推理与判断能力等。

2024 年 2 月，OpenAI 发布了文生视频大模型 Sora。Sora 可以深入理解用户的文本提示，并根据提示创建最长 60 秒的逼真视频，可以深度模拟真实物理世界，能够生成具有多个角色、包含特定运动的复杂场景。

我国也有多个人工智能大模型发布，如百度公司的“文心一言”、阿里巴巴的“通义千 问”、抖音的“豆包”、深度求索公司的 DeepSeek 等。

“文心一言”是百度公司自主研发的产业级知识增强型大型语言模型，它在中国的调用量位居前列，已被广泛应用于搜索、信息流、智能音箱等多种互联网产品中。该模型具备理解复杂语义的能力，适用于文学创作、商业文案撰写以及多模态内容生成等领域。该模型于 2023 年 3 月正式对外发布，同年 6 月，随着文心大模型 3.5 版本的推出，其训练效率和推理速度均实现了显著提升。至 2024 年 11 月，其用户规模以达 4.3 亿。2025 年 4 月 25 日，文心大模型 4.5 Turbo 发布。

通义千问（阿里巴巴）广泛应用于创意文案、办公助理、学习助手及趣味生活等领域，提供多样化的交互体验，具备撰写营销文案、文章润色、直播带货剧本生成等功能。2023 年 9 月 13 日，通义千问大模型顺利完成首批备案，正式面向公众开放。2024 年 3 月 22 日，通义千问宣布功能升级，向全体用户免费提供 1 000 万字的长文档处理服务。同年 5 月，通义千问 2.5 大模型版本正式发布，并更名为通义。在 2024 年世界人工智能大会上，阿里云 CTO 透露，通义千问开源模型的下载量增长了 2 倍，累计突破 2 000 万次。

豆包大模型（原名云雀）于 2023 年在字节跳动内部正式启用，为超过 50 个业务领域的产品创新与迭代提供了有力支持。2024 年 5 月，字节跳动正式对外发布豆包大模型及其产品系列，该系列包含多个版本，每日能够处理高达 120 亿 tokens 的文本数据，并能生成 3 000 张图片。从 2024 年 5 月至 12 月，豆包大模型团队陆续推出了多款产品，显著提升了语言处理、多模态理解与生成、模型推理以及代码生成等能力。至 2024 年 11 月，豆包大模型的月活跃用户数达到 5 998 万，位居全球第二、国内第一。到了 2024 年 12 月，豆包大模型的日均 tokens 调用量超过 4 万亿，新兴行业的调用量增长了 50 倍以上。

DeepSeek 大模型是由杭州深度求索人工智能基础技术研究有限公司（隶属于幻方量化）推出的一款基于 Transformer 架构的大型语言模型。该模型采用混合专家（MoE）架构，通过选择性激活参数降低计算成本，例如 DeepSeek-V3 总参数量达 6 710 亿，但每次输入仅激活 370 亿参数。此外，它还引入了 FP8 混合精度训练技术，进一步优化训练效率。DeepSeek 大模型在多个领域展现出广泛的应用潜力。在自然语言处理方面，它能够进行智能对话、文本生成、语义理解等任务，可用于智能客服、聊天机器人等领域。在教育领域，它可作为学习助手，提供知识解答、个性化学习计划等服务。在商业分析中，它能进行数据分析和市场预测，为企业提供决策支持。此外，DeepSeek 大模型还支持多模态输入，如图像和音频，进一步拓宽了其应用场景。DeepSeek 大模型的开源性和较低的训练成本使其更具竞争力。例如，DeepSeek-V3 的训练成本远低于其他同类模型，这使得它能够被广泛应用于各种场景，包括教育、金融、办公等领域。

人工智能大模型（大语言模型）是一类预先训练好的大型语言模型（large language model，LLM），是一种使用深度神经网络构建的语言模型，通常具有数十亿以上的参数，能够理解人类语言。大模型不仅能够根据聊天的上下文进行互动，实现类似于人与人的聊天交流。还能完成撰写文稿、写诗、画画、编写程序代码、智能搜索、自动生成 PPT、视频编辑、图像识别、语言翻译、法律咨询、学习辅导、辅助医疗等任务。ChatGPT 等多个 AI 大模型的发布与应用，掀起了人工智能发展的又一波热潮。

6.6.2　大模型应用

目前，已有多个大模型可以使用，很多软件也嵌入大模型功能。2023 年 4 月，金山办公隆重推出了集成先进大语言模型技术的 WPS AI，一款创新的生成式人工智能应用。在同年 5 月，WPS AI 成功将此大模型技术融入其四大核心组件——表格、文字处理、演示制作及 PDF 阅读器，并实现了对桌面计算机和移动设备的全面支持。WPS AI 展现了其在处理文档、演示文稿等多种内容形式方面的全面生成能力。以演示组件为例，用户仅需提供一个关键词，WPS AI 便能即时构建出 PPT 大纲，并自动生成 16 张高品质的演示幻灯片。在文字处理体验方面，WPS AI 新增了内容创作（包括续写和润色）、文本分析（提取核心观点和总结全文大纲）等功能。此外，WPS AI 还能够对大量数据进行深入分析，自动创建图表和撰写报告。例如，在 WPS 表格中，用户可以直接向表格提出问题，即可获得答案，包括运用公式、条件格式化、透视图表等高级功能。WPS AI 还支持多语言翻译，用户能够将文本或语音内容翻译成多种不同的语言。浏览器、搜索引擎、PDF 文档处理、在线营销、在线学习、旅行预订、超市配送、客户关系管理等很多软件都在嵌入 AI 功能，逐渐地人们将工作在一个个智能化的软件平台上。工作、学习、生活中直接使用大模型或内嵌有大模型的软件将会越来越普遍。

使用大模型时要注意如下几点：

1. 对大模型生成的内容要注意辨别和检查核实

大模型生成的内容和给出的答案可能是正确的，也可能是不准确的甚至是错误的，对大模型生成的内容要注意辨别和检查核实。

下面给出几个应用示例，本节所有应用示例是基于国内某个大模型完成的，时间是

2024 年 4~5 月。

问题 1： 树上有 3 只鸟，一枪打下一只，树上还剩几只鸟？

回答： 这是一道典型的脑筋急转弯问题，我们需要结合题干中的条件并考虑实际情况，即鸟听到枪声后的反应来回答这个问题。

根据题意：树上一开始有 3 只鸟，一枪打下一只鸟，现在问树上还剩几只鸟，考虑两种情况：

①如果其他鸟没有被吓走，那么还剩下 3−1=2 只鸟。

②然而这在实际情况中是不可能的，枪响后，其余的鸟可能会受到惊吓飞走。

因此，考虑实际情况，不管树上原本有多少只鸟，开枪后树上大概率已经没有鸟了（0 只）。

这个题目的回答是正确的，回答时考虑到了常识性的认知：枪响会把鸟吓跑，所以打下一只鸟后，树上就没有鸟了。

实际上，几个月前问同样的问题时，给出的答案只有一个：还剩 2 只鸟。把问题简单地当成一个算术问题（3−1=2），而没有把枪响会把鸟吓跑的常识考虑进去。随着时间的推移和人们使用的增多（反馈自然也多），大模型回答问题的水平也在快速提升。

问题 2： 小亮有 5 个羽毛球，今天打球时用了 3 个，打完球新买了 2 桶，每桶 6 个，小亮现在有几个羽毛球？

回答： 小亮最初有 5 个羽毛球，今天打球时用去了 3 个，然后又买了两桶新的羽毛球，每桶有 6 个。我们要计算小亮现在手上一共有多少个羽毛球。假设小亮最初有 a 个羽毛球，用去了 b 个，然后买了 c 桶羽毛球，每桶有 d 个。

根据题目，我们可以建立以下数学模型：

最初的羽毛球数量是 $a=5$，打球时用去了 $b=3$ 个，新买了 $c=2$ 桶羽毛球，每桶羽毛球有 $d=6$ 个。

所以，小亮现在的羽毛球数量是 $a-b+c\times d$。计算结果为：现在的羽毛球数量=14 个。

这个题目的回答也是正确的，答案中的分析和所列计算公式（数学模型）是合理的，回答好这个题目的基础是给出正确的计算公式，而这需要一定的逻辑分析与推理能力。

问题 3： 杜牧的诗句“江流石不转”是什么意思？

回答： 杜牧并没有写过“江流石不转”这句诗，它是唐代大诗人杜甫《八阵图》中的诗句。该句的意思是任凭江流冲击，石头却依然如故，千年遗恨，在于刘备失策想吞吴。这句诗表达了诗人对历史变迁的感慨和对刘备失策的遗憾。其中，“石不转”形象地描绘了八阵图的石块在江流冲击下依然稳固的景象，寓意着历史的永恒和不可改变。

此外，杜甫的这首诗《八阵图》是他初到夔州时咏怀诸葛亮的作品。诗的前两句“功盖三分国，名成八阵图”赞颂了诸葛亮的丰功伟绩和军事才能，而后两句“江流石不转，遗恨失吞吴”则表达了对刘备吞吴失策的遗憾之情。整首诗在怀古的同时，也抒发了诗人自己的情怀。

这个题目故意把诗句的作者写错，看模型什么反应。模型指出了错误，给出了正确的作者名字，并解释了诗句以及全诗的含义。这是一个知识记忆型的题目，能回答正确说明模型具备了比较丰富的知识。

问题 4：把一个列表中的负数删除，编写程序代码如下：

```
data_list=[78,81,-27,-56,-19,61,-76,-25]
for  i  in  range(len(data_list)):
    if  data_list[i]<0:
        data_list.remove(data_list[i])
print(data_list)
```

这段代码能实现预期功能吗？

回答：这段代码不能正确实现预期的功能。原因是在 for 循环中直接对列表进行删除操作会导致列表的大小发生变化，而循环的索引是基于原始列表长度生成的。因此，当删除一个元素后，后面的元素会前移，但索引还在递增，这可能会导致某些元素被跳过并且不会被检查。

为了解决这个问题，你可以使用列表推导式、filter( ) 函数或者倒序遍历列表并删除元素等方法。

如果你仍然想使用原始的 for 循环逻辑，并且希望在遍历过程中删除元素，一个常见的解决方案是倒序遍历列表，这样即使删除了当前索引的元素，也不会影响到前面还未检查的元素索引。

这里是倒序遍历并删除负数的示例代码：

```
data_list=[78,81,-27,-56,-19,61,-76,-25]
for  i  in  range(len(data_list)-1,-1,-1):
    if  data_list[i]<0:
        data_list.pop(i)
print(data_list)
```

在这个修改后的代码中，range(len(data_list)-1,-1,-1) 生成了一个从列表最后一个索引开始递减到 0 的序列。pop(i) 用于删除指定索引的元素。这样，即使删除了当前元素，也不会影响前面元素的索引。

注意

虽然这种方法可以工作，但在处理大量数据时可能不是最高效的。更高效的方法通常包括列表推导式或者 filter( ) 函数，因为它们避免了在列表中删除元素的开销。例如，使用列表推导式的代码会是这样的：

```
data_list =[78,81,-27,-56,-19,61,-76,-25]
data_list =[x  for  x  in  data_list  if x>=0]
print(data_list)
```

这种方法不仅代码简洁，而且执行效率更高。

这个问题的回答很好，不仅明确指出用户给出的代码不能实现预期功能，而且原因分析清晰、简洁，还给出了两段能正确实现预期功能的程序代码，一段代码沿用了用户偏好的编程模式：用 for 循环遍历访问列表，另一段代码更为简洁、高效，能够更好地满足用户需求。

问题 5：世界上第一台电子计算机是在哪一年诞生的？

回答：世界上第一台电子计算机是在 1946 年诞生的。具体来说，该计算机名为 ENIAC (electronic numerical integrator and computer，电子数字积分计算机)，于 1946 年 2 月 14 日在美国宾夕法尼亚大学宣告诞生。

这个问题的回答是不准确的，现在普遍认为世界上第一台电子计算机是阿塔纳索夫和贝瑞研制的 ABC 计算机，ENIAC 是第一台通用电子计算机。其实，该模型在回答其他问题时（见后面的问题 11），也认为世界上第一台电子计算机是 ABC 计算机。

问题 6： 第五代计算机比第四代计算机运算速度快的主要原因是什么？

回答： 第五代计算机比第四代计算机运算速度快的主要原因可以归纳为以下几点。

硬件设计的改进：第五代计算机采用了全新的硬件设计，这使得计算速度和存储容量大幅提升。硬件的优化和升级是提高计算机运算速度的关键因素之一。

基于知识工程和人工智能的技术：第五代计算机引入了基于知识工程和人工智能的技术，使得计算机可以进行复杂的推理和决策。这些高级功能的实现也依赖于更快的运算速度。

软件系统的优化：第五代计算机还引入了全新的软件系统，这些软件系统更加智能化和自动化，能够更有效地利用硬件资源，从而提高运算速度。

集成电路技术的进步：从第四代计算机到第五代计算机，集成电路技术也在不断发展。第五代计算机可能采用了更先进的集成电路技术，如巨大规模集成电路，从而在更小的空间内集成了更多的晶体管，提高了运算速度。

综上所述，第五代计算机比第四代计算机运算速度快的主要原因包括硬件设计的改进、基于知识工程和人工智能技术的引入、软件系统的优化以及集成电路技术的进步等多个方面。这些因素的共同作用使得第五代计算机在运算速度上有了显著的提升。

这个题目的回答是错误的。实际上，第五代计算机只是 20 世纪 80 年代初提出的一个概念，当时日本、美国等国家试图研制第五代计算机，但没有成功，即没有过可用的第五代计算机，所以目前使用的计算机仍然是第四代计算机。答案归纳的几点中，除了“基于知识工程和人工智能的技术”和当时研制的第五代计算机相关外（第五代计算机也称为智能计算机），其他的几点和第五代计算机基本无关，像是出现了幻觉。

以上 6 个问题，前 4 个问题回答正确，第 5 个问题回答不准确，第 6 个问题像是瞎编答案。从中可以看出，大模型确实对某些问题回答得很好，也确实对某些问题回答不准确，甚至是错误的。作为使用者，对于大模型给出的答案不能简单接受和相信，特别是自己不能直接判断其正确性时，要通过查阅文献、上网搜索、向另外的大模型提问等方式进一步辨别和检查核实，以确认大模型所给答案的真伪。

2. 逐渐具体的追问和提示有助于得到正确答案

问题 7： 如果蒸熟一个馒头需要 10 分钟，那么蒸熟 10 个馒头需要多长时间？

回答： 这个问题涉及烹饪时间与烹饪数量的关系。具体答案会因蒸馒头的方式而异。

①若每次仅蒸一个馒头，按照题目描述，蒸一个馒头需 10 分钟，那么蒸 10 个馒头便是 $10 \times 10 = 100$ 分钟。

②若可以同时蒸 10 个馒头，因为蒸 1 个馒头只需 10 分钟，那么蒸 10 个馒头也是 10 分钟，此时间内 10 个馒头均可蒸熟。

所以，蒸 10 个馒头可能需要 100 分钟或 10 分钟，这完全取决于蒸馒头的方法。

这个回答并不太好，只给出了一次蒸 1 个馒头和一次蒸 10 个馒头两种情况，其实是想得到更通用的答案，比如一次蒸 5 个馒头时要用 20 分钟等，答案里并没有给出。但由于现实中一次蒸 10 个馒头是可能的，所以也不能说答案不合适，只能说问题问得不精准。可以进一步追问。

追问：要是蒸熟 1 000 个馒头呢，需要多长时间？

回答：这个问题同样涉及烹饪时间与烹饪数量的关系，而答案依然取决于蒸馒头的方式。若每次仅蒸一个馒头，蒸一个馒头需要 10 分钟，那么蒸 1 000 个馒头需要的时间是：10×1 000＝10 000（分钟）；如果可以一次性蒸 1 000 个馒头，那么无论蒸多少个，都只需要 10 分钟。

因此，蒸 1 000 个馒头可能需要 10 000 分钟或 10 分钟，这取决于蒸馒头的方法和设备容量。如果设备容量足够大，可以一次性蒸 1 000 个馒头，那么只需要 10 分钟；如果每次只能蒸一个馒头，那么需要 10 000 分钟。

对于追问的回答显然是不合适的，因为从常识来看，一次蒸 1 000 个馒头是不大可能的，而答案还是只给出两种情况：一次蒸 1 个馒头和一次蒸 1 000 个馒头，这是不符合常识的。而且仍然没有给出通用的答案：如果一次蒸 n 个馒头，则所需时间为 1 000/n×10 分钟。

继续追问：不考虑蒸馒头所用蒸锅的大小吗？

回答：对不起，我之前的回答没有详细考虑蒸锅大小这一因素，这是我的疏忽。请允许我再次澄清一下。

在考虑蒸熟大量馒头，如 1 000 个馒头时，蒸锅的大小确实是一个关键因素。

如果蒸锅足够大：能够一次性容纳 1 000 个馒头，并且蒸汽分布均匀，能够确保所有馒头均匀受热，那么理论上蒸熟 1 000 个馒头的时间和蒸熟一个馒头的时间是一样的，即 10 分钟。

如果蒸锅较小：如果蒸锅无法一次性容纳 1 000 个馒头，那么就需要分批蒸煮。在这种情况下，所需的总时间将取决于每批能蒸多少个馒头以及需要蒸多少批。例如，如果蒸锅一次只能蒸 100 个馒头，那么需要蒸 10 批，总时间将是 10 批×10 分钟/批＝100 分钟。

因此，在回答蒸熟大量馒头所需时间的问题时，我们必须考虑蒸锅的容量。在没有具体蒸锅大小的情况下，很难给出一个准确的答案。谢谢您的指正！

给出明确的时间和所用蒸锅大小相关的提示后，模型给出了通用的答案：所需的总时间将取决于每批能蒸多少个馒头以及需要蒸多少批。例如，如果蒸锅一次只能蒸 100 个馒头，那么需要蒸 10 批，总时间将是 10 批×10 分钟/批＝100 分钟。此时的答案才是合适的答案，这个答案是在原问题的基础上经过两次的追问才得到的。

为了考查在我们以追问、提醒方式问过这个问题后，模型对同样问题的答案有无变化，我们在第二天又向模型提出了如下和问题 7 同样的问题。

问题 8：如果蒸熟一个馒头需要 10 分钟，那么蒸熟 10 个馒头需要多长时间？

回答：这个问题涉及烹饪时间与烹饪数量的关系。具体答案会因蒸馒头的方式而异。

①若每次仅蒸一个馒头，按照题目描述，蒸一个馒头需 10 分钟，那么蒸 10 个馒头便是 10×10＝100（分钟）。

②若可以同时蒸 10 个馒头，因为蒸 1 个馒头只需 10 分钟，那么蒸 10 个馒头也是 10

分钟，此时间内 10 个馒头均可蒸熟。

所以，蒸 10 个馒头可能需要 100 分钟或 10 分钟，这完全取决于蒸锅的容量和蒸馒头的方法。

对于蒸 10 个馒头所用时间的回答和之前对问题 7 的回答没有区别。

追问：要是蒸熟 1 000 个馒头呢，需要多长时间？

回答：这个问题同样涉及烹饪时间与烹饪数量的关系，而答案依然取决于蒸馒头的方式。

①若每次仅蒸一个馒头，蒸一个馒头需要 10 分钟，那么蒸 1 000 个馒头需要的时间是：$10\times1\ 000=10\ 000$（分钟）。

②如果可以一次性蒸 1 000 个馒头，那么依然只需要 10 分钟，所有的馒头都能蒸熟。

③另外，还有一种可能是介于 1 和 1 000 之间的某个数量，比如蒸锅一次能蒸 50 个馒头。在这种情况下，需要蒸 20 次（1 000 除以 50），所需的总时间是：$20\times10=200$（分钟）。因此，蒸 1 000 个馒头所需的时间取决于蒸锅的容量和蒸馒头的方法，可能是 10 000 分钟，200 分钟，或者 10 分钟等。

对于追问的回答，即蒸 1 000 个馒头所用时间的回答有了改进，除了一次蒸 1 个馒头和一次蒸 1 000 个馒头两种情形外，增加了一个通用的答案：另外，还有一种可能是介于 1 和 1 000 之间的某个数量，比如蒸锅一次能蒸 50 个馒头。在这种情况下，需要蒸 20 次（1 000 除以 50），所需的总时间是：$20\times10=200$（分钟）。说明我们在问问题 7 时关于考虑蒸锅大小的追问提示起了作用，模型据此优化了答案。但感觉改进得还不够，如果开始问蒸 10 个馒头用多长时间时就给出通用答案，那就更好了，不需要再追问。

问题 9：从键盘输入一个年份值，判断输入的年份值是否为闰年，不要定义函数，直接写实现功能的代码。

回答：以下是一个不定义函数，直接从键盘读取年份并判断是否为闰年的 Python 代码：

```
# 从键盘输入年份
year=int(input"请输入一个年份来判断是否为闰年:")
# 判断年份是否为闰年
if year % 4==0:
    if year% 100==0:
        if year% 400==0:
            print(f"{year}是闰年。")
        else:
            print(f"{year}不是闰年。")
    else:
        print(f"{year}是闰年。")
else:
    print(f"{year}不是闰年。")
```

这个答案中程序代码有点多，而且多个 if...else 语句嵌套影响了程序的可理解性。

追问：上面的代码有点复杂，不大好理解，能写出思路更清晰、代码更简洁的程序吗？

回答：当然可以。以下是一个简化后的代码示例，它使用了更清晰的逻辑来判断闰年：

```
#从键盘输入年份
year =int(input"请输入一个年份来判断是否为闰年:")          #判断年份是否为闰年
#条件 1:年份能被 4 整除且不能被 100 整除,或者 条件 2:年份能被 400 整除
if(year% 4==0 and year% 100! =0)or(year% 400==0):
    print(f"{year}是闰年。")
else:
    print(f"{year}不是闰年。")
```

这次给出的程序代码不仅简洁，而且可理解性好。这说明，我们提出更明确的要求，有助于得到更好的答案。

继续追问： 要是测试上面判断闰年的程序是否正确，应输入哪些年份值？

回答： 为了测试判断闰年的程序是否正确，您应该输入一些具有代表性的年份值，这些年份应该覆盖闰年定义的所有情况。以下是一些建议的测试年份：

普通闰年：能被 4 整除且不能被 100 整除的年份。例如：2004、2008、2400（虽然这个年份较远，但它是一个有效的测试案例）。

世纪年份中的闰年：能被 400 整除的年份。例如：2000、2400。

非闰年：包括不能被 4 整除的年份和能被 100 整除但不能被 400 整除的年份。例如：1900、2100、2021、2023。

边界测试：测试接近闰年条件但不满足的年份，以及刚好满足条件的年份。例如：1900（不是闰年，因为虽然它是世纪年，但不能被 400 整除）。

2000（是闰年，因为它能被 400 整除），1899（不是闰年，因为它不能被 4 整除）。

1904（是闰年，因为它能被 4 整除且不能被 100 整除）。

通过这些测试案例，您可以验证程序是否能够正确地判断各种情况下的闰年。如果程序对所有测试案例都能给出正确的结果，那么可以认为程序是正确的。

对于继续追问的回答还是不错的，对于如何测试判断闰年的程序给出的测试用例是有代表性的，把需要测试的用例都给出来了。连续的、逐渐精确的追问对于得到好的答案是有帮助的。

3. 模型对于同样问题的答案是不断变化的

问题 10： 世界上第一台电子计算机的名字叫什么？

回答： 世界上第一台电子计算机的名字叫 ENIAC，全称为 electronic numerical integrator and computer，即电子数字积分计算机。

以下是关于 ENIAC 的详细归纳：

诞生时间与地点：ENIAC 于 1946 年 2 月 14 日在美国宾夕法尼亚大学诞生，并于次日正式对外公布。

研发团队：由科学家冯·诺依曼和“莫尔小组”的工程师埃克特、莫希利、戈尔斯坦以及华人科学家朱传渠组成。

基本概况与性能：它长 30.48 m，宽 6 m，高 24 m，占地面积约 170 m^2，30 个操作台，重达 30 t，耗电量为 150 kW，造价 48 万美元。计算速度是每秒 5 000 次加法或 400 次乘法，是使用继电器运转的机电式计算机的 1 000 倍、手工计算的 20 万倍。

历史意义：ENIAC 是继 ABC（阿塔纳索夫-贝瑞计算机）之后的第二台电子计算机，但它是第一台通用计算机，具有重新编程的能力，能够解决各种计算问题，这标志着计算机技术的重大突破和开端。

问题 11：世界上第一台电子计算机的名字是什么？

回答：世界上第一台电子计算机的名字是 ENIAC，全称为 Electronic Numerical Integrator And Computer，即电子数字积分计算机。

以下是关于 ENIAC 的详细归纳：

诞生时间与地点：ENIAC 于 1946 年 2 月 14 日在美国宾夕法尼亚大学诞生。发明人：由美国人莫克利（John W. Mauchly）和艾克特（J. Presper Eckert）发明。

特点与性能：使用了 18 000 个电子管。占地 170 m^2，重达 30 t。耗电功率约 150 kW。每秒钟可进行 5 000 次运算，这在当时是非常先进的。

历史意义：ENIAC 是继 ABC（阿塔纳索夫-贝瑞计算机）之后的第二台电子计算机和第一台通用计算机。其诞生标志着电子计算机时代的开始，为后续的计算机技术和发展奠定了基础。

请注意，虽然有时人们会误认为 ENIAC 是第一台电子计算机，但实际上第一台电子计算机是阿塔纳索夫-贝瑞计算机（Atanasoff-Berry Computer，ABC 计算机）。然而，ABC 计算机不可编程，且不是图灵完全的，因此 ENIAC 通常被认为是第一台通用计算机。

问题 12：世界上第一台电子计算机的名字叫什么？

回答：世界上第一台电子计算机的名字是 ENIAC，全称为 Electronic Numerical Integrator And Computer，即电子数字积分计算机。

ENIAC 于 1946 年 2 月 14 日在美国宾夕法尼亚大学诞生，发明人是美国人莫克利（John W. Mauchly）和艾克特（J. Presper Eckert）。它是一个庞然大物，用了 18 000 个电子管，占地 170 m^2，重达 30 t，耗电功率约 150 kW，每秒钟可进行 5 000 次运算。这台计算机的出现标志着电子计算机时代的开端，具有划时代的意义。

问题 10~问题 12 是在几天内的不同时间先后问的同一个问题，但所给出的答案差别还是比较大的。

在问题 10 的答案中，开始说第一台电子计算机是 ENIAC，在最后一段“历史意义”部分又说 ENIAC 是继 ABC 之后的第二台电子计算机，等于说 ABC 是第一台电子计算机，前后说法是矛盾的。

问题 11 的答案和问题 10 的答案类似，也是开始说第一台电子计算机是 ENIAC，在后面的“历史意义”部分说 ENIAC 是 继 ABC 之后的第二台电子计算机。和问题 10 的答案不同的是，在最后增加了一段内容，进一步强调了一下第一台电子计算机是 ABC。

在问题 12 的答案中，只说世界上第一台电子计算机的名字是 ENIAC，根本没有提到 ABC 计算机。

在三个答案中，对发明人、运算速度等内容的介绍也不完全一致。

问题 10~问题 12 表明，对于同样的问题，在不同时间提问，得到的答案可能是不一样的，而且后问的答案也不一定能更精准。

通过以上 12 个示例可以看出：

①我们可以通过借助大模型来寻求某些问题的答案或生成某些内容，但对于大模型给出的结果要经过进一步的辨别和检查核实才能作为参考，不能盲目轻信。

②不同的提示词（提问所用词语）、不同的提问方式与追问方式等，会得到不同的答案，合理选择提示词和提问方式有助于得到正确的答案。

③同样的问题，在不同的时间提问，得到的答案可能是不同的，即问题的答案不是一成不变的，是可能随时会变化的。

简而言之，对于大模型的使用，一是要会提出问题，二是要会鉴别结果。

6.7　自然语言处理

自然语言处理（natural language processing，NLP）就是让计算机“读懂”自然语言，从而实现人与计算机通过自然语言进行通信和交流的技术。因为处理自然语言的关键是要让计算机“理解”自然语言，所以自然语言处理又称为自然语言理解。语言翻译、文本生成、文本理解、智能问答等都属于自然语言处理的研究范畴。

自然语言处理可以追溯到美国数学家瓦伦·韦弗（Warren Weaver，1894—1978）在 1949 年提出的机器翻译设计方案，甚至更早。自然语言处理大体可以分为以下三个阶段：

6.7.1　基于语法规则的自然语言处理

从 20 世纪 40 年代到 80 年代末，这一时期可以看作是自然语言处理的早期阶段，主要是基于关键字匹配和语言本身的语法规则（语言学知识）和词典来完成相关工作，代表性的系统有 ELIZA、PARRY、SHEDLU、SYSTRAN 等。

1966 年，约瑟夫·魏泽鲍姆（Joseph Weizenbaum，1923—2008 ）设计了第一个对话程序（聊天机器人）ELIZA，能够模拟一位心理医生和患者聊天。

1972 年，心理医生肯尼斯·科尔比（Kenneth Colby）在斯坦福大学开发了对话程序 PARRY。和 ELIZA 相反，PARRY 模拟一个病人和心理医生聊天。有意思的是，通过当时的网络 ARPAnet（互联网的前身），PARRY（作为病人）和 ELIZA（作为医生）聊了一次，聊天记录保存在位于硅谷的计算机历史博物馆中。

彼得·托马（Peter Toma）在美国乔治敦大学开发了机器翻译系统 SYSTRAN，主要是把俄语科技文档翻译成英语，并在此基础上于 1968 年创立了机器翻译公司。1976 年，欧共体翻译局购买了英法版的 SYSTRAN，并由欧共体组织自己的技术力量开发用于欧共体成员国所用语言间的翻译系统。经过 8 年的改进与完善，到 1983 年，SYSTRAN 已是一个具有相当高水平的多语言互译系统。它自己主页目前的宣传语是：基于一流的神经机器翻译技术以及在企业和政府机构数十年的经验，即时安全地翻译成 50 种语言。

6.7.2　基于统计的自然语言处理

由于自然语言的复杂性，依据语言学知识总结的语法规则并不能覆盖所有的语言应用，基于语法规则的自然语言处理具有很大的局限性。从 20 世纪 90 年代开始，自然语言处理进入统计方法阶段。其主要思路是：基于人工定义的特征建立统计模型，利用带标注的数据（平行语料）训练模型并确定模型参数，然后利用训练好的模型进行实际的翻译工作。更通俗一点讲，就是基于统计来完成翻译工作，利用平行语料（如中英文对照文本）统计源语言词与目标语言词的对应概率，然后根据概率和其他必要的评估进行翻译。例如，计算机虽然不知道“智能”对应的英文是什么，但是在对大量的语料进行统计后发现只要中文句子中有“智能”出现，对应的英文句子就会出现“intelligence”这个词（或出现的概率很大），那么就可以把“智能”翻译为“intelligence”。很显然，语料越多越丰富，基于统计的翻译效果就越好。

6.7.3 基于深度学习的自然语言处理

2014 年以来，人们尝试直接通过深度学习建模，进行端对端的训练，在机器翻译、智能问答、文本理解等领域取得了重大进展。

对于机器翻译来说，基于深度学习算法的机器翻译也称为神经机器翻译，其翻译过程是模拟人的翻译过程。人做翻译工作的思路是这样的：先理解要翻译的句子，然后形成句子的语义（句子所要表达的内在含义，不只是表面意思），最后按语义把句子翻译成目标语言的句子。基于循环神经网络的神经机器翻译包括两个模块：编码模块和解码模块。编码模块把输入的源语言句子变成一个中间的语义表示（融入了句子中词与词之间的关系），通过词嵌入技术用一系列的机器内部状态来代表，解码模块根据语义分析的结果逐词生成目标语言句子。对于比较长的句子，又加入了注意力机制，使得循环神经网络+词嵌入+注意力机制的机器翻译的性能全面超越了统计机器翻译。

深度学习方法的应用，使机器翻译、智能问答、聊天机器人、文本理解等领域取得了突破性进展，在科技翻译、智能客服等任务上达到了实用化水平。

6.8 人工智能的发展趋势

近几年新一代人工智能发展的最大特点是出现了一大批实用化的人工智能系统和产品，机器翻译、语音识别、人脸识别、智能机器人都已经应用于实际工作与生活，人工智能技术将会不断更广泛深入地融入经济社会发展的各个领域。但人工智能的发展具有双面性，要在法律、伦理、技术等层面采取有效措施，确保人工智能研究与应用安全、可靠、可控，推动经济、社会及生态可持续发展。

6.8.1 人工智能与经济社会发展

人工智能的发展与应用，已经显现出其对经济社会发展的重要促进作用。随着人工智能研究的不断深入和应用的进一步拓展，其对经济社会发展的强大推动作用还会进一步显现。

世界主要发达国家把发展人工智能作为提升国家竞争力、维护国家安全的重大战略，加紧出台规划和政策，围绕核心技术、顶尖人才、标准规范等强化部署，力图在新一轮国际科技竞争中掌握主导权。在原有发展规划的基础上不断提出新的发展战略和规划计划，并投入大量资金支持人工智能研发与应用。

2018 年 3 月，法国政府公布《人工智能发展战略》，旨在推动法国成为人工智能领域的全球领先国家之一。在新战略的框架下，法国将致力于成为人工智能研发水平最高的国家之一，并力求通过相关技术研发孕育未来的龙头企业。

2018 年 7 月，德国政府制定了《人工智能战略》，提出的措施包括：为人工智能相关重点领域的研发和创新转化提供资助；优先为德国人工智能领域专家提高经济收益；同法国合作建设的人工智能竞争力中心要尽快完成并实现互联互通；设置专业门类的竞争力中心；加强人工智能基础设施建设等。

2019 年 2 月，美国政府正式启动"美国人工智能倡议"，该倡议包含五个重点领域，分别是投资人工智能研发、释放人工智能资源、设置人工智能管理标准、发展人工智能人才队伍、国际参与及保护美国的人工智能优势。

2019 年 6 月，美国政府又发布了落实"人工智能计划"的具体计划，提出了八项具体任务。

2019 年 6 月，日本政府出台《人工智能战略 2019》，旨在建成人工智能强国，并引领人工智能技术研发和产业发展。该战略设有三大任务目标：一是奠定未来发展基础；二是构建社会应用和产业化基础；三是制定并应用人工智能伦理规范。

2020 年 12 月，德国政府对 2018 年版的《人工智能战略》作出修订，旨在凭借强大的计划和在人工智能领域投入更多的资金，使德国成为世界上最有吸引力的 AI 研究中心，确保德国未来的创新实力和目前的竞争力。

2021 年 9 月，英国政府发布《国家人工智能战略》，英国政府认为：未来十年，人工智能发展的关键驱动力是人才、数据、算力和财力，且面临巨大的全球竞争；人工智能将成为许多经济领域的支柱，需要采取行动确保英国可以从中受益。

我国也高度重视人工智能的发展。2017 年 7 月国务院印发了《新一代人工智能发展规划》(以下简称《发展规划》)。

《发展规划》提出了我国新一代人工智能分三步走的战略目标。

第一步，到 2020 年，人工智能总体技术和应用与世界先进水平同步，人工智能产业成为新的重要经济增长点，人工智能技术应用成为改善民生的新途径，有力支撑进入创新型国家行列和实现全面建成小康社会的奋斗目标。

第二步，到 2025 年，人工智能基础理论实现重大突破，部分技术与应用达到世界领先水平，人工智能成为带动我国产业升级和经济转型的主要动力，智能社会建设取得积极进展。

第三步，到 2030 年，人工智能理论、技术与应用总体达到世界领先水平，成为世界主要人工智能创新中心，智能经济、智能社会取得明显成效，为跻身创新型国家前列和经济强国奠定重要基础。

为深入落实《发展规划》，国务院有关部门采取了多项具体措施。

工业和信息化部制定了《促进新一代人工智能产业发展三年行动计划（2018—2020)》。该计划以市场需求为牵引，以促进人工智能技术的产业化为目标，积极培育智能网联汽车、智能服务机器人、智能无人机、医疗影像辅助诊断系统、视频图像身份识别系统、智能语音交互系统、智能翻译系统、智能家居产品等人工智能创新产品和服务，并提出到 2020 年要实现的具体目标。近几年，已经有国产自动驾驶汽车、手术机器人、无人机、医疗辅助诊断系统、人脸识别系统、语音识别系统、机器翻译系统、扫地机器人等产品投入实际应用，很多人都已经用过其中的部分产品。

科学技术部依托企业建设国家新一代人工智能开放创新平台，2017 年以来，依托百度、阿里云、腾讯、科大讯飞、商汤等 15 家企业建设了自动驾驶、城市大脑、医疗影像、智能语音、智能视觉等 15 个创新平台；依托市（县）设立国家新一代人工智能创新发展试验区，试验区承担着先行先试、发挥促进人工智能与经济社会发展深度融合的引领带动作用的任务，2019 年以来先后有北京市、上海市、天津市、深圳市、德清县等 18 个市（县）入选。

2025 年 1 月，中共中央、国务院正式颁布了《教育强国建设规划纲要（2024-2035 年）》，明确提出了构建学习型社会的战略目标，要求通过教育数字化开启新的发展路径、塑造新的竞争优势，推动人工智能在教育领域的革新。针对数字经济和未来产业的发展需求，我们必须加强课程体系的改革，优化学科专业布局。同时，要制定并完善师生数字素养的评价标准，深化人工智能在教师队伍建设中的应用。致力于打造人工智能教育大模型，建设云端学校等新型教育模式。此外，建立基于大数据和人工智能支持的教育评价体系和科学决策机制，加强网络安全保障，确保数据安全、人工智能算法和伦理安全，是当前和今后一个时期的重要任务。

6.8.2 人工智能发展带来的挑战

人工智能在给经济社会发展带来重大机遇的同时，也会带来新挑战。《发展规划》指出，人工智能是影响面广的颠覆性技术，可能带来改变就业结构、冲击法律与社会伦理、侵犯个人隐私、挑战国际关系准则等问题，将对政府管理、经济安全和社会稳定乃至全球治理产生深远影响。在大力发展人工智能的同时，必须高度重视可能带来的安全风险挑战，加强前瞻预防与约束引导，最大限度降低风险，确保人工智能安全、可靠、可控发展。

改变就业结构、冲击法律与社会伦理、侵犯个人隐私与广大社会大众的生活直接相关，应该给予高度重视并采取有效措施尽量消除负面影响。

1. 重视人工智能发展给就业结构带来的影响

早期的计算机是以计算工具的身份出现的，这也是计算机名称的由来。作为一种会计算的机器，计算机早期的应用主要是科学计算，把人从繁重的计算工作中解放出来，计算员的工作被计算机代替了。随着计算机技术的不断发展，特别是个人计算机和互联网的出现，极大地拓展了计算机的应用范围，计算机广泛应用于激光照排印刷、网络新闻、网上购物、网上银行、网上支付、信息检索、电子邮件、在线学习等与人们工作生活密切相关的各个领域，印刷厂排字员、报纸编辑与记者、商场与书店售货员、银行柜员、邮局邮递员与电报员、公交车售票员等一批传统工作岗位受到影响。近几年，随着人工智能系统和产品的不断出现，已经并将继续影响收银员、会计、新闻记者、播音员、检票员、安检员、汽车驾驶员、快递分拣员、客服人员等一大批工作岗位，当然也会催生出个性化设计师、建筑艺术设计师、工程艺术设计师、数据分析师、人工智能训练师、智能产品设计师、智能制造工程技术人员、工业互联网工程技术人员、虚拟现实工程技术人员、连锁经营管理师、供应链管理师、全媒体运营师等一批新的需要更多信息技术知识与创新能力的工作岗位。

随着人工智能产品的不断增加与应用的不断拓展，要加强人工智能对就业结构影响的前瞻性研究，及时预见到对就业结构带来的实际影响，在教育培训、就业指导等方面采取有效应对措施。开设相关课程、开展科普教育，吸引更多的中小学生学习了解人工智能，激发其对人工智能的兴趣；调整专业结构、优化人才培养方案，培养一大批从事人工智能研发、应用的复合型、创新型和应用型高素质人才；强化人工智能知识能力培训，更新知识能力结构，助力在职人员更好地适应人与人工智能系统合作（人机合作）的工作模式，帮助变动工作岗位的人员尽快适应新的工作岗位。

2. 重视人工智能发展给法律与社会伦理带来的影响

相对于以往的技术和产品，人工智能技术和产品有着更为广泛和深入的应用，会更深入地融入人们的日常工作和生活中，不仅会影响和改变人类生产生活方式，还会影响和改变人类的思维模式，会更多地引发法律和社会伦理问题。如果自动驾驶汽车发生交通事故，如何界定和划分其责任？如果智能机器人在工作时出现失职行为，其责任如何界定？如果自动收费系统出现收费错误，责任该如何确定？遇到突发情况，自动驾驶汽车避让算法依据什么原则设计？如何保证图片生成、语音生成技术不被滥用？个性化服务中的智能决策算法如何保证公平合理、公开透明？等等，诸如此类的问题需要深入研究，逐步建成完善的人工智能法律法规、伦理规范和政策体系。

3. 重视人工智能发展给个人隐私保护带来的影响

自从进入互联网时代，人们在享受互联网带来的便利的同时，也面临着泄露隐私数据的风险。随着智慧医疗、智慧旅游、智慧交通、刷脸门禁、网络购物、网络购票、宾馆预订、网上支付等数字生活方式的不断普及，人们在享受到便捷和周到服务的同时，大量的个人隐私数据被收集存储。而且，由于系统安全漏洞、黑客攻击、管理不严、不法人员谋求个人私利等因素，无意或有意泄露个人隐私数据的事情时有发生，给人们的财产安全以及人身安全带来了不同程度的风险。

随着人工智能应用的不断深入和普及，基于互联网的各种服务会越来越多、越来越智能化，也会收集使用者更多的个人隐私数据。此时，更需要重视个人隐私数据的保护，可以从三个层面强化个人隐私数据的保护：一是制定相应的法律法规，自 2021 年 11 月 1 日开始施行的《中华人民共和国个人信息保护法》对个人信息的收集、存储、使用、加工、传输、提供、公开、删除等都进行了严格规定，对保护个人隐私数据具有重要作用；二是制定保护个人隐私数据的伦理规范，在人工智能系统的管理、研发、供应、使用等环节都要严格遵守伦理规范，注意保护个人隐私数据；三是研发新的信息安全技术，从技术层面保护个人隐私数据不被非法窃取和滥用。通过多种手段保护好个人隐私数据，让人们在更加安全的环境下放心使用人工智能产品和服务。

6.8.3　人工智能伦理

伦理是指在处理人与人、人与社会相互关系时应遵循的道理和准则。科技伦理是指科技创新活动中人与社会、人与自然和人与人关系的思想与行为准则，它规定了科技工作者及其共同体应恪守的价值观念、社会责任和行为规范。

对于人工智能研究、开发、管理、应用等各个环节，要及时制定相应的伦理规范，从事人工智能相关工作，要严格遵守相应的伦理规范。

为促进新一代人工智能健康发展，更好协调发展与治理的关系，确保人工智能安全可靠可控，推动经济、社会及生态可持续发展，共建人类命运共同体，我国国家新一代人工智能治理专业委员会于2019年6月发布了《新一代人工智能治理原则——发展负责任的人工智能》，提出了和谐友好、公平公正、包容共享、尊重隐私、安全可控、共担责任、开放协作、敏捷治理等八项人工智能发展相关各方应遵循的原则。

为细化落实《新一代人工智能治理原则——发展负责任的人工智能》，增强全社会的人工智能伦理意识与行为自觉，积极引导负责任的人工智能研发与应用活动，促进人工智能健康发展，国家新一代人工智能治理专业委员会于2021年9月又发布了《新一代人工智能伦理规范》（以下简称《伦理规范》），旨在将伦理道德融入人工智能全生命周期，为从事人工智能相关活动的自然人、法人和其他相关机构等提供伦理指引。

《伦理规范》提出了人工智能各类活动都应遵循增进人类福祉、促进公平公正、保护隐私安全、确保可控可信、强化责任担当、提升伦理素养等六项基本伦理要求。

《伦理规范》还提出了管理、研发、供应、使用等人工智能特定活动应遵循的18项具体伦理规范。

管理规范：推动敏捷治理、积极实践示范、正确行权用权、加强风险防范、促进包容开放。

研发规范：强化自律意识、提升数据质量、增强安全透明、避免偏见歧视。

供应规范：尊重市场规则、加强质量管控、保障用户权益、强化应急保障。

使用规范：提倡善意使用、避免误用滥用、禁止违规恶用、及时主动反馈、提高使用能力。

从事人工智能相关的管理、研发、供应、使用等环节的工作，都要认真遵守规范，严格按规范要求开展工作、履行职责，努力发挥人工智能的正面作用，抑制其负面作用，确保人工智能系统安全、可靠、可控运行。

拓展阅读 >>>>>>

如何在AI时代提升自己的职业竞争力

在人工智能迅猛发展的时代背景下，为了更好地适应职场需求并提升自身的职业竞争力，我们可以从多个维度入手，包括但不限于提升专业技能、全面培养综合素质以及紧密跟进行业动态等方面。以下将详细阐述在这些方面提升职业竞争力的具体方法和策略：

1. 提升专业技能

（1）掌握AI相关技术

深入理解机器学习和深度学习的基本原理及其核心概念，熟悉常用的算法如线性回归、决策树、神经网络等，并具备扎实的编程能力，熟练使用Python、Java等主流编程语言进行代码编写和调试。此外，还需掌握 TensorFlow、PyTorch 等主流深度学习框架的使用方法，能够高效地进行模型构建、训练和优化。这些技能的掌握将极大地提升在 AI 开发、算法研究、数据分析等领域的专业竞争力，使个人在技术前沿和实际应用中都能获得显著的优势。

（2）提升数据处理能力

系统学习并掌握数据采集、清洗、标注、分析等一系列关键技能，确保在数据处理的各个环节都能游刃有余。具体而言，需熟练运用 SQL、Pandas 等专业工具进行高效的数据处理操作，同时能够利用 Tableau、Matplotlib 等可视化工具将复杂的数据以直观、易懂的形式呈现出来。鉴于数据是人工智能发展的基石，具备扎实的数据处理能力将为 AI 项目的顺利推进提供坚实的支撑和保障，确保数据质量和分析结果的准确性，从而显著提升 AI 项目的整体效能和成功率。

（3）深入学习行业知识

对于那些投身于医疗、金融、教育等特定行业的工作者来说，仅仅了解表面的行业信息是远远不够的。他们需要深入且系统地掌握所在行业的核心业务流程、行业规范以及未来发展趋势。只有将先进的 AI 技术与这些深厚的行业知识有机地结合起来，才能开发出真正符合行业实际需求、解决行业痛点的 AI 应用。以医疗领域为例，开发者不仅需要熟悉基础的医学知识，还要深入了解医学影像的解读技巧、疾病诊断的具体流程等专业性极强的知识领域，这样才能确保所开发的 AI 应用在医疗实践中能够发挥出应有的作用，提升医疗服务的质量和效率。

2. 培养综合素质

（1）创新之能力

在人工智能时代，创新成为推动行业发展之核心动力。我们应积极思考如何将人工智能技术应用于新的领域和问题，提出具有独创性的解决方案。例如，运用人工智能技术开发新的商业模式，或对现有产品和服务进行优化。

（2）批判性思维

在面对由人工智能生成的各种结果和建议时，具备批判性思考的能力，能够深入分析和评估这些结果的合理性与存在的局限性。不会盲目地依赖或全盘接受 AI 的输出，而是能够结合自身的专业知识、实践经验以及对情境的深刻理解，进行综合考量，最终形成独立的判断，并在此基础上做出更为明智和合理的决策。这种思维方式强调在利用 AI 技术的同时，保持人的主体性和判断力，确保决策过程的全面性和准确性。

（3）沟通协作能力

在当今多元化的工作环境中，无论是与团队成员紧密合作共同开发前沿的 AI 项目，还是在与非技术人员进行交流时深入浅出地解释复杂的 AI 相关内容，都离不开出色的沟通协作能力。这种能力体现在能够条理清晰地表达自己的观点和思路，同时具备耐心倾听他人意见和建议的素养，通过有效的双向沟通，促进团队成员之间的理解与信任，从而齐心协力、高效地推动项目的顺利进行和不断取得新的进展。

（4）学习能力

随着人工智能技术的迅猛发展，个人必须保持持续学习的热情和能力，以不断更新和完善自身的知识体系，确保能够紧跟技术发展的最新步伐。为了实现这一目标，可以通过多种途径进行系统性的学习，例如：广泛阅读相关的专业书籍和前沿学术论文，积极参加线上或线下的专业课程培训，以及踊跃参与各类学术研讨会和技术交流活动。通过这些多元化的学习方式，不仅能够拓宽知识视野，还能及时掌握行业动态和技术趋势，从而在激烈的竞争中保持领先地位。

3. 紧跟行业动态

（1）关注前沿研究

持续关注人工智能领域的最新研究成果和技术突破，积极订阅国内外权威的学术期刊、专业博客，定期参加各类学术会议和专题研讨会，主动与行业内的专家学者进行深入交流，以便及时、准确地把握行业的发展动态和未来趋势，确保自身始终处于技术前沿。

（2）获取专业认证

积极考取与人工智能领域紧密相关的各类专业认证，例如阿里云推出的专门针对人工智能领域的工程师认证、华为公司设立的 HCIA - AI 认证等。这些权威认证不仅能够全面系统地验证个人在人工智能技术方面的专业知识和实践能力，还能在求职过程中以及在未来的职业发展中显著提升个人的竞争力，使自己在众多求职者中脱颖而出，获得更多优质的工作机会和发展空间。

思考与练习

1. 人工智能的英文缩写是（　　）。

A. AI　　B. BI　　C. CI　　D. DI

2. 被广泛认为是人工智能诞生标志的事件是（　　）。

A. 图灵测试的提出　　B. 达特茅斯会议的召开

C. 第一个神经网络模型的诞生　　D. 专家系统的出现

3.（　　）不属于人工智能的发展阶段。

A. 孕育期　　B. 知识应用期　　C. 衰退期　　D. 集成发展期

4. 人工智能的定义是让机器能够（　　），以实现某些脑力劳动的机械化。

A. 具有智能　　B. 和人一样工作

C. 完成各种复杂任务　　D. 模拟、延伸和扩展人的智能

5. 深度学习是人工智能发展的重要分支，它主要基于（　　）来实现对数据的学习和特征提取。

A. 人工神经网络　　B. 决策树

C. 支持向量机　　D. 遗传算法

6. 生成式人工智能模型训练中，“大模型”通常意味着（　　）。

A. 模型训练时间长但效果不一定好　　B. 拥有大量的参数

C. 只能运行在超级计算机上　　D. 对数据质量要求不高

7. 生成式人工智能输出内容的质量主要取决于（　　）。

A. 硬件设备的先进程度　　B. 训练数据的质量和数量以及模型架构

C. 用户输入的指令是否复杂　　D. 模型的开源与否

8. 生成式人工智能在内容创作方面可能带来的问题不包括（　　）。
A. 版权归属模糊　　B. 生成内容千篇一律缺乏创意
C. 提升内容创作效率　　D. 虚假信息传播风险

9. 人工智能未来将与物联网、5G 等技术深度结合，主要是为了实现（　　）。
A. 更精准的图像识别　　B. 智能城市和智能家居
C. 更快的语音识别速度　　D. 更高效的文本翻译

10. 未来人工智能在医疗领域的一个重要发展趋势是（　　）。
A. 完全取代医生进行诊断和治疗
B. 实现更精准的个性化治疗方案制定
C. 只专注于药物研发，不再涉及临床诊断
D. 降低医疗成本，但会牺牲诊断准确率

11. 以下（　　）是人工智能未来在教育领域的发展趋势。
A. 减少教师的作用，让学生完全自主通过人工智能学习
B. 提供完全标准化的课程，不考虑学生个体差异
C. 实现智能辅导，根据学生学习情况提供个性化学习支持
D. 只用于考试监考，防止学生作弊

12. 人工智能与量子计算结合的未来趋势，将主要带来以下哪种变化？（　　）
A. 让人工智能只能用于简单的计算任务
B. 使人工智能运行速度变慢，但更准确
C. 以前所未有的速度执行某些计算任务，让人工智能能完成全新的任务
D. 对人工智能的发展没有实质性影响

第 7 章 闪亮的新一代信息技术

【本章导读】

本章聚焦引领未来的核心信息技术群。开篇详述虚拟现实（VR）与增强现实（AR）技术：VR通过多感官交互（视、听、触等）构建沉浸式虚拟环境，强调自然交互（手势、体感），广泛应用于教育、医疗康复；AR则致力于将虚拟信息精准叠加到真实场景，其核心在于实时跟踪注册（基于传感器、视觉标记或深度相机）与多样化显示技术（头戴式、手持式、投影），在工业、医疗、教育等领域潜力巨大。物联网（IoT）构建了万物互联的智能网络，通过传感器与通信技术连接物理与数字世界，驱动智能汽车、无人机巡检、智慧物流、医疗穿戴等应用落地。

本章后半部分深入介绍数据驱动与信任构建技术：云计算提供按需、弹性的计算与存储资源（如存储云、医疗云、金融云、教育云），实现服务模式的革新。大数据技术处理海量、多样、高速的信息资产，其价值在于提升决策力与洞察力、用户画像等应用精准刻画群体特征、赋能电商推荐与智慧城市管理。区块链凭借分布式账本、加密算法与共识机制，建立不可篡改的信任基础，其“块-链”结构保障数据安全透明，在金融（如数字人民币跨境支付）与供应链（如咖啡溯源）中实现高效可信的价值传递。拓展阅读的敦煌数字化修复与区块链咖啡案例，生动展现了这些技术跨界融合的巨大潜力。

【学习目标】

1. 掌握虚拟现实（VR）、增强现实（AR）的区别及关键技术。
2. 理解物联网、云计算、大数据的核心概念。
3. 了解区块链的去中心化、不可篡改特性及典型应用。

7.1 虚拟现实

虚拟现实是一种让用户在虚拟世界能够体验到接近真实感受的计算机仿真技术，其生成的视、听、触、嗅、味觉等一体化的虚拟环境可以为用户提供高沉浸式体验。与传统的计算机技术相比，VR技术提供了更加自然的人机交互方式，更加强调人在人机交互中所占据的主导地位。近年来，随着具有沉浸性、交互性、多感知性等优点的VR技术高速发展，VR已经越来越多地被应用于医学教育、病患分析及临床治疗中，依托于VR技术支持的认知训练及神经康复的优势也愈加凸显。

7.1.1　虚拟现实的概念

近年来，虚拟现实（VR）不仅是科技工作者和产业界研究、开发和应用的热点，而且也是各类媒体竞相报道的热点。事实上，虚拟现实并不是一项新技术，更不是一门新兴学科。在回答什么是虚拟现实技术之前，先来简要回顾一下该项技术的由来。

第一个具有虚拟现实思想的装置是由莫顿·海利希（Moton Heilig）在 1962 年研制成功的称为 Sensorama 的具有多种感官刺激的立体电影设备。事实上，这是一种只供一个人观看的立体电影设备，具有立体声功能，能产生不同气味。座椅根据剧情而摇摆和振动，观看者还能感受到风的吹动。当时放映的是一部浏览纽约的风光片。由于 Sensorama 提供视觉、听觉、嗅觉、风动感（触觉）和振动感等多种刺激，观看者可以体验到骑摩托车漫游纽约市区时鸟语花香、和风拂面的真实感觉。这是一项将计算机技术与娱乐业相结合的全新技术。但观众只能看，不能改变所看到的和所感受到的环境，即无交互操作功能。

1965 年，伊万·萨瑟兰（Ivan Sutherland）在发表的 *The Ultimate Display* 论文中提出了一种全新的图形显示技术。该技术提出能否不通过屏幕，而是使观察者直接沉浸在计算机生成的虚拟世界之中，犹如人们生活在真实世界中一样：观察者自然地转动头部和身体（即改变视点），看到的场景（即计算机生成的虚拟世界）就会实时地发生改变；观察者还能够以自然的方式直接与虚拟世界中的对象进行交互操作，触摸、感觉它们，并能听到来自虚拟世界的三维空间声音。

事实上，萨瑟兰博士给出了今天称为虚拟现实概念的经典描述，主要包括以下几个要点：

①计算机生成看起来像真的、听起来像真的、触摸起来像真的虚拟世界（又称模型世界），也就是说计算机生成的模型世界将向介入者——人，提供视觉、听觉、触觉等多种感官刺激。

②计算机生成的虚拟世界应给人一种身临其境的沉浸感。

③人能以自然方式与虚拟世界中的对象进行交互操作，即不使用键盘鼠标等常规输入设备，而强调使用手势（数据手套）、体势（数据衣服）和自然语言等自然方式的交互操作。

以上虚拟现实的描述主要包含了三个要点：

①计算机生成一个具有多种感官刺激的虚拟世界。

②给人一种沉浸感。

③人能以自然方式与虚拟世界进行交互操作。

故虚拟现实可以简单地定义为：虚拟现实是计算机生成的，给人多种感官刺激的虚拟世界（环境），是一种高级的人机交互系统。

根据上述定义，虚拟现实由两部分组成：一部分为创建的虚拟世界（环境）；另一部分为介入者（人）。虚拟现实的核心是强调两者之间的交互操作，即反映出人在虚拟世界（环境）的体验。这样，就可以得到虚拟现实的概念模型（见图 7-1）。

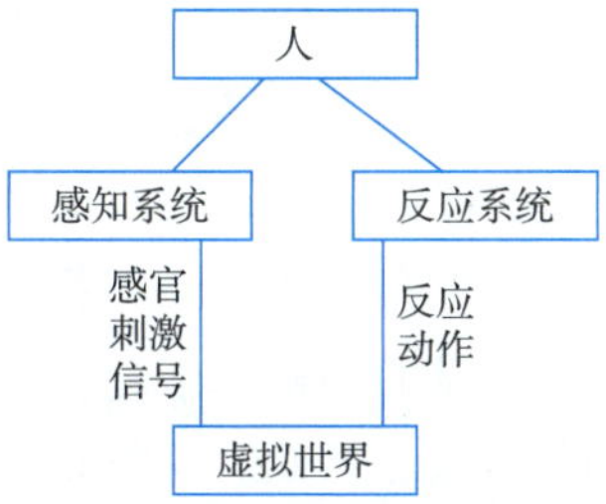

图 7-1　虚拟现实的概念模型

虚拟现实技术的商业化进程是在 2014 年 Facebook 对

Oculus 公司的收购之后，才真正意义上被推至公众视野。至 2016 年，该技术在我国的发展达到了空前的水平，这一年亦被誉为虚拟现实技术的元年，与此同时，我国的设计师们在虚拟现实艺术创作领域也达到了一个顶峰。

7.1.2 虚拟现实的分类

1. 根据技术特点分类

目前，虚拟现实技术根据其技术特点可以分为以下几类：

(1) 人机交互技术

人机交互技术是实现用户与虚拟场景进行交互的关键技术，人机交互技术的发展带动着虚拟现实技术的发展。一般人们常见的人机交互方式是通过鼠标、键盘、显示器等设备进行的，但是这种方法的人机交互的体验感不强，不能使用户有着身临其境的感觉。伴随着科技的进步，越来越多的人机交互设备被设计制作出来，VR 技术的出现，有效地提高了用户在虚拟环境中获得的沉浸感，但目前 VR 设备的价格比较昂贵，限制了该技术的普及。

(2) 传感器技术

在虚拟现实技术中传感器技术的研究也是很重要的，在进行人机交互时需要对用户的指令进行收集。将传感器安装在用户使用的设备上，利用传感器对用户的动作、语言、瞳孔等信息进行采集，并且将虚拟环境交互的反应回馈给用户。如果缺少传感器，就会降低用户的体验

2. 根据人机交互方式分类

虚拟现实技术最主要的特点是使用户能够有最真实的体验，以最自然的形式完成人机交互。依据实现人机交互方式的不同，可以分为以下几类：

(1) 桌面式虚拟现实系统

通过显示器实现用户与三维虚拟场景进行人机交互。将显示器作为虚拟场景的入口，用户通过键盘、鼠标等输入端对虚拟场景进行操作。这种交互方式适用于对交互程度要求不高的工作场所，给用户的代入感并不强烈，不能完全沉浸在虚拟场景中，同时也比较容易受到用户所处环境的干扰。这种方法的优点是对所需的硬件要求较低，对于多数用户来说比较能够接受，用户只是通过视觉对建立的虚拟场景进行观察。目前国内用到的最多的虚拟现实系统就是桌面虚拟现实系统，只需要一台普通的计算机就能够实现。用户通过使用键盘、鼠标对虚拟场景进行操作，就能够很好地体验到具象化的真实场景。一套这样的系统操作起来简单，所需的费用比较低，便于大面积地推广和普及。作为一套比较经济和实用的虚拟现实系统，它的缺点就是能够实现的功能有限。

(2) 沉浸式虚拟现实系统

这种系统是通过头戴式显示器和数据交互手套等能够实现数据交互功能的硬件设备来进行人机交互的，头盔将用户的视觉、听觉限制在一定的区域，使得用户能够更好地将自身融入虚拟场景当中，并且通过这些硬件设备完成对虚拟场景的操作，使得用户能够体验身临其境的感觉。这种系统的缺点就是所需的硬件设备价格比较贵，不利于大范围地推广使用。

（3）叠加式虚拟现实系统

这种系统就是将一些设计好的虚拟画面叠加到用户所看到的景象之上，能够更好地展示用户希望获得的数据信息，使得用户的现场感得到不断地强化，因此这种虚拟现实系统也可以叫作补充现实系统或者虚拟信息增强系统。

7.1.3　虚拟现实系统的组成

虚拟现实系统的功能由两部分组成：创建虚拟世界、人与虚拟世界之间的人机交互操作。虚拟现实系统又可分为沉浸式实现和非沉浸式实现；人机交互操作又可分为基于自然方式的人机交互操作和基于常规交互设备的人机交互操作。

1. 虚拟世界生成设备

虚拟世界生成设备无疑可以是一台或多台高性能计算机，通常又分为基于高性能个人计算机、基于高性能图形工作站和基于分布式异构计算机的虚拟现实系统三大类。后两类用于沉浸式虚拟现实系统，而基于 PC 的虚拟现实系统通常为非沉浸式系统。

虚拟现实所用的计算机是带有图形加速器和多条图形输出流水线的高性能图形计算机。虚拟世界生成设备的主要功能包括：

①视觉通道信号生成与显示：三维高真实感图形建模与实时绘制。

②听觉通道信号生成与显示：具有动态方位感、距离感和三维空间效应的三维真实感声音生成与播放。

③触觉（或力觉）通信信号与显示：皮肤感知的触摸，温度、压力、纹理信号及肌肉、关节等感知信号的建模与反馈。

④支持实时人机交互操作的功能：三维空间定位、碰撞检测、语音识别，以及人机实时对话功能。

2. 感知设备

感知设备是指将虚拟世界各类感知模型转变为人能接受的多通道刺激信号的设备。目前，成熟和相对成熟的感知信息产生和检测的技术仅有视觉、听觉和触（力）觉等几种通道。

①视觉设备：包括立体宽视场图形显示器，可分为沉浸式和非沉浸式两大类。

②听觉感知设备：三维真实感声音的播放设备。常用的有耳机式、双扬声器组和多扬声器组三种。

③触觉（力觉）感知设备：包括触觉（力觉）反馈装置。触觉和力觉实际是两种不同的感知。触觉包括的感知内容更丰富一些，例如，应包含一般的接触感（类似于“摸到了一个面”的感觉），进一步应包含感知材料的质感（布料、海绵、橡胶、木材、金属、石料等）、纹理感（平滑、粗糙程度等），以及温度感等。

3. 跟踪设备

跟踪设备是跟踪并检测位置和方位的装置，用于虚拟现实系统中基于自然方式的人机交互操作，例如，基于手势、体势、眼视线方向变化。目前，先进的跟踪定位系统可用于动态记录人体运动，如舞蹈、体育竞技运动动作等，在计算机动画、计算机游戏设计和运动员动作分析等方面有着广泛的应用。最常用的跟踪设备有基于机械臂原理、磁传感器原理、超声传感器原理和光传感器原理四种。除机械臂式定位跟踪设备以外，其他三种跟踪设备都由一个（或多个）信号发射器及数个接收器组成，发射器安装在虚拟现实系统中某个固定位置，接收器安装在被跟踪的部位。

4. 人机交互设备

应用手势、体势、眼神及自然语言的人机交互设备，常见的有数据手套、数据衣服（带传感器的衣服），以及语音综合和识别装置。

7.2 增强现实

增强现实通过将计算机生成的虚拟信息叠加到真实环境中，来丰富人们与现实世界和数字世界的互动，以达到超越现实的感官体验。随着科技的发展，增强现实越来越贴近人们的生活，不仅成为近年来国外众多知名大学和研究机构的研究热点之一，在医疗、教育、军事、工业、广告、游戏和旅游等领域也有着广泛的应用。

7.2.1 增强现实的概念和系统显示技术

1. 增强现实的概念

与传统虚拟现实技术所要达到的完全沉浸的效果不同，增强现实（AR）技术致力于将计算机生成的物体叠加到现实景物上。它通过多种设备，如与计算机相连接的光学透视式头盔显示器或配有各种成像元件的眼镜等，让虚拟物体能够叠加到真实场景上，以便使它们一起出现在使用者的视场中的同时，使用者可以通过各种方式来与虚拟物体进行交互，例如，在装配或维修工作中，基于增强现实技术的应用系统会在操作人员视野的相应位置显示出有用的提示信息，又如在使用增强现实技术的培训系统中，甚至可以将虚拟物体和实际配件装配在一起，增强现实技术在工业设计、机械制造、建筑、教育和娱乐等领域都有着广泛的应用前景。

1992 年，波音公司的 Tom Caudell 和 Dayid Mizell 在帮助工人组装飞机电缆时，创造了增强现实一词。同年，两个早期的增强现实原型系统由美国空军的 LB Rosenberg 和哥伦比亚大学的 Steven Feiner 等人提出，它们分别是 Virtual Fixtures 虚拟帮助系统和 KARMA 机械师修理帮助系统。

1997 年，Ronald Azuma 撰写了第一份关于增强现实的报告，提出了后来被广泛接受的 AR 定义。该定义包含三个特征：虚实结合、实时交互和三维注册。

2000 年，Bruce Thomas 开发了第一款室外 AR 游戏——ARQuake，它将 AR 带到了室外的真实场景。此后，随着智能手机等移动设备的不断更新，越来越多的 AR 应用程序被开发出来。

2012 年，谷歌眼镜的亮相掀起了新一轮的 AR 热潮。随后，越来越多的企业和科研机构积极投身于 AR 技术的研发。随着 AR 技术的快速发展，AR 产品已被广泛应用于游戏、军事、教育、医疗和零售等领域。

近年来，随着计算机图形图像及便携头戴式显示器等关键技术的发展，增强现实技术的实用性显著增强，出现了一系列代表性产品，包括谷歌眼镜、微软 HoloLens、国产蚁视眼镜等。因此，增强现实技术成为当前计算机图形图像处理领域的研究热点。

2. 系统显示技术

视觉是人类与外界环境之间最为重要且直接的信息传递通道，因此，显示技术是增强现实技术中的关键技术之一。显示技术的作用是将计算机生成的虚拟信息与用户所处的真实环境融合在一起。增强显示系统中的显示技术有头戴式显示器、手持式移动显示器、计算机屏幕显示器、投影显示等。

（1）头戴式显示器

头戴式显示器是一种可以让用户感受到沉浸感的显示设备。它主要分为两种：基于摄像机原理的视频透视式头戴式显示器和基于光学原理的光学透视式头戴式显示器。视频透视式头戴式显示器通过头盔上一个或数个相机来获取实时影像。该影像通过图像处理模块和虚拟渲染模块产生的三维物体相互融合，最终在头戴式显示器上显示出来。

GOOVIS Lite（见图 7-2）是一款由深圳纳德光学有限公司推出的头戴式显示器，主要定位为个人影院设备，提供高清、沉浸式的观影体验。它采用全封闭式设计，双眼直视 OLED 屏幕，提供极佳的沉浸式观影体验。

图 7-2　GOOVIS Lite

（2）手持式移动显示器

手持式移动显示器是一种允许用户手持的显示设备。它虽然消除了用户佩戴头戴式显示器的不舒适感，但也相应地减弱了视觉的沉浸感。随着各种性能较强的移动智能终端的出现，为移动增强现实的发展提供了很好的开发平台。智能手机普遍都具有内置的摄像头、内置的 GPS 和内置的惯性传感器、磁传感器等，同时具有较高分辨率的显示屏，体积小易于携带，是增强现实技术开发中非常理想的设备。

（3）计算机屏幕显示器

计算机屏幕显示器拥有较高的分辨率，可以满足当前很多桌面机用户的视觉需求。这种显示设备适合那种室内需要渲染精细三维物体的增强现实的环境，并且适合于将虚拟物体渲染到范围较大的环境中。同时平面显示设备造价低、性价比高，多用于低端或者多用户的增强现实系统中，虽然屏幕的沉浸感非常弱，但对于多用户、大场景的增强现实系统参与感却很强。

（4）投影显示

与平面显示设备把图像生成在固定的设备表面不同的是，投影设备能够将图像投影到大范围的环境中；与头戴式的显示设备相比，投影设备更适合室内 AR 应用环境，其生成图像的焦点不会随着使用者视角的改变而变化。

AR 采用手势识别、眼球追踪等人机交互方式，能够给用户带来颠覆式的场景体验，被认为是继个人计算机和智能手机之后的下一代计算平台。然而，AR 同时显示真实世界和虚拟世界的特点，以及传递高保真图像的需求，给其光学设计在视场角（field Of view，FOV）、眼动范围（eye-box）大小和图像对比度等方面带来了巨大挑战。

7.2.2 增强现实的关键技术

增强现实技术是在计算机图形学、计算机图像处理、机器学习等基础上发展起来的。为了使用户能够真实地与虚拟物体交互，增强现实系统必须要提供高帧率、高分辨率的虚拟场景、跟踪定位设备和交互感应设备。因此，跟踪注册技术和系统显示技术是增强现实技术的基础。

1. 跟踪注册技术

(1) 跟踪注册技术的分类

跟踪注册技术根据跟踪的对象可以简单地分为两类：

①把摄像机作为跟踪对象。如基于硬件传感器的跟踪技术和基于计算机视觉的跟踪技术。基于硬件传感器的跟踪技术通过手机等便携设备获取设备的位置、移动信息，从而达到跟踪注册的目的；基于计算机视觉的跟踪技术使用摄像机获取真实场景的图像，利用机器视觉的相关算法将虚拟物体与真实场景融合在同一个视频图像中。

②把人作为跟踪对象。即以人自己本身的信息或者人周边的信息作为被跟踪对象。例如，基于深度摄像机的跟踪注册技术可以识别并跟踪人体骨骼、人体周边物体的信息，从而对人体周边的环境做简单的建模并加载虚拟场景。

(2) 常用的跟踪注册技术

常用的跟踪注册技术有以下几种：

①基于硬件传感器的跟踪注册技术。

基于硬件传感器的跟踪注册技术通过传感器的信号发送器和感知器来获取相关位置数据，进而计算出摄像机或智能设备相对于真实世界的姿态。在此主要介绍其中的三种基于硬件的三维注册技术，即 GPS 全球定位系统、陀螺仪和磁感应传感器。

- GPS 全球定位系统：它用于大规模的户外增强显示系统中来确定用户的地理位置，将获得的定位数据通过移动通信模块上传至网络上的某台服务器，从而可以在智能设备上查询位置。由于 GPS 的定位精度一般为 1～15 m，精度还不够高，所以在实际中人们只将它的定位数据作为一个粗略的初始位置，再使用其他跟踪注册算法来实现更加精确的三维跟踪。

- 陀螺仪：它用于测定用户智能设备转动的角度及运动的三维角速度。像陀螺仪这类的惯性跟踪设备一般只能简单测量智能设备的运动模式，所以经常和加速传感器配合使用。加速传感器通过惯性原理来测定使用者的运动加速度，它和惯性跟踪设备一同使用构成惯性导航定位系统，并通过这个惯性导航定位系统来测定智能设备的方位和速度，这种方法定位精度高，同时抗干扰能力强。

- 磁感应传感器：它是增强现实领域运用较为广泛的一种位置姿态测量装置。它能够通过线圈电流的大小来计算交互设备与人造磁场中心点的距离及方向，此外它还可以通过地球的磁场来判断设备的运动方位。但是有一个明显的缺点是容易受到其他磁场的影响，并且跟踪的范围有一定的局限性。所以如果磁场强度较弱，它跟踪的精确度就会大大降低。

②基于计算机视觉的跟踪注册技术。

根据是否采用人工标记物将基于计算机视觉的跟踪技术分为带标记跟踪和不带标记跟

踪，这里主要对带标记跟踪进行分析，带标记跟踪技术又可以根据标记物的特点分为强标记跟踪和弱标记跟踪两类。

- 基于强标记的跟踪技术：基于强标记的跟踪注册技术需要在真实场景中事先放置一个标识物作为识别标记。使用标识物的目的是能够快速在复杂的真实场景中检测出标识物的存在，然后在标识物所在的空间上注册虚拟场景。一般的检测中使用的标识物非常简单，标识物可能是一个只有黑白两色的矩形方块，或者是一种具有特殊几何形状的人工标志物。标识物上的图案包含着不同的虚拟物体，不同的标识物所含的信息也不相同，提取标识物的方法也不相同，所以应合理地选取人工标识物来提高识别结果的准确性。
- 基于弱标记的跟踪技术：弱标识的标识物都是具有自然特征的图片。由于标识物的模板被部分重叠依旧可以工作，所以它的模板没有严格的限制，可以采用任意的形状和纹理。虽然弱标记跟踪技术标识物模板的选取较为方便，但其模板图片却十分复杂。弱标记跟踪的基本流程是将视频中拍摄到的自然图片和预先存储的标准自然图片做特征点匹配，通过这些特征点集的匹配关系求出一个两张图片之间几何变换矩阵，再通过这个矩阵得到自然图片在真实场景中的位置关系并显示三维模型。

③基于深度摄像机的跟踪注册技术。

由于环境光照的情况、标记被遮挡，以及目标短暂性的消失这些因素会导致渲染系统不能真实地渲染三维物体，所以针对这些因素的影响，有些增强现实开发公司就在增强现实应用中加入其他辅助器材来实现更精确的跟踪结果。如微软出品的 HoloLens 智能眼镜就加入了四个深度摄像头。

深度摄像头采用 SLAM（simultaneous localization and mAPPing，同步定位与建图）技术，先将周围的环境扫描之后生成点云，再将点云生成三角面片，最后进行 SLAM，即通过传感器获取环境的有限信息，比如视觉信息、深度信息，还有自身的加速度、角速度等来确定自己的相对或者绝对位置，并且完成对地图的构建。这个技术被用于机器人、无人汽车、无人飞行器的定位与寻路系统。

2. 基于离线分析渲染的增强现实技术

该技术通过分析图像特征估计相机参数和场景光照，并将虚拟物体渲染在真实图像中。由于分析算法计算量大，对于普通大小图像的分析时间以分钟为单位，目前只能在实时性要求不高的离线系统中应用。

7.3　物　联　网

物联网（internet of things，IoT）不是对现有技术的颠覆性革命，而是通过对现有技术的综合运用实现全新的通信模式转变。同时，通过融合也必定会对现有技术提出改进和提升要求，以及催生出一些新的技术。

世界因物联网更智慧，生活因物联网更精彩。从技术上讲，物联网通过射频识别、红外感应器、全球定位系统、激光扫描器等装置，把任何物品与互联网相连接，并采集声、光、热、电、力学、化学、生物信息等，从而实现对物体的智能化识别和管理。

物联网有两层含义：一是其核心是在互联网基础上的延伸和扩展；二是它的用户端

延伸扩展到任何物品与物品之间、人和物品之间，并进行信息交换和通信，即物物相连。

可以想象这样一个场景：当人们下班回家，一推开房门，灯就亮了，空调打开，窗帘打开，喜欢的音乐响起，洗澡水已经烧好，咖啡也在准备着。这些都是物联网和智能家居的实现，智能万物互联，改变生活。

常见的物联网应用场景主要包括以下几个方面：

①智能汽车。智能汽车是在普通车辆上增加了先进的传感器、控制器、执行器等装置，通过车载传感系统和信息终端实现与人、车、路的智能信息交换，使车辆具备智能的环境感知能力，能够自动分析车辆行驶的安全及危险状态，并使车辆按照人的意愿到达目的地，最终实现替代人来操作的目的。2024 年，北京首批 L4 级无人驾驶环卫车在经济技术开发区投入运营，这也是北京无人驾驶环卫车首次实现昼夜覆盖的服务。

②无人驾驶飞行器。石油和天然气勘探公司、矿业公司和农业企业等配备了物联网传感器的无人驾驶飞行器，完成远程监控难以进入的区域，以及绘制图表、测量如土壤成分和水分含量等指标。大疆于 2025 年 1 月 8 日正式发布了全新的小型智能多光旗舰 DJI Matrice 4 系列（见图 7-3），包含 Matrice 4T 和 Matrice 4E 两款机型。这两款无人机在硬件和软件上进行了全面升级，内置人、车、船目标检测 AI 模型且开放飞机 AI 算力，支持智能检测、激光标注测量等多项智能功能。

图 7-3　大疆无人机

③物流跟踪。现在主流的物流载体是配备了传感器的卡车，这样就可以追踪运送情况、选择最佳运送路线、追踪时间等。在某些情况下，传感器还用于追踪驾驶员的速度、刹车习惯等，确保最安全、最环保的驾驶行为。

④智能医疗。智能医疗也是物联网技术应用的新领域。利用最先进的 IoT 技术，联通各种诊疗仪器、硬件设备，实现患者与医务人员、医疗机构、医疗设备之间的互动，逐步达到信息化，构建一个有效的医疗信息平台。

⑤智能穿戴产品。智能手表、智能手环等穿戴式产品一经问世引起了众多消费者的关注，其功能体现在语音关怀、健康监测等方面。用户不仅可以记录自己的健康实时数据，还可以上传数据同步指导健康。

7.4 云 计 算

云计算是信息时代的一个大飞跃，它为用户提供了全新的体验，其核心是将很多的计算 资源协调在一起，从而使用户通过网络，不受时间和空间的限制获取到无限的资源。

云计算把许多计算资源集合起来，通过软件实现自动化管理，只要很少的人工参与，就能快速、安全地提供云计算服务与数据存储，让每一个使用互联网的人都可以使用网络上的庞大计算资源与数据中心。计算能力作为一种商品，可以在互联网上流通，就像水、电、煤气一样，可以方便地取用，且价格较为低廉。

与传统的网络应用模式相比，云计算具有使用虚拟化技术、动态可扩展、按需部署、灵活性高、可靠性高、性价比高、可扩展性等特点。

云计算技术已经广泛融入了社会生活，如以下几个方面：

①存储云：是一个以数据存储和管理为核心的云计算系统，提供存储容器、备份、归档和记录管理等服务，大大方便了使用者对资源的管理。用户将本地资源上传云端后，即可在任何地方连入互联网来获取云上的资源。国际上，谷歌、微软等大型网络公司均有云存储服务。在国内，阿里云（见图 7-4）、腾讯云、华为云是市场占有量较大的存储云。

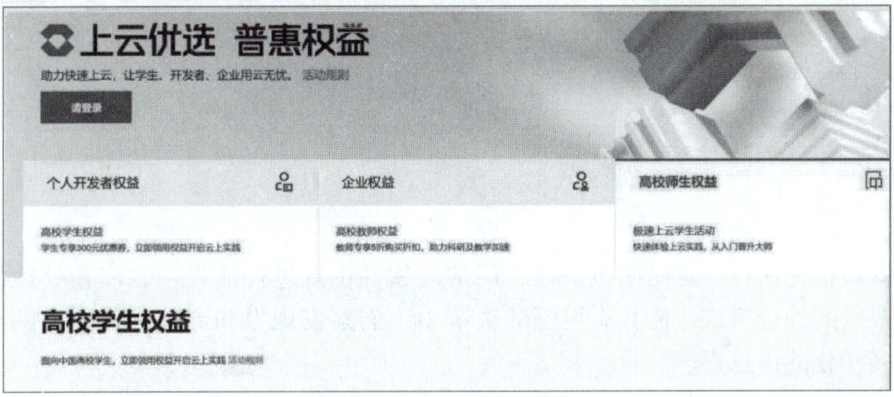

图 7-4　阿里云

②医疗云：是结合医疗技术，使用“云计算”来创建医疗健康服务云平台，实现了医疗资源的共享和医疗范围的扩大。像医院的预约挂号、电子病历、医保等，都是云计算与医疗领域结合的产物，医疗云还具有数据安全、信息共享、动态扩展、布局全国的优势。

③金融云：是指利用云计算模型，将信息、金融和服务等功能分散到庞大分支机构构成的互联网“云”中，旨在为金融机构提供互联网处理和运行服务，同时共享互联网资源，以达到高效率、低成本的目标。阿里巴巴推出了阿里金融云服务，即已普及的快捷支付，只需在手机上简单操作，即可完成银行存款、购买保险和基金买卖。苏宁金融、腾讯等企业也推出了自己的金融云服务。

④教育云：将所需要的任何教育硬件资源虚拟化，然后传入互联网中，向教育机构和学生、老师提供一个方便、快捷的平台。现在流行的慕课（MOOC）就是教育云的一种应用。国际上，Coursera、edX 和 Udacity 是三大优秀的慕课平台。在国内，国家智慧教育公共服务平台（见图 7-5）、中国大学 MOOC、学堂在线也是非常好的平台。基于云计算技术打造的云直播平台可以为用户带来画面稳定、防抖动以及高清画质的直播画面。云直播平台支持教师网络授课与学生在线听课，支持多平台终端使用，让授课方式与听课方式更加灵活与全面，适合不同的教学场景，满足清晰与实时的远程直播授课要求。

图 7-5 国家智慧教育公共服务平台

7.5 大 数 据

大数据是指无法在一定时间范围内，用常规软件工具进行捕捉、管理和处理的数据集合，是需要新的处理模式才能具有更强的决策力、洞察发现力和流程优化能力的海量、高增长率和多样化的信息资产。

从技术上看，大数据与云计算就像一枚硬币的正反面一样密不可分。大数据无法用单台计算机进行处理，必须采用分布式架构。对海量数据进行分布式数据挖掘时，必须依托云计算的分布式处理、分布式数据库和云存储、虚拟化技术。

大数据不仅是一次技术革命，同时也是一次思维革命。大数据时代最大的转变就是思维方式的五种转变：全面而非抽样、效率而非精确、相关而非因果、以数据为中心，以及“我为人人，人人为我”。

大数据无处不在，包括电商、医疗、餐饮、电信、能源、体育和娱乐等在内的社会各行 各业都已经融入大数据的印迹。在电商领域，商家借助大数据通过对客户的订单信息进行分 类整理，根据客户的购买习惯、年龄、喜好、地域等进行产品推荐，进行个性化的页面展示；还可以根据以往数据来决定库存数量和物流资源的动态调整。医疗行业借助于对大量患者、病情、病症等详细数据统计，不仅有助于患者的治疗，还有助于将治疗数据整理为治疗方案，帮助后续的患者精准治疗。可以预见，当数据足够多、足够丰富后，看病难、治病难的问题将会得到巨大缓解。

城市的人口越来越多，衣食住行等方方面面都成为需要重点考虑的问题。当然，还有极端天气等带来的影响。想要应对这些难题，大数据似乎成了有效的解决方法。无论是租房、住房、交通、路灯、天气等方面，大数据都能够给出合理的解决方案。

日常生活中，人们往往将具有相同特征的人群进行统一归纳，如“跑步达人”“环保卫士”。也因为有了这样的标签，构成了群体“用户画像”的一部分。对于移动互联网来说，用户画像在产品设计、个性化运营、精准营销等众多环节担任着关键角色。

下面通过用户典型画像的方式体现大数据的行业应用。

用户画像是建立在一系列真实数据之上的目标群体的用户模型，即根据用户的属性及行为特征，抽象出相对应的标签，拟合成虚拟画像。构建用户画像流程主要包括以下步骤：

①明确目的。要了解构建用户画像期望达到什么样的运营或营销效果，从而在标签体系构建时对数据深度、广度及时效性方面做出规划，确保底层设计科学合理。

②数据采集。在采集数据时，需要考虑多种维度，如行业数据、用户总体数据、用户属性数据、用户行为数据、用户成长数据等，并通过行业调研、用户访谈、用户信息填写及问卷、平台前台后台数据收集等方式获得。

③数据清洗。一般来说，数据清洗是指发现不准确、不完整或不合理的数据，并对这些数据进行修补或移除，以提高数据质量的过程。

④特征工程。特征工程能够将原始数据转化为特征，是转化与结构化的工作。在这一步，需要剔除数据中的异常值（如电商 App 中，用户用秒杀的方式以几分钱的价格获得一部手机，但用户日常购物的单价都在千元以上），并将数据标准化和判断的标签标准化。

⑤数据标签化。将得到的数据映射到构建的标签中，并将用户的多种特征组合到一起。标签的选择直接影响最终画像的丰富度与准确度。例如，可以从用户标签、消费标签、行为标签和内容分析四个维度对电商平台的用户进行标签划分。

⑥生成画像。数据在模型中运行后，最终生成的画像可以进行可视化展示，如图 7-6 所示。对于 App 来说，用户画像并非一成不变的，因而模型需要具有一定灵活性，可根据用户的动态行为修正与调整画像。

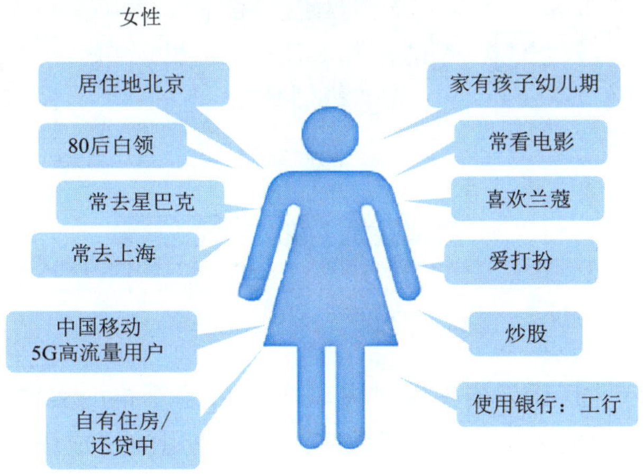

图 7-6　用户画像

7.6 区块链

从应用视角来看，区块链是一个去中心化的数据库，集合了分布式数据存储、点对点传输、共识机制、加密算法等技术，具备去中心化、数据不可篡改、信息公开透明、同步更新、数据库安全可靠等优点。这些特点保证了区块链的“诚实”与“透明”，为区块链创造信任奠定了基础。区块链丰富的应用场景基本上都基于区块链能够解决信息不对称问题，实现多个主体之间的协作信任与一致行动。

典型区块链以“块-链”结构存储数据。系统各参与方按照事先约定规则共同存储信息，并达成共识。为防止共识信息被篡改，系统以区块为单位存储数据，区块之间按照时间顺序，结合密码学算法构成链式数据结构，通过共识机制选出记录节点，由该节点决定最新区块数据，其他节点共同参与最新区块数据的验证、存储和维护。数据一经确认，就难以删除和更改，只能授权进行查询操作。

区块链的核心技术包括分布式账本、非对称加密、共识机制、智能合约等。将区块链技术应用在金融行业中，能够省去第三方中介环节，实现点对点的直接对接，从而在大大降低成本的同时快速完成交易支付。

2021年7月16日，中国人民银行发布《中国数字人民币的研发进展白皮书》，首次确认部分使用区块链技术，相关原型系统规划如图7-7所示。

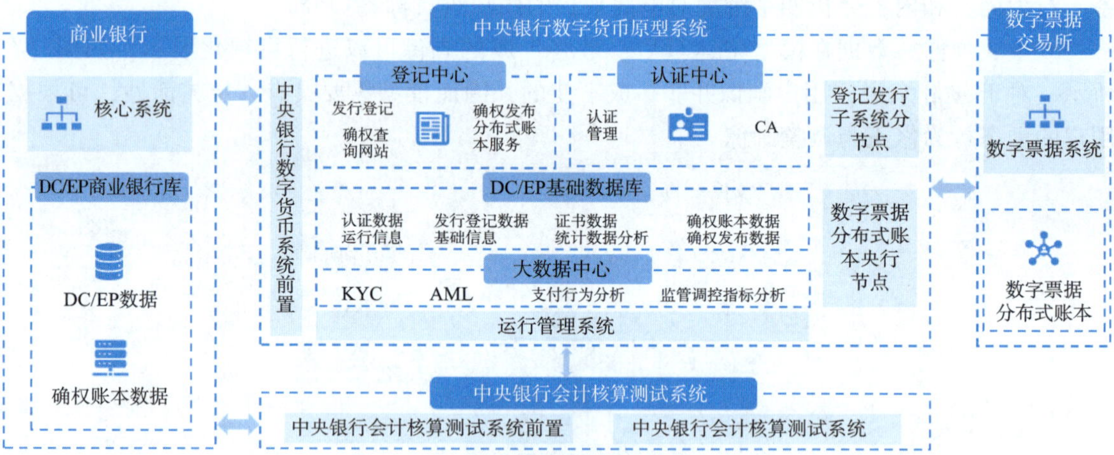

图7-7　数字人民币原型系统

2023年以来，数字人民币发展驶入“快车道”，在多个维度实现提速发展。截至2024年9月，多个先行先试的地区相继揭晓了数字人民币应用的“成绩单”。北京市全面推进数字人民币全场景试点应用，已落地线上线下场景近68.6万个。苏州市累计落地场景118.82万个。雄安新区在全国首创了数字人民币公交领域硬件钱包双离线支付等十余项创新场景。

拓展阅读 >>>>>>

跨界融合创新案例

1. 数字敦煌：壁画的“数字永生术”

敦煌研究院的文物修复专家们，秉持着对历史文化遗产的高度敬畏与责任感，精心研发并实施了名为“三步修复法”的先进技术流程，以确保每一幅珍贵壁画的修复工作都能达到科学、精准、高效的标准。

首先，在毫米级扫描环节中，他们运用了高精度的激光雷达设备，以令人惊叹的 0.03 mm 的超高分辨率，对壁画表面进行细致入微的扫描记录。如此精细的扫描过程，使得即使是面积仅为 10 m^2 的壁画，也能生成高达 2 TB 的海量点云数据，为后续的修复工作提供了无比详实的基础信息。

紧接着，进入光谱分析阶段，专家们借助先进的高光谱相机技术，能够准确识别出壁画中使用的多达 32 种不同的矿物颜料成分。这一技术的应用，不仅使得壁画的色彩还原工作达到了前所未有的精确度，更是成功再现了唐代壁画的原始风貌，让千年前的色彩焕发出新的生机。

最后，在 VR 重现环节，敦煌研究院巧妙地融合了虚拟现实技术，为游客们打造了一种全新的沉浸式体验。游客们只需佩戴上特制的触觉反馈手套，便能仿佛穿越时空，亲手“触摸”到虚拟壁画的每一个细节，甚至能感受到颜料颗粒的微妙质感，这种身临其境的体验无疑大大增强了游客对敦煌艺术的感知与理解。

在备受瞩目的莫高窟第 220 窟数字化项目中，工程师团队更是展现了精湛的技术实力。他们为每一平方米的壁画精心拍摄了多达 3 500 张高清晰度的局部照片，并借助先进的 AI 算法，将这些海量照片无缝拼接，成功还原出了盛唐时期的经典壁画《药师经变图》。这一壮举，不仅让世人得以再次目睹这幅千年壁画的辉煌风采，更为敦煌艺术的传承与保护树立了新的里程碑。

如今，走进敦煌数字展厅的游客们，不仅能目睹那些已被二氧化碳侵蚀而消失的画像，更能借助 AR 眼镜的神奇力量，亲眼见证壁画中的人物仿佛“活”过来一般，生动演绎着古老的佛经故事。这种跨越时空的奇妙体验，无疑让每一位游客都深深感受到了敦煌文化的无穷魅力与深厚底蕴。

2. 区块链咖啡：从云南到华尔街的信任链

云南普洱的区块链咖啡项目成功构建了一套完善的“数字身份证”系统，旨在全面提升咖啡产业链的透明度和可追溯性。具体而言，在种植端，通过部署先进的物联网传感器，系统可以实时记录每棵咖啡树的生长环境数据，包括海拔高度、降雨量以及施肥量等关键信息，并为每棵咖啡树生成一个独一无二的 ID 标识，确保数据的精准性和不可篡改性。在加工端，烘焙机的温度数据被自动上传至区块链，一旦温度超过 185 ℃，系统将自动触发保险理赔机制，保障咖农的利益不受损失。而在消费端，消费者只需扫描二维码，即可观看 24 小时不间断的慢直播，详细追溯咖啡从采摘到最终倒入杯中的每一个环节，共计 187 个质量节点，极大地提升了消费者的信任感和购买体验。

该项目的实施显著提升了孟连县咖农的收入水平，增幅高达35%。与此同时，星巴克对孟连县咖啡的采购价格也从每千克18元提升至25元，进一步激发了咖农的种植积极性。这一系列成果不仅彰显了区块链技术在农业领域的巨大潜力，也为全球咖啡产业的转型升级提供了宝贵的借鉴。

思考与练习

1. 虚拟现实的英文缩写是（　　）。

A. AR　　B. VR　　C. MR　　D. CR

2. （　　）不属于虚拟现实常用设备。

A. 头戴式显示器　　B. 数据手套　　C. 3D鼠标　　D. 普通键盘

3. 虚拟现实技术的核心特性不包括（　　）。

A. 沉浸感　　B. 交互性　　C. 构想性　　D. 高清性

4. 虚拟现实场景中的物体能够根据用户的操作而做出相应反应，这体现了虚拟现实的（　　）。

A. 沉浸感　　B. 交互性　　C. 构想性　　D. 逼真性

5. 物联网的英文是（　　）。

A. Internet of People

B. Internet of Things

C. Internet of Vehicles

D. Internet of Everything

6. （　　）是物联网的关键技术。

A. 蓝牙技术　　B. 传感器技术　　C. Wi-Fi技术　　D. 4G技术

7. 智能家居系统中，智能门锁通过网络与手机连接可实现远程开锁，这属于物联网的（　　）应用模式。

A. 设备到设备（D2D）　　B. 设备到人（D2P）

C. 人到设备（P2D）　　D. 人到人（P2P）

8. （　　）不属于物联网的感知层设备。

A. 摄像头　　B. 路由器

C. 温度传感器　　D. 湿度传感器

9. 云计算的核心技术不包括（　　）。

A. 分布式存储　　B. 分布式计算

C. 关系型数据库技术　　D. 虚拟化技术

10. 企业将自己的数据中心迁移到云端，以降低运营成本和提高灵活性，这种做法属于（　　）。

A. 公有云　　B. 私有云　　C. 混合云　　D. 社区云

11. 大数据的4V特征不包括（　　）。

A. 数据量大（volume）　　B. 数据多样性（variety）

C. 数据高价值（value）　　D. 数据低密度（density）

12. 大数据分析可以帮助企业发现客户的潜在需求，这体现了大数据的（　　）价值。

A. 决策支持　　B. 精准营销

C. 产品优化　　D. 风险预警

13. 以下（　　）不属于大数据的来源。

A. 社交媒体　　B. 传统纸质文件

C. 物联网设备　　D. 企业信息系统

14. 大数据在医疗领域的应用可以通过分析大量的医疗记录来预测疾病的发生风险，这主要依赖于大数据的（　　）能力。

A. 数据采集　　B. 数据存储

C. 数据分析　　D. 数据可视化